"十四五"高等职业教育计算机类专业系列教材

MySQL数据库实用技术

MySQL SHUJUKU SHIYONG JISHU

许春艳　王　军　张　静◎主　编

于艳华◎副主编

中国铁道出版社有限公司

CHINA RAILWAY PUBLISHING HOUSE CO., LTD.

内 容 简 介

MySQL 数据库是一款开放源代码数据库管理系统，在当前加强知识产权保护的法律环境下，该款数据库管理系统被广泛应用于各类软件产品的开发之中，目前已在全世界范围内广泛应用。

本书以 MySQL 数据库的较新版本 8.0 版本为平台，本着实用、够用的原则，以一个教学案例项目、两个实践项目，将数据库的原理与应用技巧融入其中，深入浅出地介绍了 MySQL 数据库的原理与应用要点。主要内容包括数据库的基本操作、表的基本操作、数据备份与还原操作、数据完整性操作、数据增删改操作、数据查询操作、视图的操作、存储过程、触发器操作、事物管理、用户与权限、常用数据库优化技术。

本书适合作为高等职业院校计算机软件技术、人工智能技术应用、大数据技术、移动通信技术等计算机相关专业的教材，也可作为数据库爱好者的自学参考书。

图书在版编目（CIP）数据

MySQL 数据库实用技术 / 许春艳，王军，张静主编 . —北京：中国铁道出版社有限公司，2022.1（2024.3 重印）
“十四五”高等职业教育计算机类专业系列教材
ISBN 978-7-113-28707-8

Ⅰ. ① M… Ⅱ. ①许… ②王… ③张… Ⅲ. ①关系数据库系统 - 高等职业教育 - 教材 Ⅳ. ① TP311.138

中国版本图书馆 CIP 数据核字（2021）第 260901 号

书　　名：MySQL 数据库实用技术
作　　者：许春艳　王　军　张　静

策　　划：汪　敏　　　　　　编辑部电话：（010）51873135
责任编辑：汪　敏　许　璐
封面设计：刘　颖
责任校对：苗　丹
责任印制：樊启鹏

出版发行：中国铁道出版社有限公司（100054，北京市西城区右安门西街 8 号）
网　　址：http://www.tdpress.com/51eds/
印　　刷：河北宝昌佳彩印刷有限公司
版　　次：2022 年 1 月第 1 版　2024 年 3 月第 3 次印刷
开　　本：787 mm × 1 092 mm　1/16　印张：13　字数：325 千
书　　号：ISBN 978-7-113-28707-8
定　　价：36.00 元

前　言

数据库技术是软件技术、大数据技术、人工智能技术应用、计算机网络技术、移动通信技术、物联网技术等计算机相关专业所必须掌握的技能之一。

本书是面向高职高专计算机各专业所开设的数据库技术课程，以典型数据库应用管理系统MySQL 8.0作为数据库学习的主要工具，讲解数据库应用中的具体操作。

本书特色：

（1）以“双主双辅”方式重构教学目标

“双主双辅”教学目标，即以实用核心技术和思想政治教育为主，以自主学习能力、逻辑思维能力为辅，并融入沟通、协作、创新能力等多元教学目标。在“双主双辅”教学目标的引导下，从数据库设计环节即以“学生入党积极分子管理系统”为切入点进行项目设计。在讲解过程中向读者介绍青年团员加入党组织的流程与方法、党组织的日常活动等，充分融入思政教育与实用新技术学习两个核心教学目标。同时，针对课程特点，在教材中渗透数据安全管理相关的法律法规，引入《中华人民共和国数据安全法》《中华人民共和国个人信息保护法》，让读者在从业前就从法律层面了解相关法律、法规和行业规范，为提升读者职业素养提供基础。本书还将计算机英语高频词汇以“英语角”的形式融入教材中，让计算机英语教学融入专业教学中。

（2）以“项目载体”方式呈现教学内容

本书以职业能力为培养重点，基于工作过程导向，选取典型工作任务，将项目作为教学内容的具体表现形式，在完成项目的典型工作任务的过程中实现对显性知识与隐性知识的认知，从而形成数据库知识体系。教材选取了小型图书管理数据库作为教学案例项目开展教学，选取了学生入党积极分子管理系统数据库、学生成绩管理系统数据库作为实践项目，用于课后实践与提高，以项目贯穿整个教学内容，更有利于读者消化吸收所学知识。

（3）以“多元立体”方式开发教学资源

为了方便读者学习，本教材以新型态的形式展现教学内容。融教材、课件、微课等教学资源于一体。本书共收录了130个教学视频，读者可以通过扫描二维码获得相关例题的操作视频。对于计算机类教材来说，操作演示视频更有利于学习和理解。同时，本课程提供了“MySQL数据库”慕课，在“智慧职教MOOC学院”平台发布。读者可登录以下网址参与互动学习：https://mooc.icve.com.cn/course.html?cid=MYSCC811826。课程以微视频为引领，配合PPT、PDF文档、图片和实践练习等，以作业、测验、考试为辅助呈现教学内容。开发线上资源108个，其中，教学视频54个（视频总时长320分钟）、PPT45个、作业14次、阶段测验4次、期末考试1次。读者完成网络学习后即可获得MOOC学院本课程的证书。

本书取材新颖、内容丰富、结构清晰，内容深入浅出，而且配合相应视频教学，有大量详实的应用实例可供参考，便于教学和自学，可作为高等职业学校数据库学习教学用书，也可作为相应职业教育技术人员和教师的参考用书。本书在编写过程中结合教学过程、教学内容，参考了大量的国内外已经出版的教材，在此向所有著者、编者表示感谢。

本书由许春艳、王军、张静任主编，由于艳华任副主编。具体分工如下：第1~6章由许春艳编写；第7~9章由王军编写；第10~13章由张静编写；第14章与附录由于艳华编写；许春艳、王军负责视频、PPT等配套资源开发与制作；许春艳、于艳华对教材全稿进行了编校。本教材得到全国高等院校计算机基础教育研究会专项课题（主持人：许春艳，课题编号2021-AFCEC-106）、吉林省高等教育教学改革研究重点课题（主持人：王军，课题编号：JLJY202129187051）资助，在此表示感谢！

由于编者水平有限，尽管做了很大努力，书中疏漏、不妥之处在所难免，敬请广大读者批评指正。

编　者

2021年12月

目 录

第1章

初识数据库

【英语角】

[1] data　　英 ['deɪtə]　美 ['deɪtə]

专业应用：数据。例如，"A database is used to store data"为数据库用来存储数据。

n. 数据；资料；材料；（存储在计算机中的）数据资料。

[词典] datum 的复数。

[例句] This information is only raw data and will need further analysis.

这些资料只是原始数据，还需要进一步进行分析。

[2] database　　英 ['deɪtəbeɪs]　美 ['deɪtəbeɪs]

专业应用：数据库。例如，"Relational database"为关系型数据库。

n.（存储在计算机中的）数据库。

[例句] The database could be used as a teaching resource in colleges.

数据库可以用作大学里的一种教学辅助手段。

[3] query　　英 ['kwɪəri]　美 ['kwɪri]

专业应用：查询。例如，"structured query language"为结构化查询语言。

n. 疑问；询问；问号。

v. 怀疑；表示疑虑；询问。

[例句] It's got a number you can ring to query your bill.

这上面有一个号码，您可以打电话查询您的账单。

[4] language　　英 ['læŋgwɪdʒ]　美 ['læŋgwɪdʒ]

专业应用：语言。例如，"structured query language"为结构化查询语言。

n. 语言；语言文字；言语；说话；某种类型的言语（或语言）。

[例句] I'd like to learn a new language.

我想学习一门新的语言。

[5] system　　英 ['sɪstəm]　美 ['sɪstəm]

专业应用：系统。例如，"Database management system"为数据库管理系统。

n.（思想或理论）体系；方法；制度；体制；系统；身体；（器官）系统。

[例句] By that time the new system should be up and running.

到那时这个新系统应该会运转起来了。

[6] management　　英 ['mænɪdʒmənt]　美 ['mænɪdʒmənt]

专业应用：管理。例如，"Database management system"为数据库管理系统。

n. 经营；管理；经营者；管理部门；资方；（成功的）处理手段；（有效的）处理能力。

［例句］The new management techniques aim to improve performance.

新的管理技术旨在提高效率。

[7] oracle　　英 [ˈɒrəkl]　美 [ˈɔːrəkl]

专业应用：甲骨文公司，全称甲骨文股份有限公司（甲骨文软件系统有限公司），是全球最大的企业级软件公司，总部位于美国加利福尼亚州的红木滩。1989 年正式进入中国市场。2013 年，甲骨文已超越 IBM，成为继 Microsoft 后全球第二大软件公司。Oracle 是甲骨文公司的一款关系数据库管理系统。例如，“Oracle RDBMS” 为 Oracle 关系型数据库管理系统。

n.（古希腊的）神示所；（传达神谕的）牧师，女祭司；（古希腊常有隐含意义的）神谕，神示；能提供宝贵信息的人（或书）；权威；智囊。

［例句］My sister’s the oracle on investment matters.

我姐姐是个万无一失的投资顾问。

1.1　项目准备

本书选用的数据库案例简单实用，主要由1个教学用案例项目与2个实践项目组成。其中教学案例项目用于教学例题，实践项目用于课后习题中实践应用部分。

1.1.1　book 数据库（教学案例项目）

book数据库是小型图书管理数据库，其中包括图书分类、图书情况、学生情况、借还记录，共4个表。

图书分类表包括类别编码、类别名，共2个字段。

图书情况表包括图书编号、图书名、第一作者、出版社、出版日期、类别编码、定价、ISBN号、简介、状态，共10个字段。

学生情况表包括学号、姓名、性别、出生日期、所在分院，共5个字段。

借款记录表包括学号、图书编号、借阅日期、归还日期、备注，共5个字段。

1.1.2　Active 数据库（实践项目 1）

Active数据库是学生入党积极分子管理系统数据库，其中包括：班级信息表、支部信息表、学生入党积极分子信息表、党员信息表、培养信息表，共5个表。

支部信息表包括支部编号、支部名称，共2个字段。

班级信息表包括班级编号、所属学院、所属专业、所属支部编号，共4个字段。

党员信息表包括编号、姓名、所在党支部、公民身份证号、性别、民族、出生日期、学历、学位、职称、职务、是否985/211大学毕业、人员类别、加入党组织日期、转为正式党员日期、工作岗位、联系电话、家庭住址、学籍状态、是否为失联党员、是否为流动党员、外出流向，共22个字段。

培养信息表包括学号、培养人编号，共2个字段。

学生入党积极分子信息表包括学号、姓名、性别、出生日期、籍贯、民族、学历、分院、职务、入党志愿书提交时间、列为积极分子时间、重点积极分子时间、转正时间，共15个字段。

扫一扫

拓展资料：中国共产党发展党员工作细则

此数据库应用于学校内针对团员入党过程进行信息管理。要想深入了解系统中的字段设置逻辑关系，可以查阅《中国共产党发展党员工作细则》，了解团员发展党员的具体流程。

1.1.3 StuScore 数据库（实践项目 2）

StuScore数据库是学生成绩管理系统，包括学生信息表、课程信息表、选课成绩表，共3个表。

其中学生信息表包括学号、姓名、专业、入学成绩、性别、出生年月、民族、考生类别、毕业中学、外语语种、户口所在地、身份证号，共13个字段。

课程信息表包括课程代码、课程名称、课程性质、课程类型、学分、总学时、修读学期、备注，共8个字段。

选课成绩表包括学号、课程号、成绩，共3个字段。

1.2 知识储备

数据库产品无处不在。乘车使用的公交IC卡、上网聊天的程序（QQ、微信）、网络游戏（仙剑、传奇）、办公使用的邮箱、网购平台（天猫、京东、拼多多）、人事管理系统、财务管理系统、商品管理系统等，它们的后台都由数据库系统做最基本的数据服务，可见，数据库在软件开发和应用中有着十分重要的地位。

下面通过图1-1中QQ资料信息了解数据库的一些基本概念。

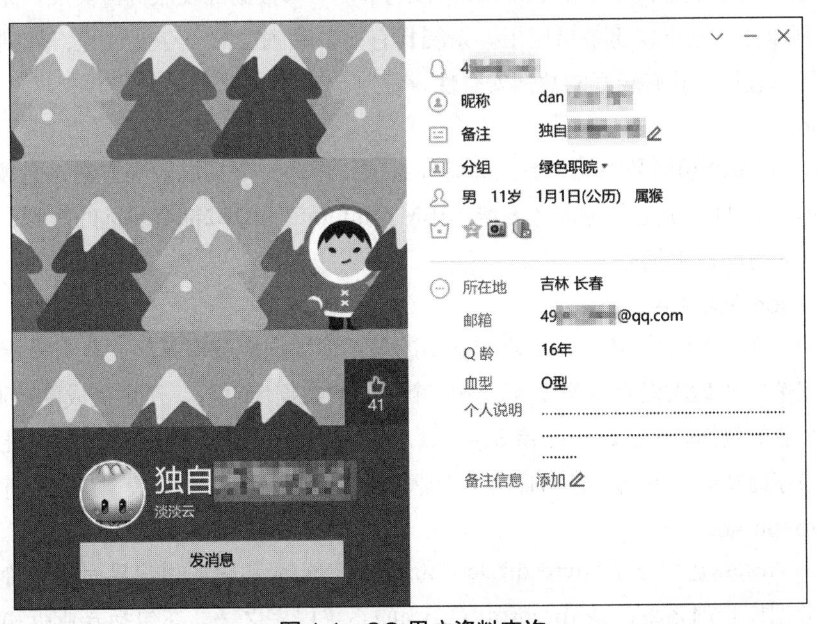

图 1-1 QQ 用户资料查询

1.2.1 数据

数据（Data）：信息的符号化。例如，每一个QQ用户的信息，用数值、文字、图片等形式表示出来，就是数据。

1.2.2 数据库

数据库（Database，DB）：长期存储在计算机内，有组织的可共享的数据的集合。一个QQ用户的信息是数据，把所有QQ用户信息以一定的组织结构存储在计算机内，并且提供共享的功能就是一个QQ产品的数据库。

1.2.3 数据库管理系统

数据库管理系统（DataBase Management System，DBMS）：位于用户与操作系统之间的一层管理软件。它能够对数据库进行有效的组织、管理和控制，包括数据的存储、数据的安全性与完整性控制等。在QQ上进行好友的信息查询，这些工作就是由这种被称为数据库管理系统的软件来完成的。

常用数据库管理系统包括以下几种：

1. Oracle

Oracle是甲骨文公司的一款关系数据库管理系统。它是在数据库领域处于领先地位的产品。Oracle数据库系统是目前世界上流行的关系数据库管理系统，系统可移植性好、使用方便、功能强，适用于各类大、中、小、微机环境。它是一种高效率、可靠性好的适应高吞吐量的数据库解决方案。

2. Sybase

Sybase是种典型的UNIX或Windows NT平台上客户机/服务器环境下的大型关系型数据库系统。Sybase提供了应用程序编程接口和库，可以与非Sybase数据源及服务器集成，允许在多个数据库之间复制数据，适于创建多层应用。系统具有完备的触发器、存储过程、规则以及完整性定义，支持优化查询，具有较好的数据安全性。

3. Informix

Informix是IBM公司出品的关系数据库管理系统。作为一个集成解决方案，它被定位为IBM在线事务处理（OLTP）旗舰数据服务系统。IBM对Informix和DB2都有长远的规划，两个数据库产品互相吸取对方的技术优势。

4. Microsoft SQL Server

Microsoft SQL Server是Microsoft公司推出的关系型数据库管理系统。具有使用方便、可伸缩性好、与相关软件集成程度高等优点，是一个全面的数据库平台，使用集成的商业智能（BI）工具提供了企业的数据管理。Microsoft SQL Server数据库引擎为关系型数据和结构化数据提供了更安全可靠的存储功能，可以构建和管理用于业务的高可用和高性能的数据应用程序。

5. Microsoft Access

Microsoft Access是结合了Microsoft JetData base Engine和图形用户界面两项特点，由微软发布的关系数据库管理系统，是Microsoft Office的系统程序之一，在包括专业版和更高版本的

Office版本里单独出售。

6. Visual FoxPro

Visual FoxPro简称VFP，是Microsoft公司推出的数据库开发软件，源于美国Fox Software公司推出的数据库产品FoxBase。用FoxPro开发数据库，既简单又方便。目前较新版为Visual FoxPro 9.0，而在学校教学和教育部门考证中还依然延用经典版的Visual FoxPro 6.0。在桌面型数据库应用中，处理速度快，是日常工作中的得力助手。

7. DB2

DB2是IBM出品的系列关系型数据库管理系统，分别在不同的操作系统平台上服务。虽然DB2产品是基于UNIX的系统和个人计算机操作系统，但在基于UNIX系统和微软在Windows系统下的Access方面，DB2承袭了Oracle的数据库产品。

8. MySQL

MySQL是目前流行的关系型数据库管理系统，特别是在Web应用方面，MySQL是较好的关系数据库管理系统。它由瑞典MySQL AB公司开发，目前属于Oracle旗下的公司。MySQL所使用的SQL语言是用于访问数据库的常用标准化语言。软件采用了双授权政策，分为社区版和商业版，具有体积小、速度快、总体拥有成本低，尤其是开放源代码等特点，一般中小型网站的开发都选择MySQL作为网站数据库。由于其社区版的性能卓越，搭配PHP、Linux和Apache可组成良好的开发环境，经过多年的Web技术发展，成为业内广泛使用的一种Web服务器解决方案，称为LAMP。

1.2.4 数据库系统

数据库系统（DataBase System，DBS）是指在计算机系统中引入数据库后的系统。例如，QQ软件的后台是要有数据库服务器系统的，也就是在计算机硬件基础上要有最基本的操作系统，如Windows、UNIX等，并在操作系统上安装数据库管理系统，如Oracle等，再加上使用高级语言（如C++，Java等）开发的应用程序，就构成了一个数据库系统，如图1-2所示。

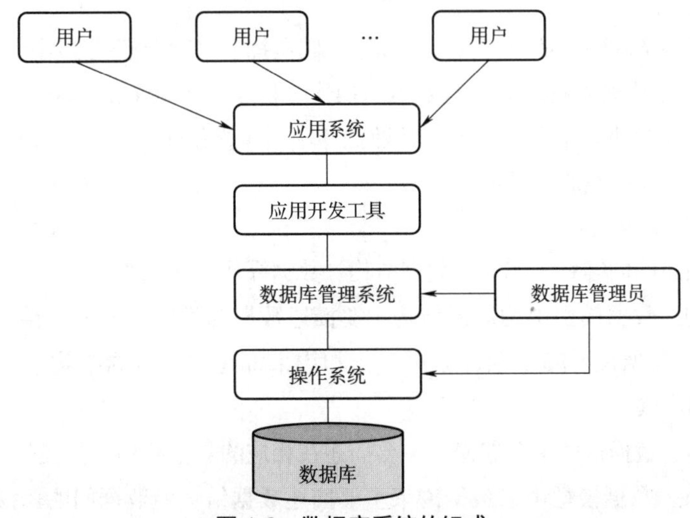

图 1-2 数据库系统的组成

1.2.5 SQL 语言

1. SQL 语言简介

SQL（Structured Query Language，结构化查询语言）是关系型数据库的国际标准语言。作为一种数据库查询和程序设计语言，用于存取数据以及查询、更新和管理关系数据库系统。

1986年，ANSI（美国国家标准局）的数据库委员会批准SQL作为关系型数据库的美国标准。

1987年，ISO（国际标准化组织）通过了这一标准。

1989年，ISO公布了SQL-89标准。

1992年公布了SQL-92标准。

尽管不同的关系数据库使用的SQL版本有一些差异，但大多数都遵循SQL 标准。SQL Server使用SQL-92的扩展集，称为T-SQL。

2. SQL 语言分类

SQL语言包含4个部分，见表1-1。

表 1-1 SQL 语言分类

分　类	语句类型	语　句
数据定义语言	DDL（Data Definition Language）	CREATE，DROP，ALTER
数据操纵语言	DML（Data Manipulation Language）	INSERT，UPDATE，DELETE
数据查询语言	DQL（Data Query Language）	SELECT
数据控制语言	DCL（Data Control Language）	GRANT，REVOKE

1.2.6 数据模型

现实生活中我们用飞机模型、水分子模型、楼盘沙盘来表示现实中的事物。如果数据可以用模型来表示，就更容易被操作人员理解。

1. 数据模型定义

数据模型（Data Model）是数据特征的抽象，它从抽象层次上描述了系统的静态特征、动态行为和约束条件，为数据库系统的信息表示与操作提供了一个抽象的框架。数据模型是数据库设计中用来对现实世界进行抽象的工具，是数据库中用于提供信息表示和操作手段的形式构架。数据模型是数据库系统的核心和基础。

2. 数据模型三要素

数据模型所描述的内容有三部分：数据结构、数据操作和数据约束。

（1）数据结构。数据模型中的数据结构主要描述数据的类型、内容、性质以及数据间的联系等。数据结构是数据模型的基础，数据操作和约束都建立在数据结构上。不同的数据结构具有不同的操作和约束。

（2）数据操作。数据模型中数据操作主要描述在相应的数据结构上的操作类型和操作方式。

（3）数据约束。数据模型中的数据约束主要描述数据结构内数据间的语法、词义联系，它们之间的制约和依存关系，以及数据动态变化的规则，以保证数据的正确、有效和相容。

3. 三类数据模型

发展过程中产生过三种基本的数据模型，分别是层次模型、网状模型和关系模型。

(1) 层次模型。将数据组织成一对多关系的结构，用树状结构表示实体及实体间的联系。

(2) 网状模型。用连接指令或指针来确定数据间的网状连接关系，是具有多对多类型的数据组织方式。

(3) 关系模型。以记录组或数据表的形式组织数据，以便于利用各种实体与属性之间的关系进行存储和变换，不分层也无指针，是建立空间数据和属性数据之间关系的一种非常有效的数据组织方法。

1.2.7 关系数据库

关系数据库，是建立在关系数据库模型基础上的数据库，借助于集合代数等概念和方法来处理数据库中的数据，同时也是一个被组织成一组拥有正式描述性的表格，该形式的表格作用的实质是装载着数据项的特殊收集体，这些表格中的数据能以许多不同的方式被存取或重新召集，而不需要重新组织数据库表格。每个表格（有时被称为一个关系）包含用列表示的一个或更多的数据种类。每行包含一个唯一的数据实体，这些数据是被列定义的种类。当创造一个关系数据库的时候，用户能定义数据列的可能值的范围和可能应用于那个数据值的进一步约束。而SQL语言是标准用户和应用程序到关系数据库的接口。其优势是容易扩充，且在最初的数据库创造之后，能在不需要修改所有的现有应用软件的基础上添加新的数据种类。主流的关系数据库有Oracle、DB2、SQL Server、Sybase、MySQL等。

习　　题

1. DCL 语句是指（　　）。

A. 数据控制语句　　B. 数据查询语句　　C. 数据操作语句　　D. 数据定义语句

2. （　　）是信息的符号化集合。

A. 数据　　B. 数据库　　C. 数据库管理系统　　D. 数据库系统

3. 位与用户和操作系统之间的是（　　）。

A. DB　　B. DBS　　C. DBMS　　D. DCL

4. （　　）是数据特征的抽象。

A. 数据模型　　B. 数据库　　C. 数据　　D. 数据库管理系统

5. 以记录组或数据表的形式组织数据的是（　　）模型。

A. 层次　　B. 网状　　C. 关系　　D. 数组

6. 以下（　　）是关系数据库管理系统。（多选）

A. Oracle　　B. DB2　　C. SQL Server　　D. MySQL

7. 结构化查询语言简称（　　）。

A. SQL　　B. DDL　　C. DML　　D. DB

8. (　　)是长期存储在计算机内，有组织的、可共享的数据的集合。

A. 数据库　　B. 数据库管理系统

C. 数据查询语言　　D. 数据操作

9. 简述数据模型的三要素。

10. 什么是数据库管理系统？常用的数据库管理系统包括哪几种？

答　案

1. A　2. A　3. C　4. A　5. C　6. ABCD　7. A　8. A

9. 简述数据模型的三要素。

数据模型所描述的内容有三部分，分别是数据结构、数据操作和数据约束。

(1) 数据结构。数据模型中的数据结构主要描述数据的类型、内容、性质以及数据间的联系等。数据结构是数据模型的基础，数据操作和约束都建立在数据结构上。不同的数据结构具有不同的操作和约束。

(2) 数据操作。数据模型中数据操作主要描述在相应的数据结构上的操作类型和操作方式。

(3) 数据约束。数据模型中的数据约束主要描述数据结构内数据间的语法、词义联系，它们之间的制约和依存关系，以及数据动态变化的规则，以保证数据的正确、有效和相容。

10. 什么是数据库管理系统？常用数据库管理系统包括哪几种？

数据库管理系统（DataBase Management System，DBMS）：是位于用户与操作系统之间的一层管理软件。

常用数据库管理系统包括：Oracle、DB2、SQL Server、Sybase、MySQL等。

关键语句

- DB：数据库。
- DBS：数据库系统。
- DBMS：数据库管理系统。
- RDBMS：关系数据库管理系统。
- DDL：数据定义语言。
- DML：数据操纵语言。
- DCL：数据控制语言。
- DQL：数据查询语言。
- SQL：结构化查询语言。

第2章 初识 MySQL

【英语角】

[1] Community Server　英 [kə'mjuːnəti]　美 [kə'mjuːnəti]

专业应用：社区版。例如，“Community Server”为社区服务器版。

community n. 社区；社会；团体；社团；界；共享；共有。

复数：communities。.

[例句] The local community was shocked by the murders.

当地社会对这些谋杀案感到震惊。

server　n. 服务器；发球者；上菜用具（往各人盘子里盛食物的叉、铲、勺等）

[例句] The server is designed to store huge amounts of data.

该服务器是为存储大量数据设计的。

[2] download　英 [ˌdaʊn'ləʊd , 'daʊnləʊd]　美 [ˌdaʊn'loʊd , 'daʊnloʊd]

专业应用：下载。例如，“Press any key to download”为按任意键下载。

vt. 下载。

n. 已下载的数据资料。

[例句] You can download the file and edit it on your word processor.

你可以把文件下载，用文字处理系统进行编辑。

[3] net　英 [net]　美 [net]

专业应用：网络。例如，“net stop mysql”为停止 MySQL 服务器。

n. 网；网状物；有专门用途的网；球门网。

adj. 净得的；纯的；净的；最后的；最终的。

vt. 净赚；净得；用网捕捉（鱼等）；（巧妙地）捕获，得到。

[例句] Many dolphins die each year from entanglement in fishing nets.

每年都有许多海豚被渔网缠绕致死。

[4] stop　英 [stɒp]　美 [stɑːp]

专业应用：停止。例如，“net stop mysql”为停止 MySQL 服务器。

v. 停止；（使）停下；（使）中断；（使）结束。

n. 停止；阻止；终止；停留；车站；（管风琴的）音管。

[例句] This behaviour must stop — do I make myself clear?

这种行为必须停止——我讲清楚了吧？

[5] start　英 [stɑːt]　美 [stɑːrt]

专业应用：启动。例如，“net start mysql” 为启动 MySQL 服务器。

v. 开始；启动；着手（做或使用）；（使）发生；开动；发动。

n. 开头；开端；开始；起始优势；良好的基础条件。

[例句] Production of the new aircraft will start next year.

新飞机的生产将于明年开始。

[6] execute　英 [ˈeksɪkjuːt]　美 [ˈeksɪkjuːt]

专业应用：执行。例如，“Press the execute button” 为按下执行按钮。

vt.（尤指依法）处决，处死；实行；执行；实施；成功地完成（技巧或动作）。

[例句] One group claimed to have executed the American hostage.

一个组织声称已经处决了那名美国人质。

[7] next　英 [nekst]　美 [nekst]

专业应用：下一步。例如，“Press the next button” 为按下下一步按钮。

n. 下一个；下一位；下一件。

adv. 紧接着；随后；其次的；依次的；仅次于……的；用于询问，表示吃惊或困惑。

adj. 接下来的；下一个的；紧接着的；紧随其后的。

[例句] The next scene takes the story forward five years.

下一个场面是描述故事中五年后的情况。

2.1　走进 MySQL

MySQL 是最流行的关系型数据库管理系统之一，在 Web 应用方面 MySQL 是最好的 RDBMS（Relational Database Management System，关系数据库管理系统）应用软件之一。

2.1.1　MySQL 概述

MySQL 是一个关系型数据库管理系统，由瑞典 MySQL AB 公司开发，目前属于 Oracle 公司。MySQL 是一种关系数据库管理系统，关系数据库将数据保存在不同的表中，而不是将所有数据放在一个大仓库内，这样就增加了速度并提高了灵活性。

1. MySQL 发展历程

（1）MySQL的历史可以追溯到1979年，一个名为Monty Widenius的程序员在为TcX的小公司打工，并且用BASIC设计了一个报表工具，使其可以在4 MHz主频和16 KB内存的计算机上运行。当时，这只是一个很底层的且仅面向报表的存储引擎，称为Unireg。

（2）1990年，TcX公司的客户中开始有人要求为他的API提供SQL支持。Monty直接借助于mSQL的代码，将它集成到自己的存储引擎中。但效果并不让人满意，他决心自己重写一个SQL支持程序。

（3）1996年，MySQL 1.0发布，它只面向一小拨人，相当于内部发布。到了1996年10月，MySQL 3.11.1发布（MySQL没有2.x版本），最开始只提供Solaris下的二进制版本。一个月后，Linux版本出现了。在接下来的两年里，MySQL被依次移植到各个平台。

（4）1999—2000年，MySQL AB公司在瑞典成立。Monty雇了几个人与Sleepycat合作，开发出了Berkeley DB引擎，由于BDB支持事务处理，因此MySQL从此开始支持事务处理。

（5）2000年，MySQL不仅公布自己的源代码，并采用GPL（GNU General Public License）许可协议，正式进入开源世界。同年4月，MySQL对旧的存储引擎ISAM进行了整理，将其命名为MyISAM。

（6）2001年，集成Heikki Tuuri的存储引擎InnoDB不仅能支持事务处理，并且支持行级锁。后来该引擎被证明是最为成功的MySQL事务存储引擎。MySQL与InnoDB的正式结合版本是4.0。

（7）2003年12月，MySQL 5.0版本发布，提供了视图、存储过程等功能。

（8）2008年1月，MySQL AB公司被Sun公司以10亿美元收购，MySQL数据库进入Sun时代。在Sun时代，Sun公司对其进行了大量的推广、优化、Bug修复等工作。

（9）2008年11月，MySQL 5.1发布，它提供了分区、事件管理，以及基于行的复制和基于磁盘的NDB集群系统，同时修复了大量的Bug。

（10）2009年4月，Oracle公司以74亿美元收购Sun公司，自此MySQL数据库进入Oracle时代，而其第三方的存储引擎InnoDB早在2005年就被Oracle公司收购。

（11）2010年12月，MySQL 5.5发布，其主要新特性包括半同步的复制及对SIGNAL/RESIGNAL的异常处理功能的支持，最重要的是InnoDB存储引擎终于变为当前MySQL的默认存储引擎。MySQL 5.5不是时隔两年后的一次简单的版本更新，而是加强了MySQL各个方面在企业级的特性。Oracle公司同时也承诺MySQL 5.5和未来版本仍采用GPL授权的开源产品。

（12）2011年4月，MySQL 5.6.2发布。这一版本增加了许多新特性，主要包括：InnoDB可以限制大量表打开的时候内存占用过多的问题；InnoDB性能加强；InnoDB死锁信息可以记录到error日志，方便分析；MySQL 5.6支持延时复制，可以让slave跟master之间控制一个时间间隔，方便特殊情况下的数据恢复；表分区功能增强。

（13）2013年4月，MySQL 5.7.1发布。MySQL 5.7是一个经典的版本。MySQL 5.7版本解决了很多企业级数据库应用的痛点，诸多企业从老版本升级到了5.7。

（14）2016年9月，MySQL8.0.0发布，其主要亮点包括：事务性数据字典，完全脱离了MyISAM存储引擎；增加了SQL角色；将默认字符集设定为utf8mb4，并支持Unicode 9；增加不可见索引；对二进制数据可以进行位操作等。

2. MySQL 的优势

MySQL 是开源的，所以学习者不需要支付额外的费用。

MySQL 支持大型的数据库。可以处理拥有上千万条记录的大型数据库。

MySQL 使用标准的 SQL 数据语言形式。

MySQL 可以运行于多个系统上，并且支持多种语言。这些编程语言包括 C、C++、Python、Java、Perl、PHP、Eiffel、Ruby 和 Tcl 等。

MySQL 对PHP有很好的支持，PHP 是目前比较流行的 Web 开发语言。

MySQL支持大型数据库，支持5 000万条记录的数据仓库，32位系统表文件最大可支持4 GB，64 位系统支持最大的表文件为8 TB。

MySQL 是可以定制的，采用GPL协议，用户可以修改源代码来开发自己的 MySQL 系统。

2.1.2　MySQL 的功能

1. MySQL 的特性

MySQL相比于其他的数据库系统来说，并不那么完美，但是它足够灵活，它的灵活体现在很多方面。例如，用户可以通过配置使它很好地运行在不同的硬件环境上，同时它还支持多种数据类型。但是，MySQL最重要的，最与众不同的特性是它的存储引擎设计，这种设计将查询处理和数据的提取/存储进行了分离，这种分离设计使得我们在使用时能根据性能和业务需求来选择合适的数据存储方式。

2. MySQL 8.0 的优势

MySQL是目前最受信任和最广泛使用的开源数据库平台。全球十大最受欢迎和流量最大的网站都依赖于MySQL。MySQL 8.0在这一势头的基础上进行了全面的改进，旨在使创新的DBA和开发人员能够在最新一代的开发框架和硬件平台上创建和部署下一代Web、嵌入式、移动和Cloud/SaaS/PaaS/DBaaS应用程序。MySQL 8.0的亮点包括：

（1）MySQL文档库。

（2）事务数据字典。

（3）SQL角色。

（4）默认为utf8mb4。

（5）常用表表达式。

（6）窗口函数。

3. MySQL 的逻辑结构

在进行系统开发和系统架构时通常都会采用分层来实现，MySQL的逻辑架构如图2-1所示。

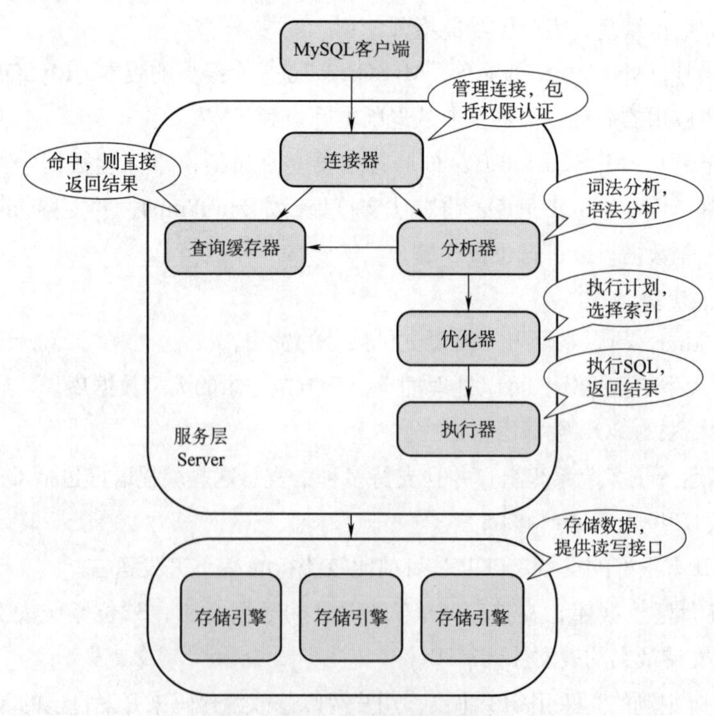

图 2-1　MySQL 的逻辑架构

MySQL的架构大致分为三层，最上面的一层在大多数基于网络CS或者BS的工具或者服务器都有类似的架构，如连接处理、认证授权、安全等。从第二层开始，就进入了MySQL核心的部分，包括查询的解析、优化、缓存，以及所有的内置函数、存储过程、触发器、视图等都在这一层。而MySQL最重要的特性存储引擎就在第三层，存储引擎负责数据的提取和存储，服务器通过API与存储引擎进行通信，这里的设计类似于Java中的策略模式，它会通过接口层屏蔽底层的实现细节，而且每个存储引擎之间互相不受影响。存储引擎API中包含几十个底层函数，用于执行事务、提取记录，但是存储引擎并不会解析SQL。

2.2 MySQL 的安装与登录

要想使用这一款免费的数据库管理系统首先需要下载与安装软件。

2.2.1 MySQL 的下载

1. 下载 MySQL 数据库

下载MySQL数据库可以访问官方网站https://www.mysql.com/cn/。网站主界面如图2-2所示，初学者可根据需要选用汉语界面。

图 2-2 MySQL 官方网站

单击菜单栏中的“下载”按钮，进入图2-3所示下载界面，选择“下载”区域中的“MySQL Community Server”。

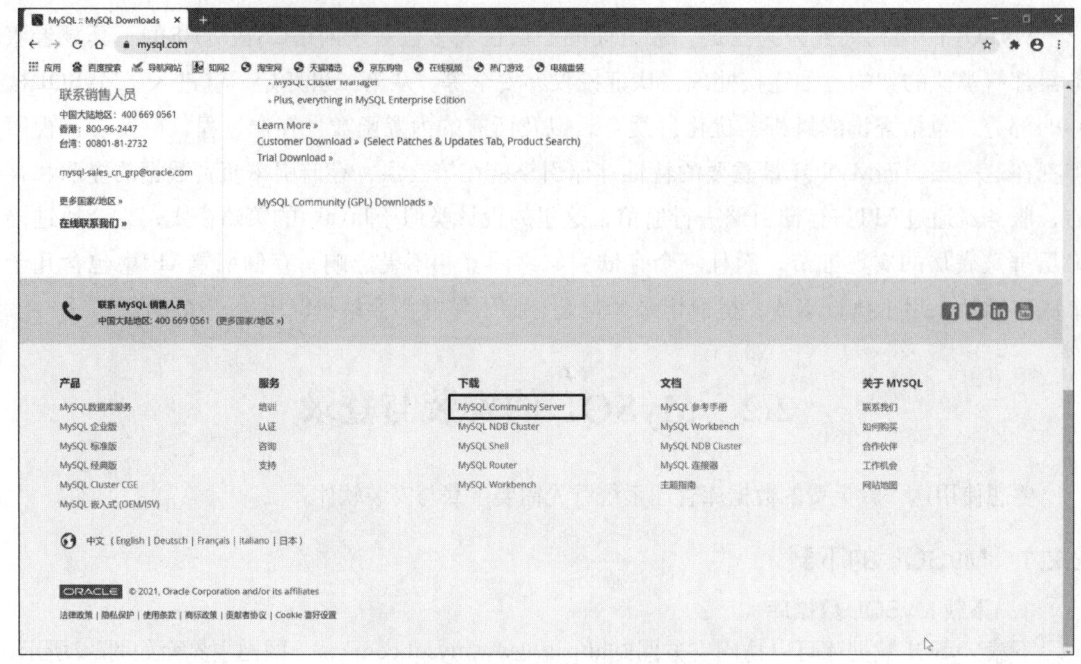

图 2-3　MySQL 官方网站中产品选择界面

进入图2-4所示界面。当前MySQL版本为8.0.26，选择操作系统，默认为Microsoft Windows。单击“Go to Download Page”按钮。

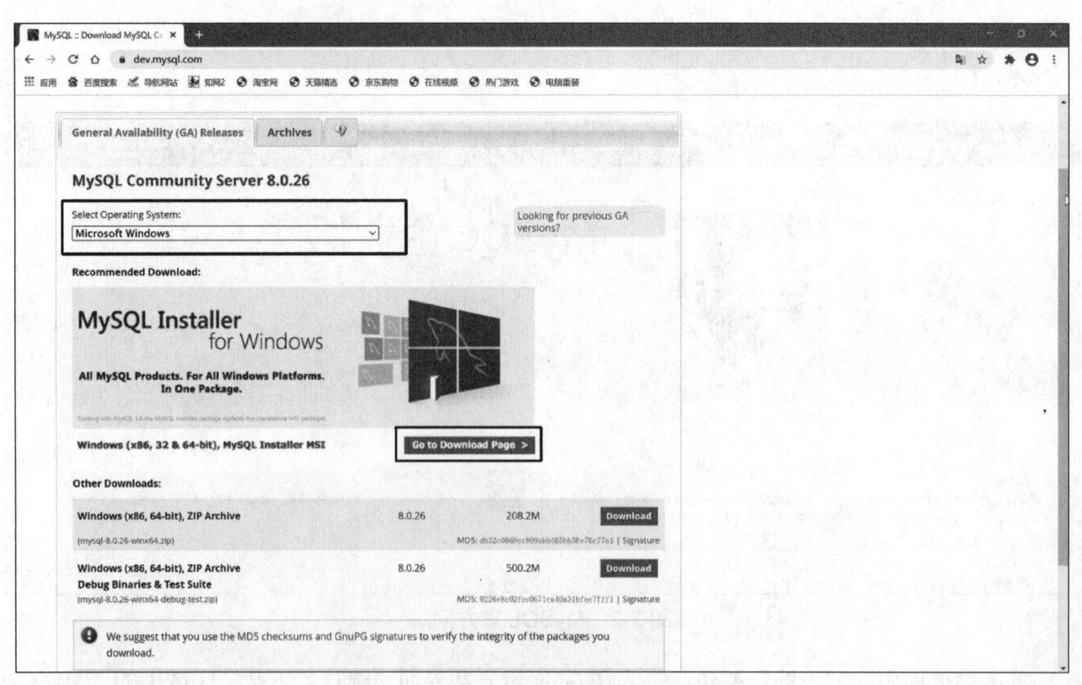

图 2-4　MySQL 官方网站下载选择界面

进入MSI文件下载界面，如图2-5所示。选择操作系统，默认为Microsoft Windows。选中安装文件进行下载。

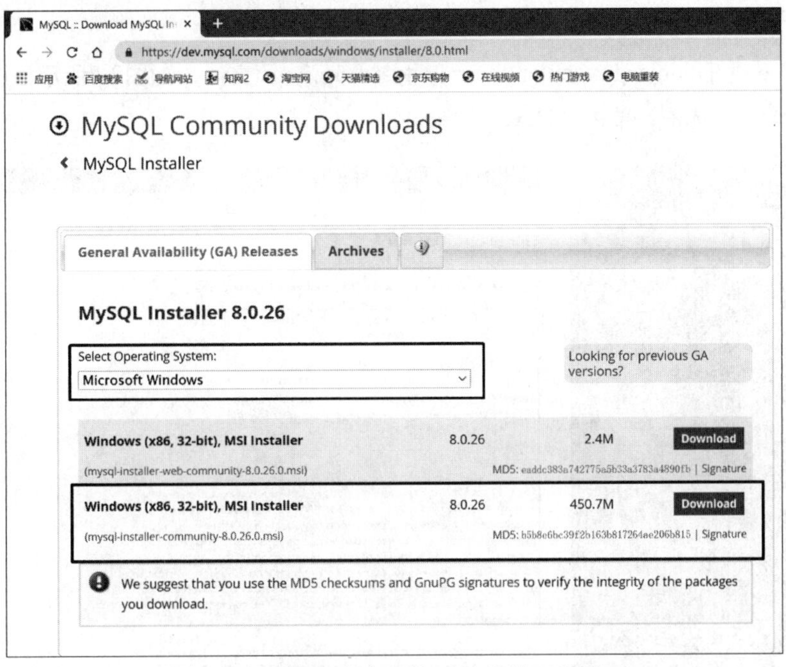

图 2-5　MySQL 官方网站 MSI 文件下载界面

进入登录界面，如图2-6所示。此处可以单击“Login”按钮登录，也可以单击下方“No thanks,just start my download.”超链接开始下载。

图 2-6　MySQL 官方网站登录界面

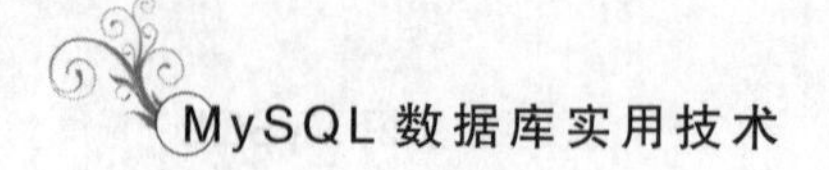

2.2.2 MySQL 的安装

（1）打开下载好的mysql-installer-community-8.0.16.0.msi文件，如图2-7所示，选择“I accept the license terms”复选框，单击“Next”按钮。

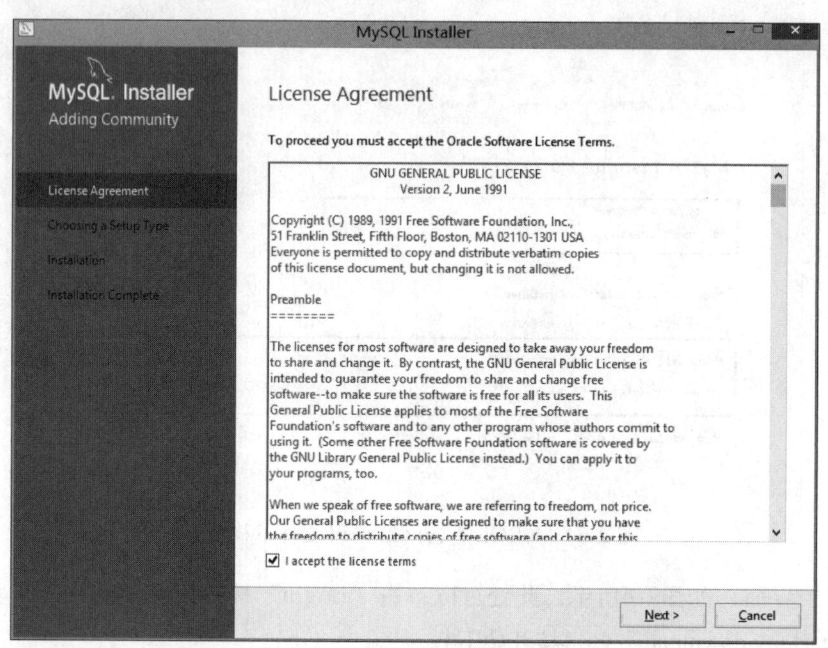

图 2-7　MySQL 安装界面 1

（2）如图2-8所示，选择“Custom”单选按钮，即自定义安装后，进入下一步。此处安装选项与其对应含义如下：

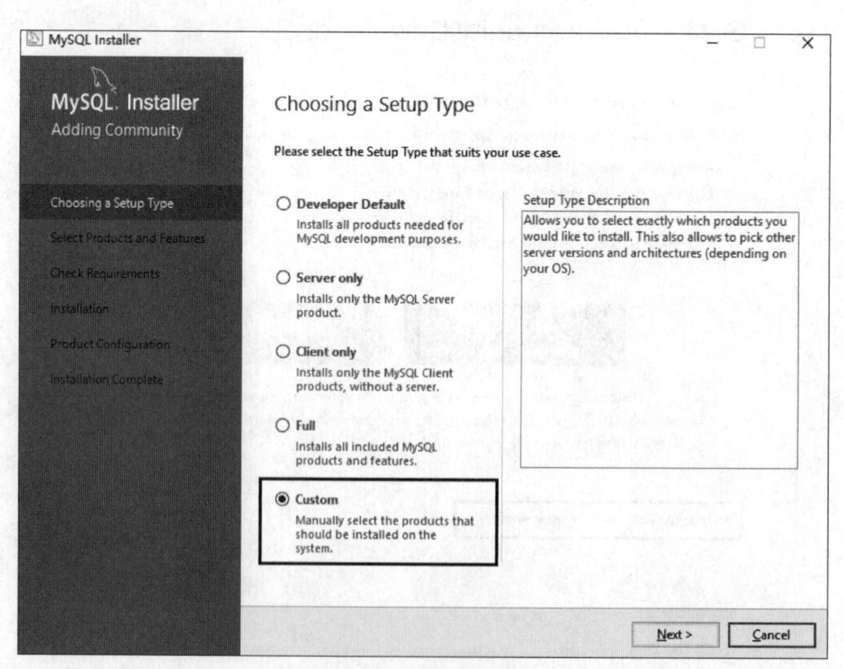

图 2-8　MySQL 安装界面 2

① Developer Default：默认安装类型。

② Server only：仅作为服务器。

③ Client only：仅作为客户端。

④ Full：完全安装类型。

⑤ Custom：自定义安装类型。

（3）如图2-9所示，选择左侧的“MySQL Server 8.0.16 - x64”，移到右侧，单击“Next”按钮。

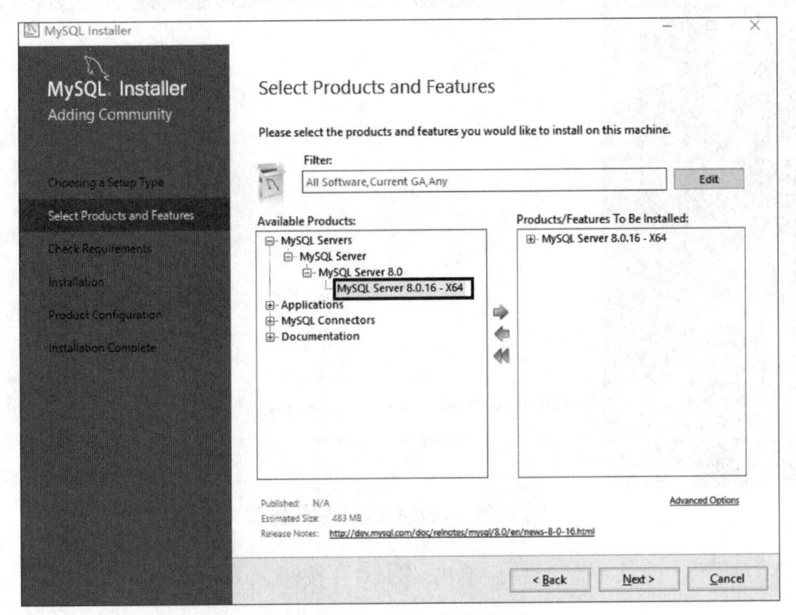

图 2-9 MySQL 安装界面 3

（4）进入图2-10所示界面，单击“Next”按钮。

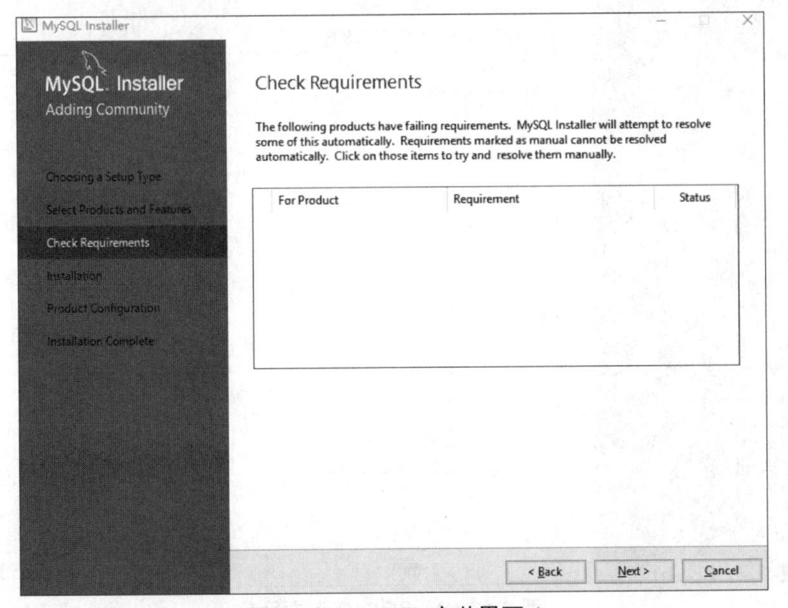

图 2-10 MySQL 安装界面 4

（5）如图2-11所示，单击“Execut”按钮。

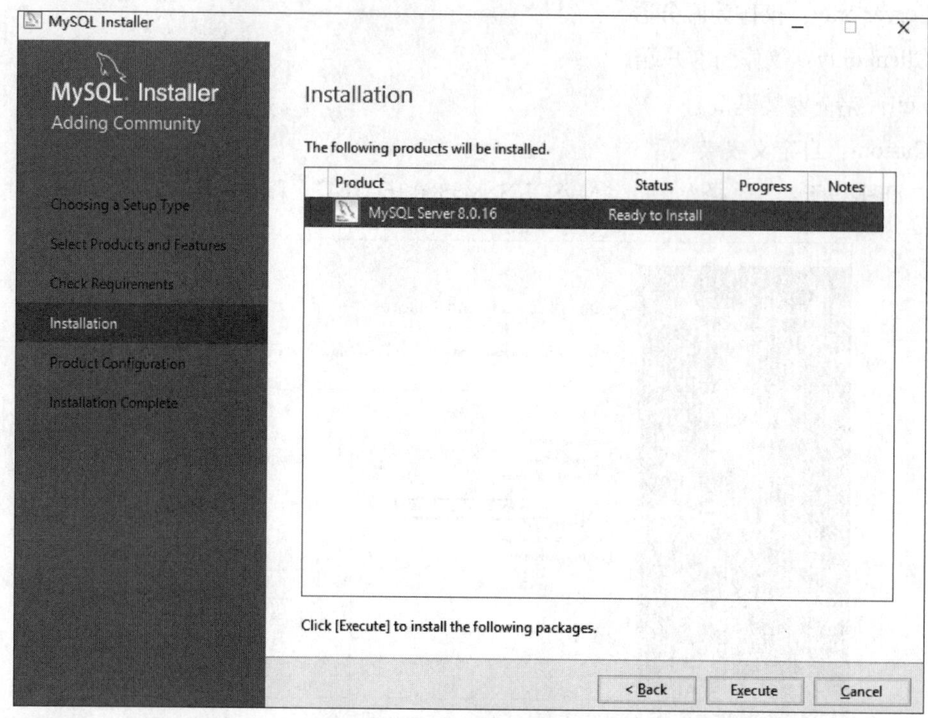

图 2-11　MySQL 安装界面 5

（6）如图2-12所示，确认安装产品，单击“Next”按钮。

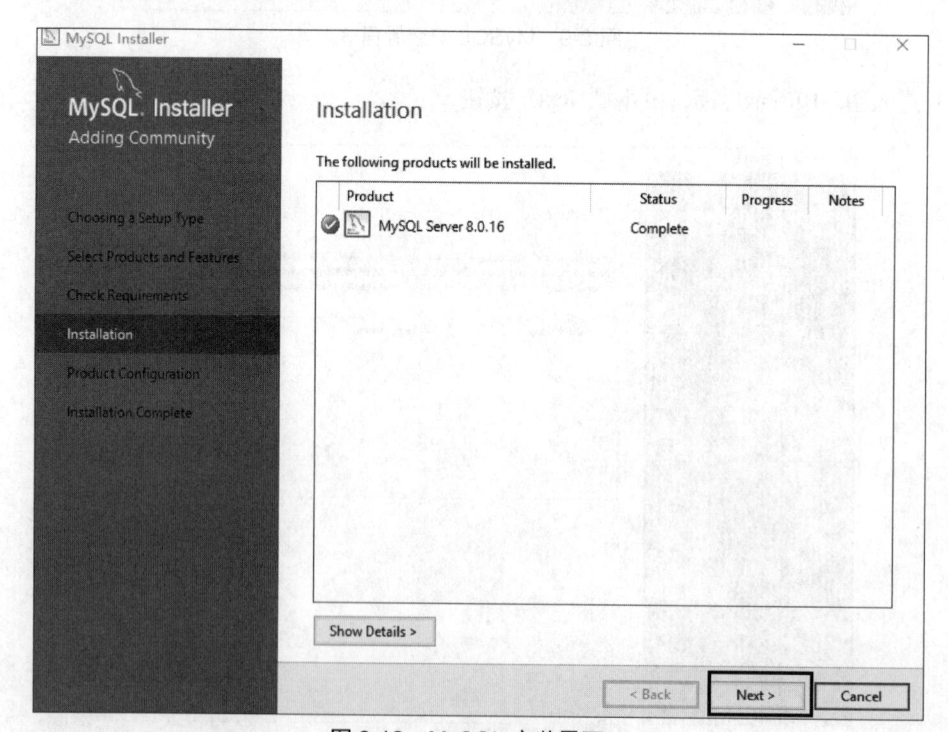

图 2-12　MySQL 安装界面 6

（7）如图2-13所示，确认安装配置，单击“Next”按钮。

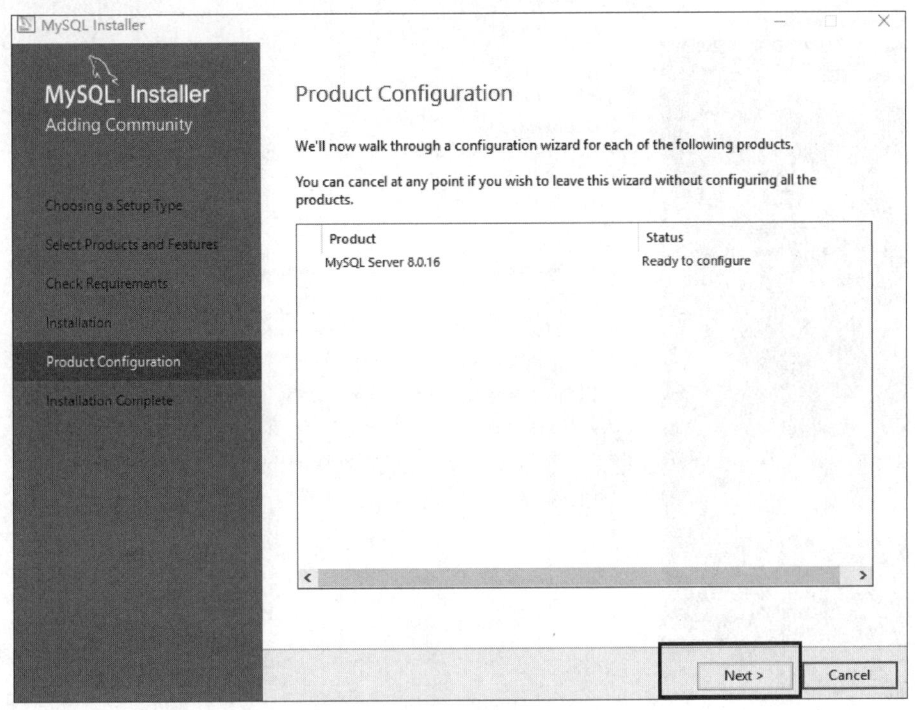

图 2-13　MySQL 安装界面 7

（8）如图2-14所示，确认高可用性配置，单击“Next”按钮。

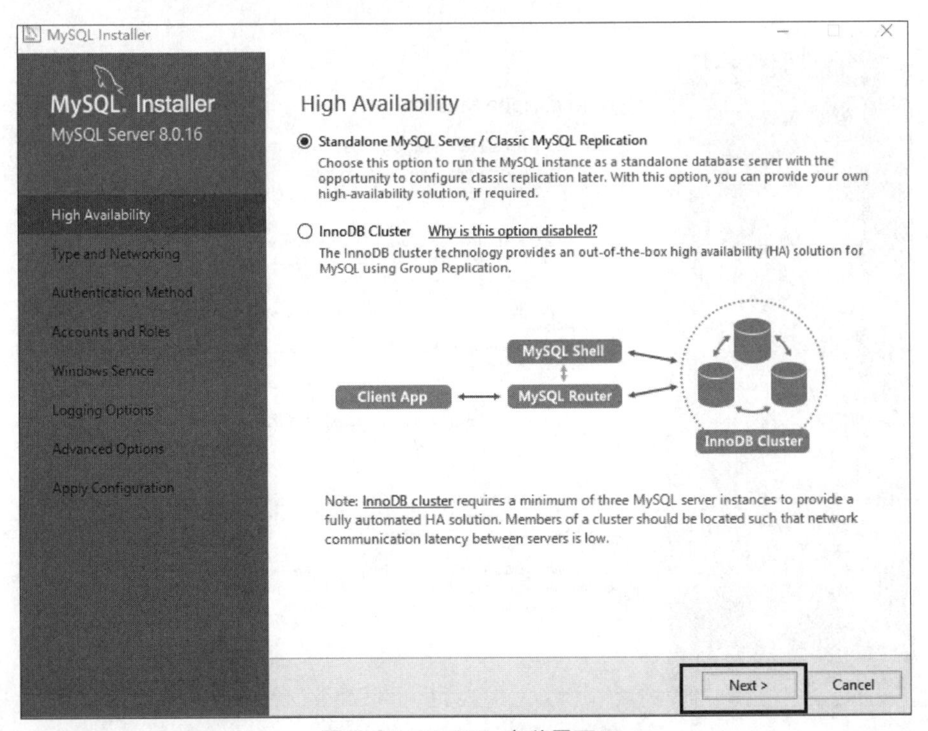

图 2-14　MySQL 安装界面 8

（9）如图2-15所示，确认类型与网络端口配置，默认为3306端口，单击“Next”按钮。

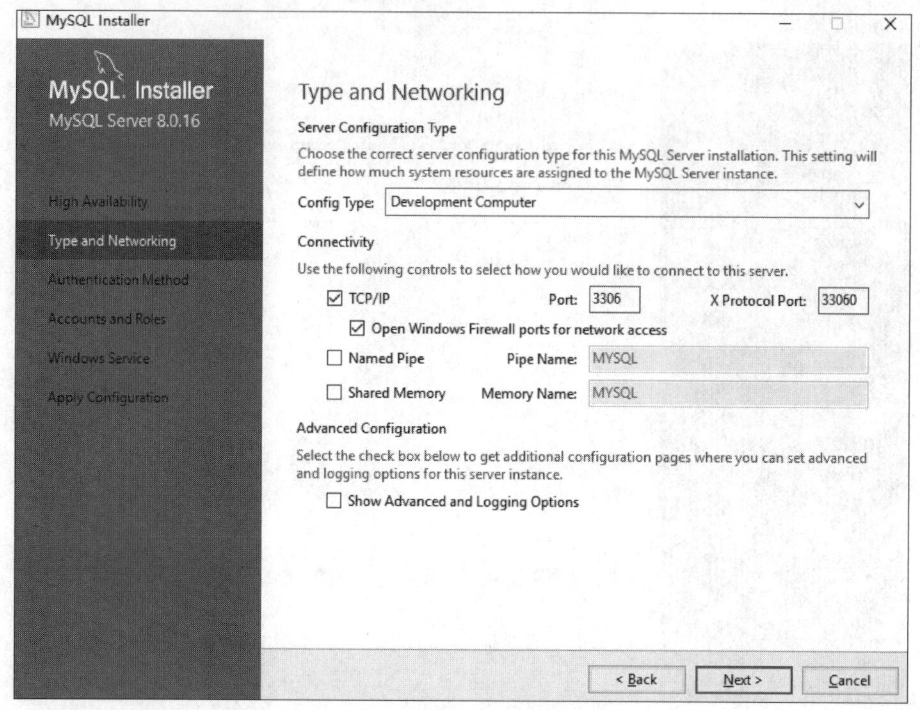

图 2-15　MySQL 安装界面 9

（10）如图2-16所示，确认认证方法，单击“Next”按钮。

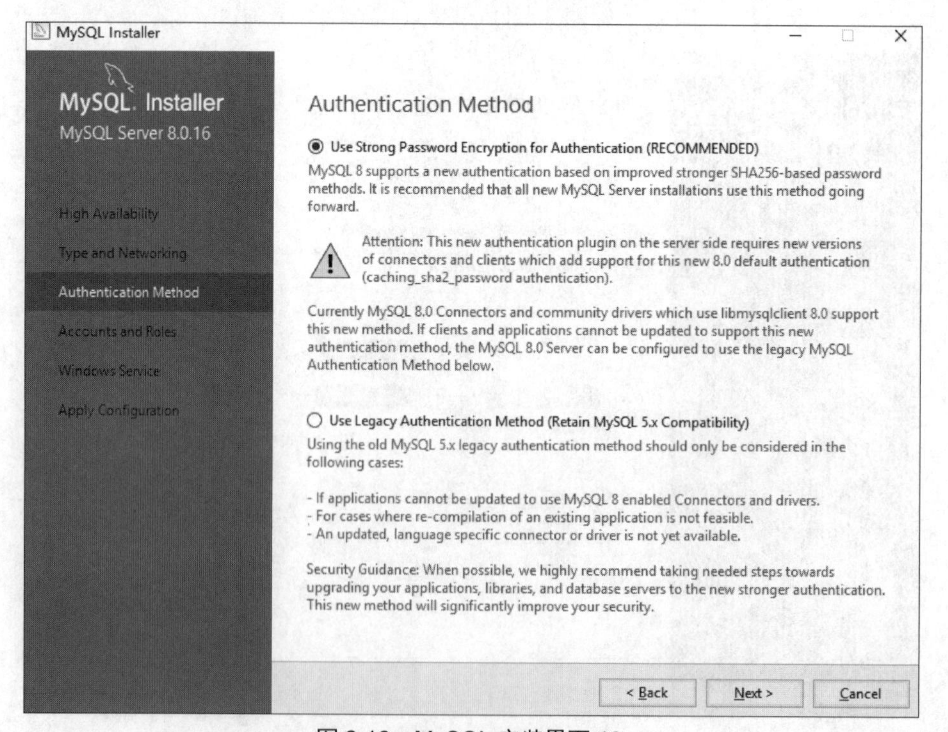

图 2-16　MySQL 安装界面 10

（11）如图2-17所示，设置密码。注意Root密码需要牢记。单击“Next”按钮。

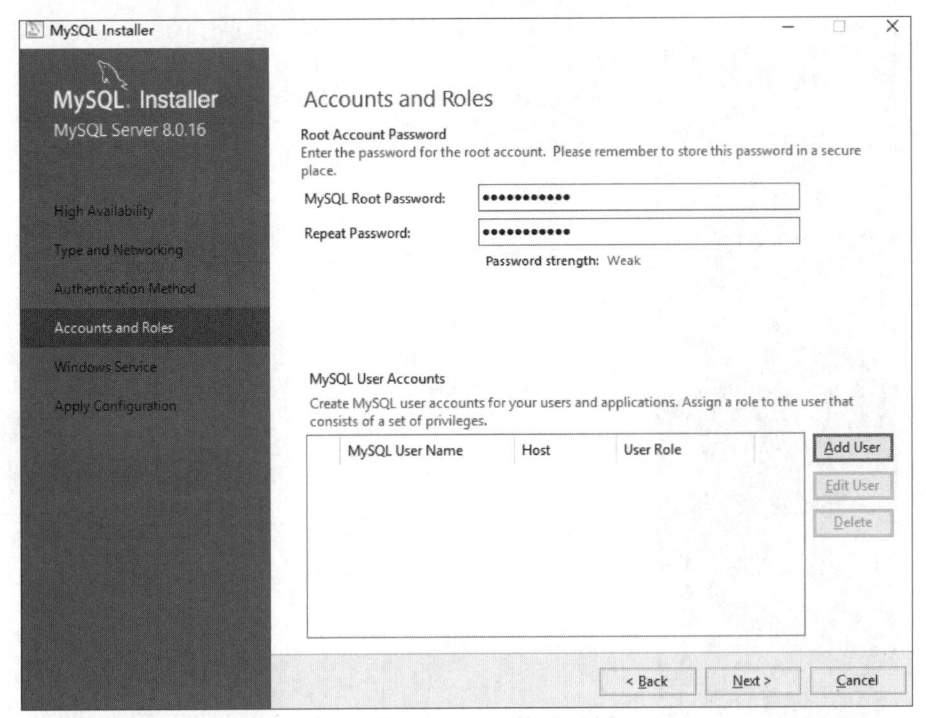

图 2-17　MySQL 安装界面 11

（12）如图2-18所示，确认Windows 服务配置，单击“Next”按钮。

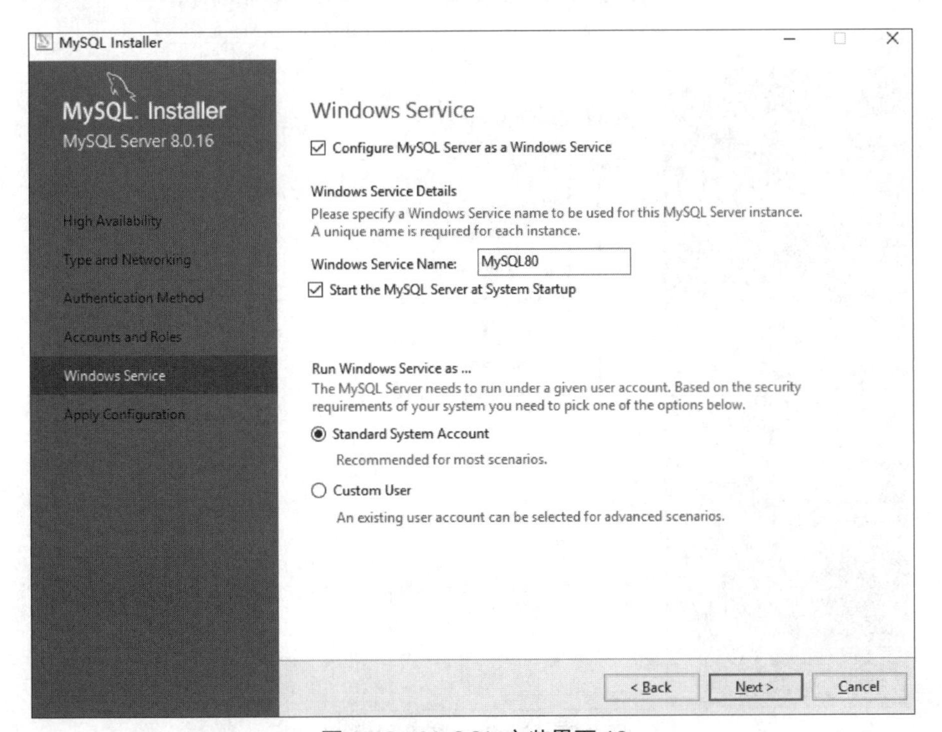

图 2-18　MySQL 安装界面 12

（13）如图2-19所示，确认以下配置，单击“Execute”按钮。

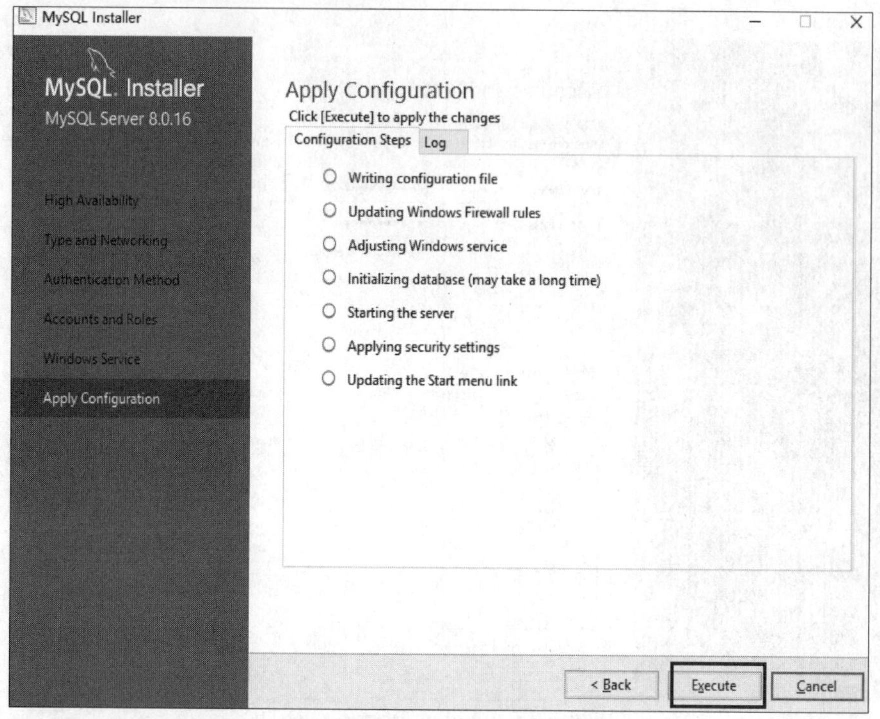

图 2-19　MySQL 安装界面 13

（14）如图2-20所示，等待所有的按钮变绿后单击“Finish”按钮即可。

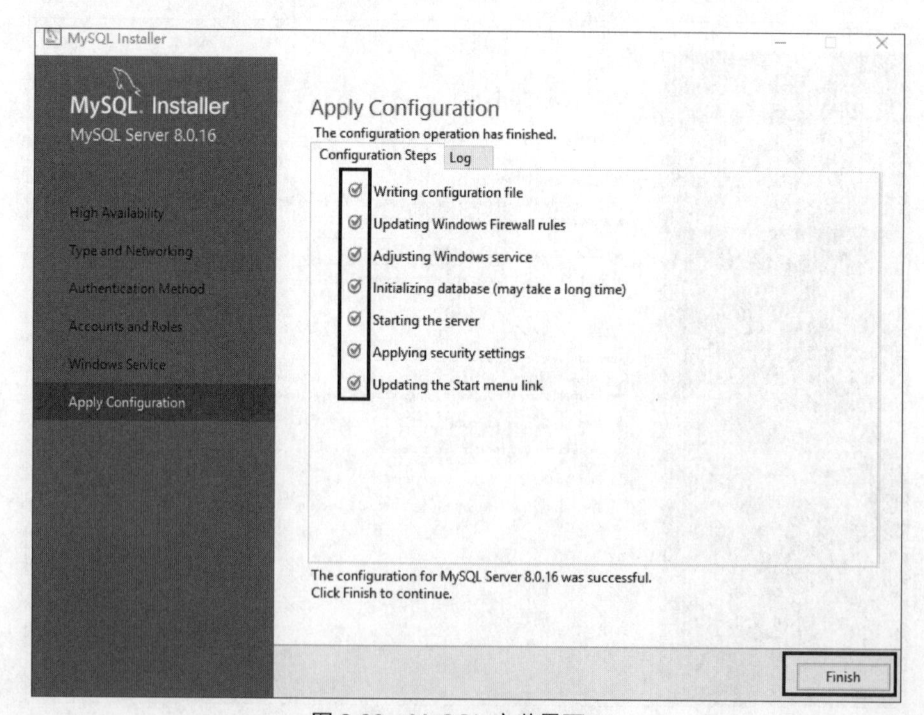

图 2-20　MySQL 安装界面 14

（15）如图2-21所示，确认产品配置，单击“Next”按钮。

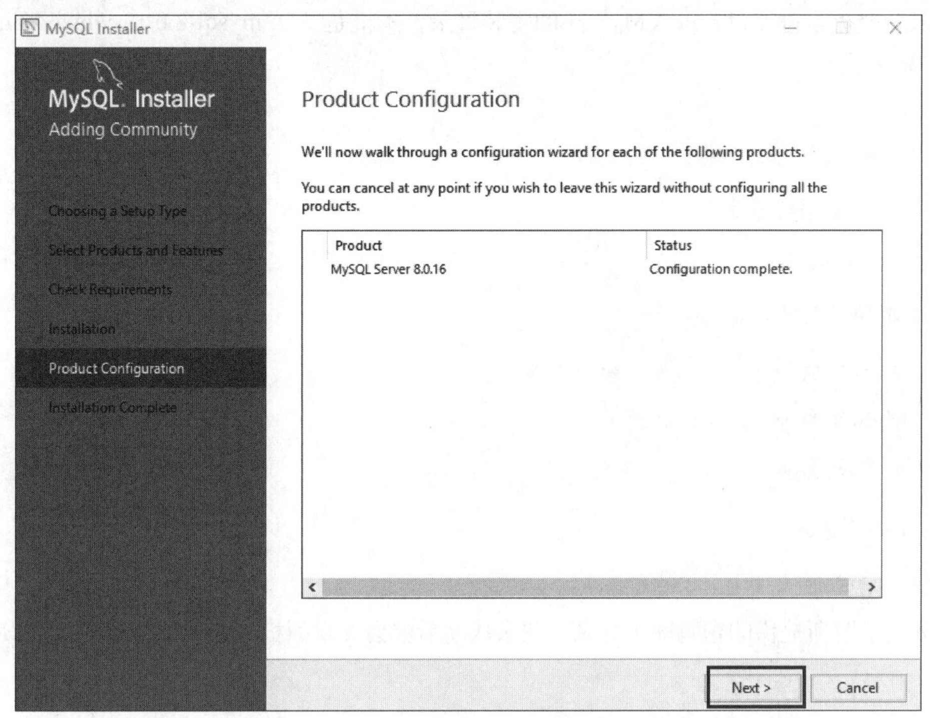

图 2-21　MySQL 安装界面 15

（16）如图2-22所示，确认安装完成，单击“Finish”按钮。

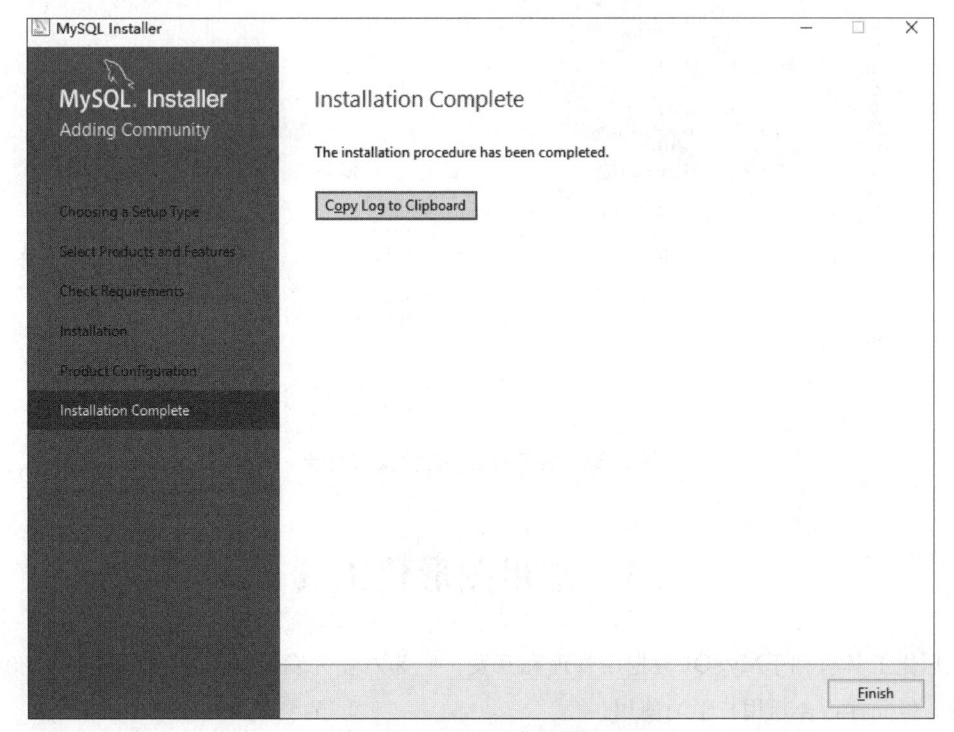

图 2-22　MySQL 安装界面 16

2.2.3 MySQL 的启动与登录

进入命令提示符窗口，进入MySQL的安装目录，本机是“D:\mysql-8.0.19-winx64\bin”。先在C盘下输入：

```
D:
cd D:\mysql-8.0.19-winx64\bin
```

停止MySQL服务器命令：

```
net stop mysql
```

启动MySQL服务器命令：

```
net start mysql
```

登录MySQL命令：

```
mysql -u root -p
```

成功后会出现：

```
Enter password:
```

输入安装时所提供的密码即可登录。登录成功后就会发现面板上开始的符号为“MySQL>”，如图2-23所示。

```
D:\mysql-8.0.19-winx64\bin>net stop mysql
MySQL 服务正在停止.
MySQL 服务已成功停止。


D:\mysql-8.0.19-winx64\bin>net start mysql
MySQL 服务正在启动 .
MySQL 服务已经启动成功。


D:\mysql-8.0.19-winx64\bin>mysql -uroot -p
Enter password: ******
Welcome to the MySQL monitor.  Commands end with ; or \g.
Your MySQL connection id is 8
Server version: 8.0.19 MySQL Community Server - GPL

Copyright (c) 2000, 2020, Oracle and/or its affiliates. All rights reserved.

Oracle is a registered trademark of Oracle Corporation and/or its
affiliates. Other names may be trademarks of their respective
owners.

Type 'help;' or '\h' for help. Type '\c' to clear the current input statement.

mysql> _
```

图 2-23　服务器启动、停止与登录

2.3　常用图形化工具

图形化工具有利于MySQL数据库管理和开发，它为专业开发者提供了一套强大的足够尖端的工具，但同样适合新用户学习使用。

2.3.1 常用图形化工具概述

MySQL的管理维护工具非常多，除了系统自带的命令行管理工具之外，还有许多其他的图形化管理工具，这里介绍几种常用的MySQL图形化管理工具。

MySQL是一个非常流行的小型关系型数据库管理系统，目前被广泛地应用在中小型网站中。由于其体积小、速度快、总体拥有成本低，尤其是开放源代码这一特点，许多中小型网站为了降低网站总体拥有成本而选择了MySQL作为网站数据库。

1. phpMyAdmin

phpMyAdmin是最常用的MySQL维护工具，是一个用PHP开发的基于Web方式架构在网站主机上的MySQL管理工具，支持中文，管理数据库非常方便。不足之处在于对大数据库的备份和恢复不方便。

2. MySQLDumper

MySQLDumper是使用PHP开发的MySQL数据库备份恢复程序，解决了使用PHP进行大数据库备份和恢复的问题，数百兆的数据库都可以方便地备份恢复，不用担心网速太慢导致中间中断的问题，非常方便易用。该工具是德国人开发的，还没有中文语言包。

3. Navicat

Navicat是一个桌面版MySQL数据库管理和开发工具，界面如图2-24所示。它和微软SQLServer的管理器相似，易学易用。Navicat使用图形化的用户界面，可以让用户使用和管理更为轻松。该工具支持中文，有免费版本提供。

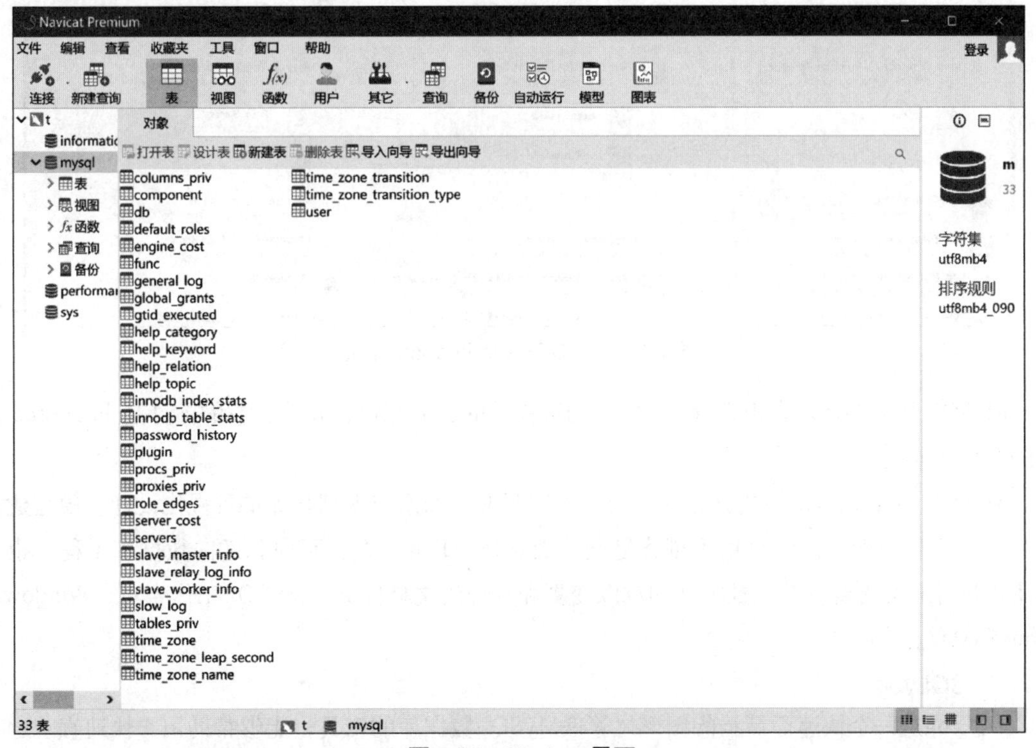

图 2-24 Navicat 界面

4. MySQL GUI Tools

MySQL GUI Tools是MySQL官方提供的图形化管理工具，功能很强大，值得推荐，可惜的是没有中文界面。

5. MySQL ODBC Connector

MySQL ODBC Connector是MySQL官方提供的ODBC接口程序，系统安装了这个程序之后，就可以通过ODBC来访问MySQL，这样就可以实现SQL Server、Access和MySQL之间的数据转换，还可以支持ASP访问MySQL数据库。

6. SQL Workbench

MySQL Workbench是一个统一的可视化开发和管理平台，该平台提供了许多高级工具，可支持数据库建模和设计、查询开发和测试、服务器配置和监视、用户和安全管理、备份和恢复自动化、审计数据检查以及向导驱动的数据库迁移。界面如图2-25所示。

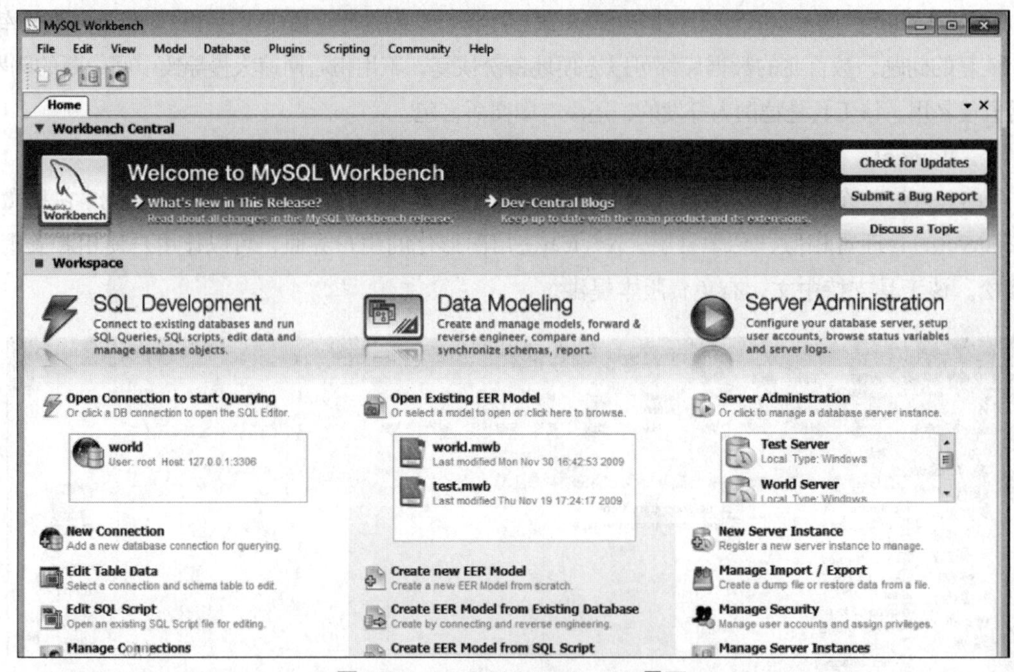

图 2-25　MySQL Workbench 界面

MySQL Workbench是MySQL AB发布的可视化的数据库设计软件，它的前身是 FabForce 公司的 Designer 4。

MySQL Workbench 为数据库管理员、程序开发者和系统规划师提供可视化设计、模型建立以及数据库管理功能。它可用于创建复杂的数据建模E-R模型，正向和逆向数据库工程，也可以用于执行通常需要花费大量时间的难以变更和管理的文档任务。MySQL工作台可在Windows、Linux和Mac上使用。

7. SQLyog

SQLyog是一个快速而简洁的图形化管理MySQL数据库的工具，能够帮助用户快速直观地在任何地点通过网络远端维护MySQL数据库，由业界著名的Webyog公司出品。

2.3.2 Navicat 的安装与连接

1. 安装

Navicat安装与其他软件相似，不做详细介绍。未付费情况下安装后可选择试用，进入14天的试用周期。如需购买正版可进行注册。

也可以申请免费的学生认证，按流程填写个人信息即可。需要注意的是，需要填写edu域名邮箱，并且这个邮箱之后会成为navicat的登录邮箱；在收到Excel表格邮件后，填写个人信息并回信；1~2天再次收到回信，得到产品序列号；可以直接在Navicat界面登录。

2. 连接 MySQL

（1）如图2-26所示，在主界面上单击“连接”按钮后选择服务器类型“MySQL”。

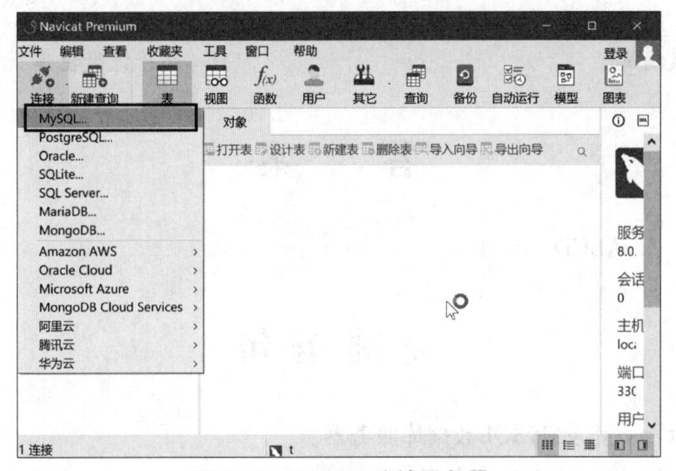

图 2-26　MySQL 连接服务器

（2）如图2-27所示，在新建连接界面输入连接名与密码，其他选项根据需要设置。例如，主机为localhost表示本机主机，3306是安装时的端口号，单击“确定”按钮即可完成连接。

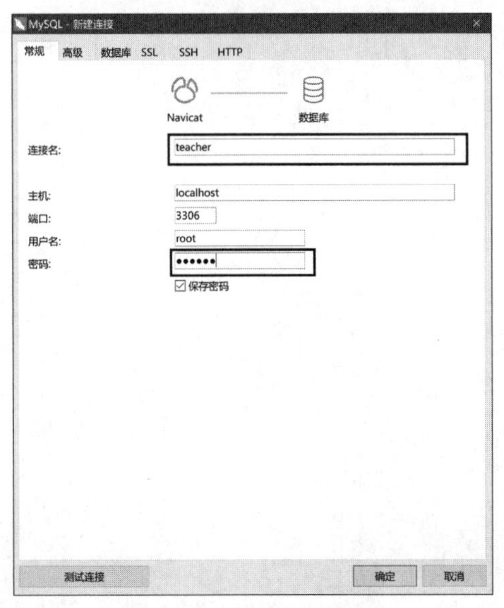

图 2-27　新建连接配置

习　题

1. MySQL 是一种（　　）。

   A. 数据库管理系统　　B. 编程语言

   C. 汇编语言　　D. 开发语言

2. MySQL 是一种（　　）。

   A. 开源数据库　　B. 非开源数据库

3. Navicat 可以连接以下（　　）数据库管理系统（多选）。

   A. MySQL　　B. SQL Server　　C. Oracle　　D. SQLite

4. Navicat 是（　　）软件。

   A. 开源数据库　　B. 非开源数据库

答　案

1．A　2．A　3．ABCD　4．B

关键语句

- mysql -u root -p：登录MySQL数据库服务器。
- net stop mysql：停止MySQL服务器。
- net start mysql：启动MySQL服务器。

第3章

数据库基本操作

【本章英语角】

[1] use　　英 [juːz , juːs]　美 [juːz , juːs]

专业应用：打开，使用。例如，“use 数据库名”为使用某数据库。

v. 使用；利用；运用；消耗；说，写，使用（词语或语言）。

n. 用；使用；得到利用；用途；功能；用法；使用权；使用的机会。

[例句] Her article is a discussion of the methods used in research.

她这篇文章论述的是研究中使用的方法。

[2] create　　英 [kri'eɪt]　美 [kri'eɪt]

专业应用：创建。例如，“create database”为创建数据库。

v. 创造；创作；创建；造成，引起，产生（感觉或印象）；授予；册封。

[例句] The government plans to create more jobs for young people.

政府计划为年轻人创造更多的就业机会。

[3] show　　英 [ʃəʊ]　美 [ʃoʊ]

专业应用：显示。例如，“show create database”为查看数据库的创建信息。

v. 表明；证明；给…看；出示；展示；（通过示范）教，解说；演示。

n. 演出；歌舞表演；（电视或广播）节目；展览；展览会。

[例句] The comparison shows considerable disagreement between theory and practice.

这一对比表明理论和实践之间有相当大的出入。

[4] character　　英 ['kærəktə(r)]　美 ['kærəktər]

专业应用：字符集。例如，“show character set”为查看字符集设置。

n.（人、集体的）品质，性格；（地方的）特点，特性；（事物、事件或地方的）特点，特征，特色；勇气；毅力。

vt. 刻；印；使具有特征。

[例句] The moral characters of men are formed not by heredity but by environment.

人的道德品质不是遗传的，而是由环境塑造而成。

[5] collation　　英 [kə'leɪʃn]　美 [kə'leɪʃn]

专业应用：校对集。例如，“show collation”为查看校对集。

n. 校对，核对；整理；（对书卷号码、编页等的）核实，配页；牧师职务的授予。

[例句] Design and Execution of Semantic Collation System in a Special Field.

特定领域中的语义校对系统（YYJDS）的设计与实现。

[6] set　　英 [set]　美 [set]

专业应用：设置。例如，“show character set”为查看字符集设置。

v. 放；置；使处于；使处于某种状况；使开始；把故事情节安排在；以...为...设置背景。

n. 一套，一副，一组（类似的东西）；一组（配套使用的东西）；一伙（或一帮、一群）人；阶层；团伙。

adj. 位于（或处于）...的；安排好的；确定的；固定的；顽固的；固执的。

[例句] They ate everything that was set in front of them.

他们把放在面前的东西都吃光了。

[7] affect　　英 [ə'fekt]　美 [ə'fekt]

专业应用：影响。例如，“1 row affected”为 1 行受影响。

v. 影响；侵袭；使感染；（感情上）深深打动；使悲伤（或怜悯等）。

[例句] People tend to think that the problem will never affect them.

人们往往认为这个问题绝不会影响到他们。

3.1 创建数据库操作

数据库的基本操作首先是从数据库的创建开始的。创建一个数据库就相当于搭建了一个空仓库。

3.1.1 创建数据库

1. 基本语法格式

```
CREATE DATABASE [IF NOT EXISTS] <数据库名>
[[DEFAULT] CHARACTER SET <字符集名>]
[[DEFAULT] COLLATE <校对规则名>];
```

2. 说明

（1）<数据库名>：创建数据库的名称。MySQL 的数据存储区将以目录方式表示 MySQL 数据库，因此数据库名称必须符合操作系统的文件夹命名规则，不能以数字开头，尽量要有实际意义。注意在 MySQL 中不区分大小写。

（2）IF NOT EXISTS：在创建数据库之前进行判断，只有该数据库目前尚不存在时才能执行操作。此选项可以用来避免数据库已经存在而重复创建的错误。

（3）[DEFAULT] CHARACTER SET：指定数据库的字符集。指定字符集的目的是为了避免在数据库中存储的数据出现乱码的情况。如果在创建数据库时不指定字符集，就使用系统的默认字符集。

扫一扫

3-1　创建数据库

（4）[DEFAULT] COLLATE：指定字符集的默认校对规则。

例3-1　创建数据库book。

```
mysql> CREATE DATABASE book;
```

执行结果如图3-1所示。

（1）“Query OK”表示上面的命令执行成功。

（2）“1 row affected”表示操作只影响了数据库中一行的记录，“0.00 sec”则记录了操作执行的时间。

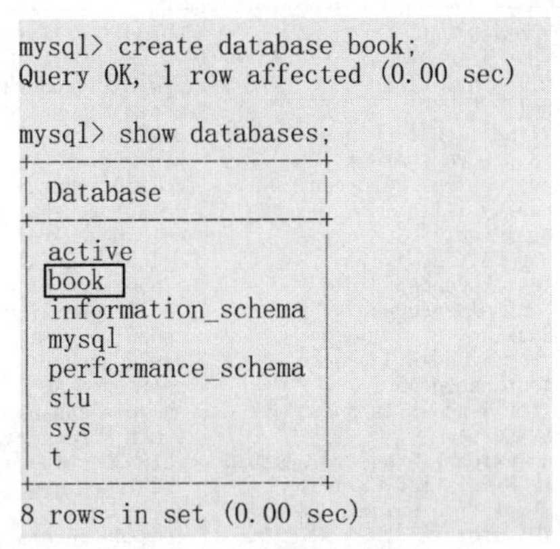

图 3-1　例 3-1 执行结果

例3-2　再次创建数据库book。

```
CREATE DATABASE IF NOT EXISTS book;
```

扫一扫

3-2 判断是否存在之后创建数据库

说明：（1）若不加“IF NOT EXISTS”语句，则系统会给出错误提示信息：

```
mysql> CREATE DATABASE book;
```

出现ERROR 1007 (HY000): Can’t create database 'book'; database exists提示。即：不能创建“book”数据库，数据库已存在。MySQL 不允许在同一系统下创建两个相同名称的数据库。

（2）可以加上IF NOT EXISTS从句，就可以避免类似错误，如下所示：

```
mysql> CREATE DATABASE IF NOT EXISTS test_db;
```

执行结果如图3-2所录。

```
mysql> create database book;
ERROR 1007 (HY000): Can't create database 'book'; database exists
mysql> create database if not exists book;
Query OK, 1 row affected, 1 warning (0.00 sec)
```

图 3-2　例 3-2 执行结果

3.1.2　字符集与校对集

MySQL 的字符集（CHARACTER）和校对规则（COLLATION）是两个不同的概念。

校对规则定义了比较字符串的方式。

1．字符集

字符集是用来定义 MySQL 存储字符串的方式。

MySQL的字符集设置非常灵活，包括以下四个层级：服务器默认字符集、数据库默认字符集、表默认字符集、列字符集。如果某一级别没有指定字符集，则继承上一级。

查看所有字符集语句：

```
show character set;
```

```
mysql> show character set;
+----------+---------------------------------+---------------------+--------+
| Charset  | Description                     | Default collation   | Maxlen |
+----------+---------------------------------+---------------------+--------+
| armscii8 | ARMSCII-8 Armenian              | armscii8_general_ci |      1 |
| ascii    | US ASCII                        | ascii_general_ci    |      1 |
| big5     | Big5 Traditional Chinese        | big5_chinese_ci     |      2 |
| binary   | Binary pseudo charset           | binary              |      1 |
| cp1250   | Windows Central European        | cp1250_general_ci   |      1 |
| cp1251   | Windows Cyrillic                | cp1251_general_ci   |      1 |
| cp1256   | Windows Arabic                  | cp1256_general_ci   |      1 |
| cp1257   | Windows Baltic                  | cp1257_general_ci   |      1 |
| cp850    | DOS West European               | cp850_general_ci    |      1 |
| cp852    | DOS Central European            | cp852_general_ci    |      1 |
| cp866    | DOS Russian                     | cp866_general_ci    |      1 |
| cp932    | SJIS for Windows Japanese       | cp932_japanese_ci   |      2 |
| dec8     | DEC West European               | dec8_swedish_ci     |      1 |
| eucjpms  | UJIS for Windows Japanese       | eucjpms_japanese_ci |      3 |
| euckr    | EUC-KR Korean                   | euckr_korean_ci     |      2 |
| gb18030  | China National Standard GB18030 | gb18030_chinese_ci  |      4 |
| gb2312   | GB2312 Simplified Chinese       | gb2312_chinese_ci   |      2 |
| gbk      | GBK Simplified Chinese          | gbk_chinese_ci      |      2 |
| geostd8  | GEOSTD8 Georgian                | geostd8_general_ci  |      1 |
| greek    | ISO 8859-7 Greek                | greek_general_ci    |      1 |
| hebrew   | ISO 8859-8 Hebrew               | hebrew_general_ci   |      1 |
| hp8      | HP West European                | hp8_english_ci      |      1 |
| keybcs2  | DOS Kamenicky Czech-Slovak      | keybcs2_general_ci  |      1 |
| koi8r    | KOI8-R Relcom Russian           | koi8r_general_ci    |      1 |
| koi8u    | KOI8-U Ukrainian                | koi8u_general_ci    |      1 |
| latin1   | cp1252 West European            | latin1_swedish_ci   |      1 |
| latin2   | ISO 8859-2 Central European     | latin2_general_ci   |      1 |
| latin5   | ISO 8859-9 Turkish              | latin5_turkish_ci   |      1 |
| latin7   | ISO 8859-13 Baltic              | latin7_general_ci   |      1 |
| macce    | Mac Central European            | macce_general_ci    |      1 |
| macroman | Mac West European               | macroman_general_ci |      1 |
| sjis     | Shift-JIS Japanese              | sjis_japanese_ci    |      2 |
| swe7     | 7bit Swedish                    | swe7_swedish_ci     |      1 |
| tis620   | TIS620 Thai                     | tis620_thai_ci      |      1 |
| ucs2     | UCS-2 Unicode                   | ucs2_general_ci     |      2 |
| ujis     | EUC-JP Japanese                 | ujis_japanese_ci    |      3 |
| utf16    | UTF-16 Unicode                  | utf16_general_ci    |      4 |
| utf16le  | UTF-16LE Unicode                | utf16le_general_ci  |      4 |
| utf32    | UTF-32 Unicode                  | utf32_general_ci    |      4 |
| utf8     | UTF-8 Unicode                   | utf8_general_ci     |      3 |
| utf8mb4  | UTF-8 Unicode                   | utf8mb4_0900_ai_ci  |      4 |
+----------+---------------------------------+---------------------+--------+
41 rows in set (0.00 sec)
```

图 3-3　显示所有字符集

2. 校对集

校对集指字符集的排序规则，只有当数据产生比较的时候才会生效。

查看所有校对集语句：

```
SHOW COLLATION;
```

```
mysql> SHOW COLLATION;
+----------------------+----------+----+---------+----------+---------+---------------+
| Collation            | Charset  | Id | Default | Compiled | Sortlen | Pad_attribute |
+----------------------+----------+----+---------+----------+---------+---------------+
| armscii8_bin         | armscii8 | 64 |         | Yes      |       1 | PAD SPACE     |
| armscii8_general_ci  | armscii8 | 32 | Yes     | Yes      |       1 | PAD SPACE     |
| ascii_bin            | ascii    | 65 |         | Yes      |       1 | PAD SPACE     |
| ascii_general_ci     | ascii    | 11 | Yes     | Yes      |       1 | PAD SPACE     |
| big5_bin             | big5     | 84 |         | Yes      |       1 | PAD SPACE     |
| big5_chinese_ci      | big5     |  1 | Yes     | Yes      |       1 | PAD SPACE     |
| binary               | binary   | 63 | Yes     | Yes      |       1 | NO PAD        |
| cp1250_bin           | cp1250   | 66 |         | Yes      |       1 | PAD SPACE     |
| cp1250_croatian_ci   | cp1250   | 44 |         | Yes      |       1 | PAD SPACE     |
| cp1250_czech_cs      | cp1250   | 34 |         | Yes      |       2 | PAD SPACE     |
| cp1250_general_ci    | cp1250   | 26 | Yes     | Yes      |       1 | PAD SPACE     |
| cp1250_polish_ci     | cp1250   | 99 |         | Yes      |       1 | PAD SPACE     |
| cp1251_bin           | cp1251   | 50 |         | Yes      |       1 | PAD SPACE     |
| cp1251_bulgarian_ci  | cp1251   | 14 |         | Yes      |       1 | PAD SPACE     |
| cp1251_general_ci    | cp1251   | 51 | Yes     | Yes      |       1 | PAD SPACE     |
| cp1251_general_cs    | cp1251   | 52 |         | Yes      |       1 | PAD SPACE     |
| cp1251_ukrainian_ci  | cp1251   | 23 |         | Yes      |       1 | PAD SPACE     |
```

图 3-4　显示所有校对集

MySQL中支持几十种字符集，作为需要开发涉及汉字存储的产品，通常选择UTF8与GBK两种字符集。

UTF8是Unicode字符集，属于UTF16改良版本，采用1至4字节编码规范，国际流行通用使用此编码，如果网站是多国语言首选该字符集。

GBK是汉字编码GB 2312—1980的扩充，目前基本都采用GBK方式。GBK属于双字节编码。如果数据库大量存储的是中文，性能要求高，就应该选择GBK编码方式。因为如果存储汉字的话，GBK比UTF8所占空间要小，GBK每个汉字只占用2个字节，UTF8汉字编码需要3个字节，所以PHP中截取或计算中英混合或者全中文字符串长度的时候比较麻烦，就是因为编码原因导致。汉字内容采用GBK编码不仅占空间小，还可以减少磁盘I/O，数据库cache，以及网络传输时间(现在可忽略不计)，从而提高性能。

相反，如果只有少量中文，那么UTF8就是绝对首选了，因为使用GBK去存储英文是占两个字节，而使用UTF8只占一个字节，如果大量的英文都采用GBK就造成很大空间浪费了。

开发者可以根据产品需求，设置字符集。如果字符集设置不正确则会出现中文乱码问题。

扫一扫

3-3 创建数据库并设定字符集与校对集

例3-3 创建数据库book,设置字符集为UTF8，校对集为UTF8_BIN。

```
mysql> CREATE DATABASE BOOK CHARACTER SET UTF8 COLLATE UTF8_BIN;
```

执行结果如图3-5所示。

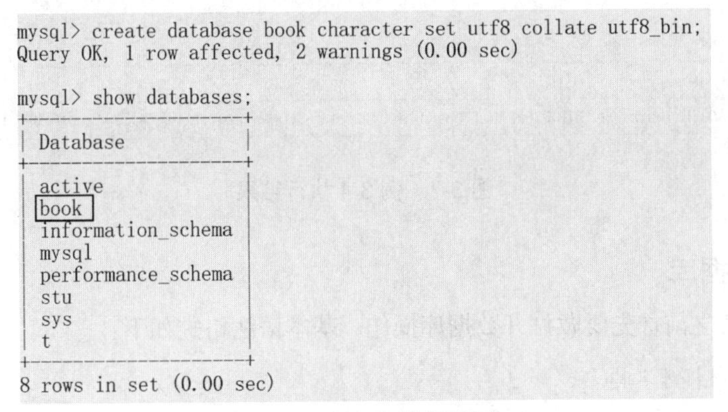

```
mysql> create database book character set utf8 collate utf8_bin;
Query OK, 1 row affected, 2 warnings (0.00 sec)

mysql> show databases;
+--------------------+
| Database           |
+--------------------+
| active             |
| book               |
| information_schema |
| mysql              |
| performance_schema |
| stu                |
| sys                |
| t                  |
+--------------------+
8 rows in set (0.00 sec)
```

图 3-5 例 3-3 执行结果

3.2 管理数据库操作

数据库在创建之后还会涉及查看、修改与删除等常用操作。

3.2.1 查看数据库

1. 查看所有数据库

当需要查看服务器中已存在的所有数据库时，使用以下语句：

```
show databases;
```

执行结果如图3-6所示。

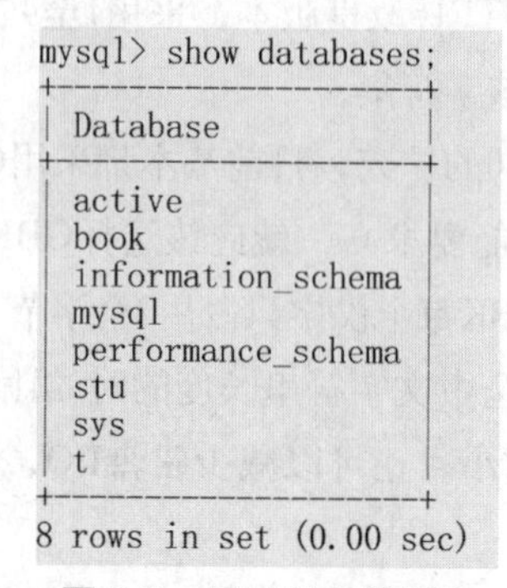

```
mysql> show databases;
+--------------------+
| Database           |
+--------------------+
| active             |
| book               |
| information_schema |
| mysql              |
| performance_schema |
| stu                |
| sys                |
| t                  |
+--------------------+
8 rows in set (0.00 sec)
```

图 3-6　显示所有数据库

扫一扫

3-4　查看数据库创建信息

执行结果中除book数据库是手动创建以外，其他数据维护为系统自动生成数据库。

2. 查看某数据库创建信息

在完成某数据库创建以后可以用以下语句查看创建信息：

```
SHOW CREATE DATABASE 数据库名称;
```

例3-4　查看book数据库的创建信息。

```
mysql> SHOW CREATE DATABASE book;
```

执行结果如图3-7所示。

```
mysql> show create database book;
+----------+----------------------------------------------------------------------------------------------------------------------------+
| Database | Create Database                                                                                                            |
+----------+----------------------------------------------------------------------------------------------------------------------------+
| book     | CREATE DATABASE `book` /*!40100 DEFAULT CHARACTER SET utf8 COLLATE utf8_bin */ /*!80016 DEFAULT ENCRYPTION='N' */ |
+----------+----------------------------------------------------------------------------------------------------------------------------+
1 row in set (0.00 sec)
```

图 3-7　例 3-4 执行结果

3.2.2　打开数据库

在操作数据表之前首先要做打开数据库操作，基本语法格式如下：

```
USE 数据库名称;
```

扫一扫

3-5　使用数据库

例3-5　打开数据库book。

```
mysql> use book;
```

执行显示Database changed，表示数据库已更改。执行结果如图3-8所示。

```
mysql> use book;
Database changed
```

图 3-8　例 3-5 执行结果

3.2.3　删除数据库

如需要删除已创建的数据库时，可以使用以下语句：

```
DROP DATABASE [ IF EXISTS ] <数据库名>
```

说明：

（1）<数据库名>：指定要删除的数据库名。

（2）IF EXISTS：用于防止当数据库不存在时发生错误。

（3）DROP DATABASE：删除数据库中的所有表格并同时删除数据库。使用此语句时要非常小心，以免错误删除。如果要使用DROP DATABASE，需要获得数据库DROP权限。

注意：MySQL安装后，系统会自动创建名为information_schema和mysql的两个系统数据库，系统数据库存放一些和数据库相关的信息，如果删除了这两个数据库，MySQL将不能正常工作。

扫一扫

3-6 删除数据库

例3-6 删除数据库book。

```
mysql> drop database book;
```

执行结果如图3-9所示。

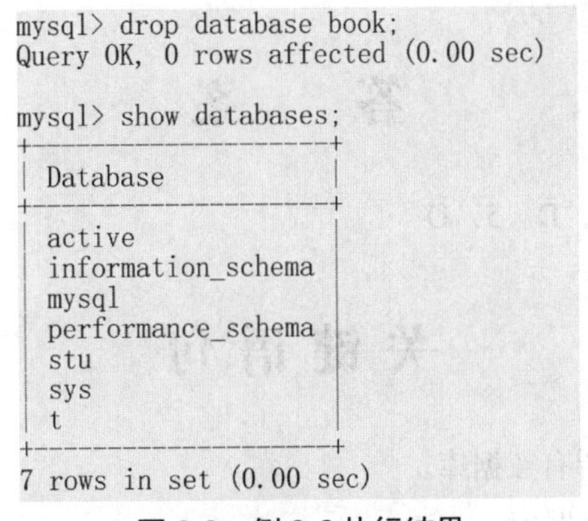
```
mysql> drop database book;
Query OK, 0 rows affected (0.00 sec)

mysql> show databases;
+--------------------+
| Database           |
+--------------------+
| active             |
| information_schema |
| mysql              |
| performance_schema |
| stu                |
| sys                |
| t                  |
+--------------------+
7 rows in set (0.00 sec)
```

图3-9 例3-6执行结果

习　题

一、理论提升

1. 查看所有数据库的关键语句是（　　）。

A. create database　　B. show database

C. show databases　　D. drop database

2. 删除数据库的关键语句是（　　）。

A. create database　　B. show database

C. show databases　　D. drop database

3. 创建数据库的关键语句是（　　）。

A. create database　　B. show database

C. show databases　　D. drop database

4. 查看数据库创建信息的命令是（　　）。

A. create database　　B. show database

C. show databases　　D. show create database

5. 以下哪种字符集可对应汉字（　　）。

A. ascii　　B. big5　　C. binary　　D. utf8

二、实践应用

1. 创建 StuScore 数据库，设置字符集为 UTF8，校对集为 UTF8_BIN。
2. 查看当前全部数据库。
3. 查看 StuScore 数据库的创建信息。
4. 使用 StuScore 数据库。
5. 删除 StuScore 数据库。
6. 创建 active 数据库，设置字符集为 UTF8，校对集为 UTF8_BIN。
7. 查看当前全部数据库。

答　案

1. C　2. D　3. A　4. D　5. D

关键语句

- show databases：查看所有数据库。
- create database：创建数据库。
- delete database：删除数据库。
- show create database：查看数据库创建语句。
- use：使用数据库。

第4章 表的基本操作

【英语角】

[1] integer　　英 ['ɪntɪdʒə(r)]　美 ['ɪntɪdʒər]

专业应用:整数型数据类型,可以缩写成 int。例如,“int a”为定义变量 a 为整数型数据类型。

n. 整数。

[例句] A 0-1 integer programming based approach for global data distribution.

一种基于 0-1 整数规划的全局数据分布优化方法。

[其他] 复数:integers。

[2] tiny　　英 ['taɪni]　美 ['taɪni]

专业应用:tinyint,微整型。例如,“tinyint a”为定义变量 a 为微整型数据类型。

adj. 极小的;微小的;微量的。

[例句] The crop represents a tiny fraction of U.S. production.

农作物仅占美国出产物极小的一部分。

[其他] 比较级:tinier 最高级:tiniest。

[3] float　　英 [fləʊt]　美 [floʊt]

专业应用:浮点型数据类型。例如,“float a”为定义变量 a 为浮点型数据类型。

v. 浮动;漂浮;飘动;飘移;使漂流。

n. 浮子;彩车;鱼漂;(学游泳用的)浮板。

[例句] There wasn't enough water to float the ship.

水不够深,船浮动不起来。

[4] double　　英 ['dʌbl]　美 ['dʌbl]

专业应用:双精度数据类型。例如,“double a”为定义变量 a 为双精度数据类型。

adj. 双重的;双的;两倍的;加倍的;成双的;成对的;供两者用的;双人的。

adv. 双重地;两倍地;成对地;弓身地。

n. 两倍;两倍数;两倍量;一杯双份的烈酒;酷似的人;极相似的对应物。

v.(使)加倍;是…的两倍;把…对折;折叠;击出二垒打。

[例句] I offered him double the amount, but he still refused.

我给他两倍的钱，但他还是不接受。

[5] table　　英 ['teɪbl]　美 ['teɪbl]

专业应用：表。例如，"create table" 为创建表。

n. 桌子；表；台子；几；（就餐或玩牌等的）一桌人；一览表。

vt.（正式）提出，把…列入议事日程；（将主意、建议等）搁置。

[例句] Right then, where do you want the table to go?

那好吧，你要把桌子放在哪里呢？

[6] add　　英 [æd]　美 [æd]

专业应用：添加。例如，"add column" 为添加字段。

v. 添加；加；增加；加添；补充说；继续说。

[例句] The many letters of support added weight to the campaign.

许多声援信增加了这场运动的影响力。

[7] column　　英 ['kɒləm]　美 ['kɑːləm]

专业应用：列、字段。例如，"add column" 为添加字段。

n. 柱；（通常为）圆形石柱；纪念柱；圆柱状物；柱形物；（书、报纸印刷页上的）栏。

[例句] The temples is supported by marble columns.

这座庙宇由大理石柱支撑。

[8] modify　　英 ['mɒdɪfaɪ]　美 ['mɑːdɪfaɪ]

专业应用：修改。例如，"modify column" 为修改字段。

vt. 修改；修饰；调整；使更适合；缓和；使温和。

[例句] Modifies thermal control method to improve system stability.

调整了散热控制，增加系统的稳定性。

[9] describe　　英 [dɪ'skraɪb]　美 [dɪ'skraɪb]

专业应用：显示、列出。例如，"describe 表名" 为显示指定表的结构。

vt. 描述；形容；把…称为；做…运动；画出…图形；形成…形状。

[例句] The book goes on to describe his experiences in the army.

本书继而描述了他在部队的经历。

数据库创建完成之后，仅仅是搭建了一座空房子，里面还没有存储相应的数据。若想存储数据就必须有存储数据的对象，那就是表。表是数据库中存储数据的对象。

4.1　数据类型

MySQL数据库的数据类型包括：数值型、日期时间型、字符串型、集合型。最常用的是数值型、日期时间型、字符串型三大类，如图4-1所示。

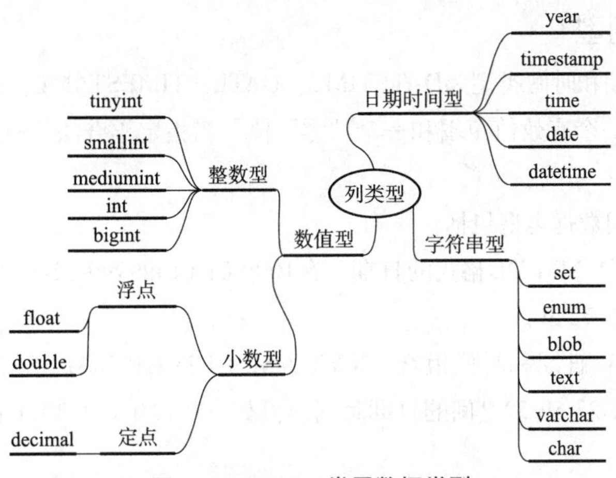

图 4-1 MySQL 常用数据类型

4.1.1 数值型

MySQL 的数值数据类型可以大致划分为两类：一个是整数，另一个是浮点数或小数。许多不同的子类型对这些类别中的每一个都是可用的，每个子类型支持不同大小的数据，并且MySQL 允许指定数值字段中的值是否有正负之分或者用零填补。

常见的数值类型及其说明：

（1）INT：正常大小的整数，可以带符号。如果是有符号的，它允许的范围是从-2 147 483 648到2 147 483 647。如果无符号，允许的范围是从0到4 294 967 295。可以指定多达11位数的宽度。

（2）TINYINT：一个非常小的整数，可以带符号。如果是有符号的，它允许的范围是从-128到127。如果无符号，允许的范围是从0到255，可以指定多达4位数的宽度。

（3）SMALLINT：一个小的整数，可以带符号。如果有符号，允许范围为-32 768至32 767。如果无符号，允许的范围是从0到65 535，可以指定最多5位数的宽度。

（4）MEDIUMINT：一个中等大小的整数，可以带符号。如果有符号，允许范围为-8 388 608至8 388 607。如果无符号，允许的范围是从0到16 777 215，可以指定最多9位数的宽度。

（5）BIGINT：一个大的整数，可以带符号。如果有符号，允许范围为-9 223 372 036 854 775 808到9 223 372 036 854 775 807。如果无符号，允许的范围是从0到18 446 744 073 709 551 615，可以指定最多20位的宽度。

(6) FLOAT(M,D)：不能使用无符号的浮点数字。可以定义显示长度（M）和小数位数（D）。这不是必须的，并且默认为10,2。其中2是小数的位数，10是数字（包括小数）的总数。小数精度可以达到24个浮点。

（7）DOUBLE(M,D)：不能使用无符号的双精度浮点数。可以定义显示长度（M）和小数位数（D）。这不是必须的，默认为16,4，其中4是小数的位数。小数精度可以达到53位的DOUBLE。REAL是DOUBLE同义词。

（8）DECIMAL(M,D)：非压缩浮点数不能是无符号的。在解包小数时，每个小数对应于一个字节。定义显示长度（M）和小数（D）的数量是必须的。NUMERIC是DECIMAL的同义词。

4.1.2 日期和时间型

表示时间值的日期和时间类型为DATETIME、DATE、TIMESTAMP、TIME和YEAR。

每个时间类型有一个有效值范围和一个“零”值，当指定不合法的MySQL不能表示的值时使用“零”值。

常见的日期和时间数据类型包括：

（1）DATE：YYYY-MM-DD格式的日期，在1000-01-01和9999-12-31之间。例如，1973年12月30日将被存储为1973-12-30。

（2）DATETIME：日期和时间组合，YYYY-MM-DD HH:MM:SS格式，表示1000-01-01 00:00:00 到9999-12-31 23:59:59之间的日期时间。例如，1973年12月30日下午3:30，会被存储为1973-12-30 15:30:00。

（3）TIMESTAMP：时间戳是指格林威治时间1970年01月01日00时00分00秒（北京时间1970年01月01日08时00分00秒）起至现在的总秒数。

（4）TIME：存储时间为HH:MM:SS格式。

（5）YEAR(M)：以2位或4位数字格式来存储年份。如果长度指定为2，例如YEAR(2)，年份就可以为1970～2069；如果长度指定为4，年份范围是1901～2155。默认长度为4。

4.1.3 字符串型

字符串类型指CHAR、VARCHAR、BINARY、VARBINARY、BLOB、TEXT、ENUM和SET。

常见的字符串数据类型：

（1）CHAR(M)：固定长度的字符串是以M（1到255之间）个字符长度，例如CHAR(5)，存储右空格填充到指定的长度。限定长度不是必须的，它会默认为1。

（2）VARCHAR(M)：可变长度的字符串。其中M代表该数据类型所允许保存的字符串的最大长度，只要长度小于该最大值的字符串都可以被保存在该数据类型中。例如：VARCHAR(25).创建VARCHAR类型字段时，必须定义长度。

（3）BLOB 或 TEXT：字段的最大长度是65 535个字符。BLOB是“二进制大对象”，并用来存储大的二进制数据，如图像或其他类型的文件。定义为TEXT文本字段时可存储大量数据；两者之间的区别是，排序和比较上存储的数据，BLOB大小写敏感，而TEXT字段不区分大小写。不用指定BLOB或TEXT的长度。

（4）TINYBLOB 或 TINYTEXT：BLOB或TEXT列用255个字符的最大长度。不指定TINYBLOB或TINYTEXT的长度。

（5）MEDIUMBLOB 或 MEDIUMTEXT：BLOB或TEXT列具有16 777 215个字符的最大长度。不指定MEDIUMBLOB或MEDIUMTEXT的长度。

（6）LONGBLOB 或 LONGTEXT：BLOB或TEXT列具有4 294 967 295个字符的最大长度。不指定LONGBLOB或LONGTEXT的长度。

（7）ENUM：枚举，这是一个奇特的术语列表。当定义一个ENUM，要创建它的值的列表，这些是必须用于选择的项（也可以是NULL）。例如，如果想要字段包含“A”或“B”或“C”，那么可以定义为ENUM(“A”，“B”，“C”)，也只有这些值（或NULL）才能用来填充这个字段。

（8）CHAR 和 VARCHAR 类型类似，但它们保存和检索的方式不同。它们的最大长度和是否尾部空格被保留等方面也不同。在存储或检索过程中不进行大小写转换。

（9）BINARY 和 VARBINARY 类似于 CHAR 和 VARCHAR，不同的是它们包含二进制字符串而不要非二进制字符串。也就是说，它们包含字节字符串而不是字符字符串。这说明它们没有字符集，并且排序和比较基于列值字节的数值。

（10）BLOB 是一个二进制大对象，可以容纳可变数量的数据。它有4种 BLOB 类型：TINYBLOB、BLOB、MEDIUMBLOB 和 LONGBLOB。它们区别在于可容纳存储范围不同。另外，它有4种TEXT类型：TINYTEXT、TEXT、MEDIUMTEXT 和 LONGTEXT。对应的这 4 种 BLOB 类型，可存储的最大长度不同，可根据实际情况选择。

注意：

（1）数据类型的选择需要考虑以下问题：

① 使用最精确的类型，占用最少的空间。

② 考虑相关语言处理的方便性。如果开发语言是Java语言，要考虑使用在Java中有对应类的类型。

③ 考虑移值的兼容性。

例如当前使用MySQL 来存储数据，但在设计时也可考虑未来有可能把数据移到 oracle 数据库，所以要尽量选择兼容性较强的数据类型。

（2）设定数据类型需要考虑以下问题：

① 整型：根据要显示的最大值决定。

② 浮点型：要显示小数。如果要精确到小数点后10位，就选择DOUBLE，而不应该选择FLOAT。DECIMAL精度较高，浮点数会出现误差，如果精度较高，则应选择定点数DECIMAL。

③ 字符串型：定长与变长的区别，CHAR类型占用空间比较大，但是处理速度比VARCHAR快，如果长度变化不大，如身份证号码，最好选择CHAR类型。而对于评论字符串，最好选择VARCHAR。

④ 时间：根据需要显示的类型而定。如只需要存储日期就选择DATE类型，当需要存储日期和时间时，就选择DATETIME。

⑤ ENUM类型和SET类型：长度不同，ENUM类型最多可以有65 535个成员，而SET类型最多只能包含64个成员。且ENUM只能单选，而SET类型可以多选。

⑥ TEXT类型和BLOB类型：TEXT只能存储字符数据，而BLOB可以存储二进制数据。如果是纯文本，适合TEXT。如果是图片等适合存储二进制数据。

4.2 创建数据表操作

创建数据库后，创建数据表的操作就如同在空房子里设置各种容器。如设置书架用以存放图书、设置鞋架用以放置鞋子、设置橱柜用于放置餐具、设置衣柜用于放置衣物等。不同的数据表用于存放不同数据。

4.2.1　界面创建数据表

扫一扫

4–1　界面创建表

下面以在book数据库中添加学生情况表为例，讲解界面方式创建数据库的基本方法与步骤。

例4-1　用界面方式在book数据库中添加学生情况表。

（1）在book库下右击“表”，在弹出的快捷菜单中选择“新建表”命令，如图4-2所示。

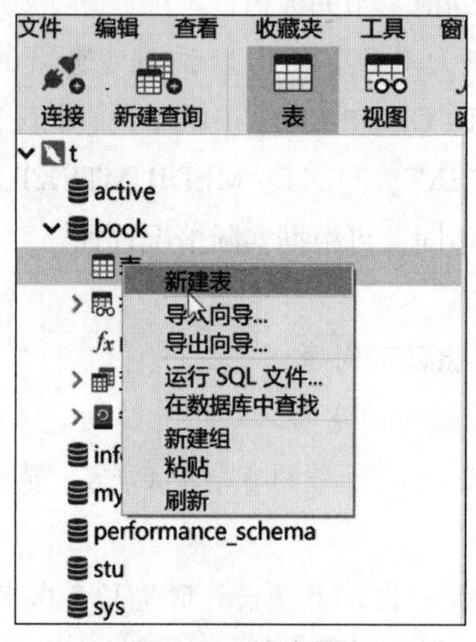

图 4-2　创建新表

（2）在弹出的界面中进行表结构的创建，如图4-3所示。

名	类型	长度	小数点	不是 null	虚拟	键
学号	varchar	8	0	☑	☐	1
姓名	varchar	20	0	☐	☐	
性别	varchar	1	0	☐	☐	
出生日期	date	0	0	☐	☐	
所在分院	varchar	20	0	☐	☐	

图 4-3　“学生情况”表设计

（3）其中添加字段、插入字段、删除字段、字段上下移动可以通过图4-4所示菜单栏进行操作。

保存　添加字段　插入字段　删除字段　主键　上移　下移

字段　索引　外键　触发器　选项　注释　SQL 预览

名	类型	长度	小数点	不是 null
学号	varchar	8	0	☑
姓名	varchar	20	0	☐
性别	varchar	1	0	☐
出生日期	date	0	0	☐
所在分院	varchar	20	0	☐

图 4-4　字段操作界面

（4）最后单击“保存”按钮，如图4-5所示。

保存 添加字段 插入字段 删除字段 主键 ↑上移 ↓下移

字段 索引 外键 触发器 选项 注释 SQL 预览

名	类型	长度	小数点	不是 null
学号	varchar	8	0	☑
姓名	varchar	20	0	☐
性别	varchar	1	0	☐
出生日期	date	0	0	☐
所在分院	varchar	20	0	☐

图 4-5　保存操作界面

（5）在弹出的对话框中输入表名“学生情况”，单击“确定”按钮完成表创建。

注意：此时创建的数据表为空表，不包含数据。

4.2.2　语句创建数据表

1. 基本语法格式

在 MySQL 中，可以使用 CREATE TABLE 语句创建表。其语法格式为：

```
CREATE TABLE <表名> ([表定义选项])[表选项][分区选项];
```

说明：

（1）[表定义选项]的格式为：

```
<列名1> <类型1> [,…] <列名n> <类型n>
```

（2）CREATE TABLE 命令语法比较多，其主要是由表创建定义（create-definition）、表选项（table-options）和分区选项（partition-options）所组成的。

（3）CREATE TABLE：用于创建给定名称的表，必须拥有表CREATE的权限。

（4）<表名>：指定要创建表的名称，在 CREATE TABLE 之后给出，必须符合标识符命名规则。表名称被指定为 db_name.tbl_name，以便在特定的数据库中创建表。无论是否有当前数据库，都可以通过这种方式创建。在当前数据库中创建表时，可以省略 db-name。如果使用加引号的识别名，则应对数据库和表名称分别加引号。例如，'mydb'.'mytbl' 是合法的，但 'mydb.mytbl' 不合法。

（5）<表定义选项>：表创建定义，由列名（col_name）、列的定义（column_definition）以及可能的空值说明、完整性约束或表索引组成。

（6）默认的情况是，表被创建到当前的数据库中。若表已存在、没有当前数据库或者数据库不存在，则会出现错误。

注意：

（1）要创建的表的名称不区分大小写。

（2）表名不能使用SQL语言中的关键字，如DROP、ALTER、INSERT等。

（3）数据表中每个列（字段）的名称和数据类型，如果创建多个列，要用逗号隔开。

扫一扫

4-2 代码创建表

例4-2 在book数据库中创建图书分类表，其表结构如图4-6所示。

名	类型	长度
类别编码	varchar	1
类别名	varchar	50

图 4-6 图书分类表结构

代码如下：

```
use book;
create table 图书分类
(类别编码 varchar(1),
 类别名 varchar(50)
);
```

4.3 管理数据表

当数据表创建完成后，涉及查看、修改、删除等管理操作。

4.3.1 查看数据表

1. 查看表结构

DESCRIBE/DESC 语句会以表格的形式来展示表的字段信息，包括字段名、字段数据类型、是否为主键、是否有默认值等，语法格式如下：

扫一扫

4-3 查看表结构1

```
DESCRIBE <表名>;
```

或简写成：

```
DESC <表名>;
```

例4-3 使用DESCRIBE语句查看学生情况表结构。

代码如下：

```
use book;
describe 学生情况;
```

执行结果如图4-7所示。

```
mysql> use book;
Database changed
mysql> describe 学生情况;
+----------+-------------+------+-----+---------+-------+
| Field    | Type        | Null | Key | Default | Extra |
+----------+-------------+------+-----+---------+-------+
| 学号     | varchar(8)  | YES  |     | NULL    |       |
| 姓名     | varchar(20) | YES  |     | NULL    |       |
| 性别     | varchar(1)  | YES  |     | NULL    |       |
| 出生日期 | date        | YES  |     | NULL    |       |
| 所在分院 | varchar(20) | YES  |     | NULL    |       |
+----------+-------------+------+-----+---------+-------+
5 rows in set (0.00 sec)
```

图 4-7 例 4-3 执行结果

例4-4 使用DESC语句查看图书分类表结构。

扫一扫

4-4 查看表结构2

```
use book;
desc 图书分类;
```

执行结果如图4-8所示。

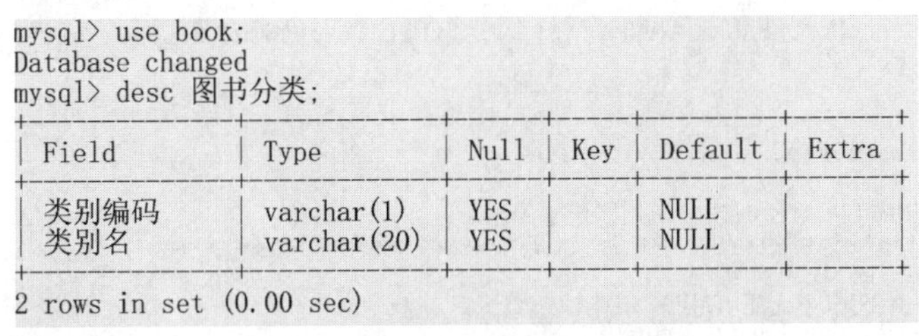

```
mysql> use book;
Database changed
mysql> desc 图书分类;
+-----------+-------------+------+-----+---------+-------+
| Field     | Type        | Null | Key | Default | Extra |
+-----------+-------------+------+-----+---------+-------+
| 类别编码  | varchar(1)  | YES  |     | NULL    |       |
| 类别名    | varchar(20) | YES  |     | NULL    |       |
+-----------+-------------+------+-----+---------+-------+
2 rows in set (0.00 sec)
```

图 4-8 例 4-4 执行结果

2. 查看创建语句

(1) 基本语法格式：可以使用SHOW CREATE TABLE语句查看表结构。

语法格式如下：

```
SHOW CREATE TABLE <表名>;
```

扫一扫

4-5 查看表的创建信息1

(2) 说明：在 SHOW CREATE TABLE 语句的结尾处（分号前面）添加\g或者\G参数可以改变展示形式。

例4-5 使用 SHOW CREATE TABLE 语句查看学生情况表的详细信息，不使用结尾符。

```
SHOW CREATE TABLE 学生情况;
```

执行结果如图4-9所示。

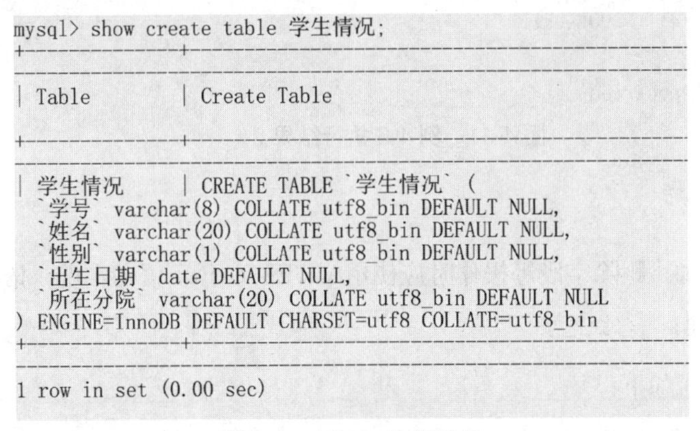

```
mysql> show create table 学生情况;
+--------------+----------------------------------------
| Table        | Create Table
+--------------+----------------------------------------
| 学生情况     | CREATE TABLE `学生情况` (
  `学号` varchar(8) COLLATE utf8_bin DEFAULT NULL,
  `姓名` varchar(20) COLLATE utf8_bin DEFAULT NULL,
  `性别` varchar(1) COLLATE utf8_bin DEFAULT NULL,
  `出生日期` date DEFAULT NULL,
  `所在分院` varchar(20) COLLATE utf8_bin DEFAULT NULL
) ENGINE=InnoDB DEFAULT CHARSET=utf8 COLLATE=utf8_bin
+--------------+----------------------------------------
1 row in set (0.00 sec)
```

图 4-9 例 4-5 执行结果

扫一扫

4-6 查看表的创建信息2

例4-6 使用 SHOW CREATE TABLE 语句查看图书分类表的详细信息，使用结尾符。

```
SHOW CREATE TABLE 图书分类 \G;
```

使用\G作为结束符，查询结果如图4-10所示。

```
*************************** 1. row ***************************
       Table: 学生情况
Create Table: CREATE TABLE `学生情况` (
  `学号` varchar(8) NOT NULL,
  `姓名` varchar(20) DEFAULT NULL,
  `性别` date DEFAULT NULL,
  `出生日期` varchar(255) DEFAULT NULL,
  `所在分院` varchar(20) DEFAULT NULL,
  PRIMARY KEY (`学号`)
) ENGINE=InnoDB DEFAULT CHARSET=utf8mb4 COLLATE=utf8mb4_0900_ai_ci
1 row in set (0.00 sec)

ERROR:
No query specified

mysql> SHOW CREATE TABLE 图书分类 \G;
*************************** 1. row ***************************
       Table: 图书分类
Create Table: CREATE TABLE `图书分类` (
  `类别编码` varchar(1) DEFAULT NULL,
  `类别名` varchar(20) DEFAULT NULL
) ENGINE=InnoDB DEFAULT CHARSET=utf8mb4 COLLATE=utf8mb4_0900_ai_ci
1 row in set (0.00 sec)

ERROR:
No query specified
```

图 4-10　例 4-6 执行结果 1

使用\g作为结束符，查询结果如图4-11所示。

```
+--------------+--------------------------------------------------------------
------+
| Table        | Create Table
       |
+--------------+--------------------------------------------------------------
------+
| 图书分类     | CREATE TABLE `图书分类` (
  `类别编码` varchar(1) DEFAULT NULL,
  `类别名` varchar(20) DEFAULT NULL
) ENGINE=InnoDB DEFAULT CHARSET=utf8mb4 COLLATE=utf8mb4_0900_ai_ci
+--------------+--------------------------------------------------------------
------+
1 row in set (0.00 sec)

ERROR:
No query specified
```

图 4-11　例 4-6 执行结果 2

4.3.2　修改数据表

当数据表需要做添加、删除字段等操作时应使用ALTER TABLE语句实现，语法格式如下：

```
ALTER TABLE <表名> [修改选项]
```

修改选项的语法格式如下：

```
{ ADD COLUMN <列名> <类型>
| CHANGE COLUMN <旧列名> <新列名> <新列类型>
| ALTER COLUMN <列名> { SET DEFAULT <默认值> | DROP DEFAULT }
| MODIFY COLUMN <列名> <类型>
| DROP COLUMN <列名>
| RENAME TO <新表名>
```

```
| CHARACTER SET <字符集名>
| COLLATE <校对规则名> }
```

扫一扫

4-7 表的重命名

例4-7 将“图书分类”表名更改为“分类”。

```
ALTER TABLE 图书分类 RENAME TO 分类;
```

执行与验证结果如图4-12所示。

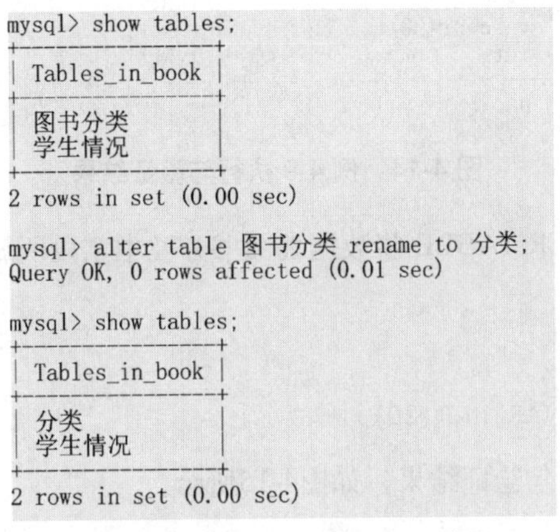

```
mysql> show tables;
+---------------+
| Tables_in_book |
+---------------+
| 图书分类       |
| 学生情况       |
+---------------+
2 rows in set (0.00 sec)

mysql> alter table 图书分类 rename to 分类;
Query OK, 0 rows affected (0.01 sec)

mysql> show tables;
+---------------+
| Tables_in_book |
+---------------+
| 分类           |
| 学生情况       |
+---------------+
2 rows in set (0.00 sec)
```

图 4-12 例 4-7 执行与验证结果

扫一扫

4-8 修改表的字符集与校对集

例4-8 使用 ALTER TABLE 将数据表分类的字符集修改为 gb2312，校对规则修改为 gb2312_chinese_ci。

```
ALTER TABLE 分类 CHARACTER SET gb2312  DEFAULT COLLATE gb2312_
chinese_ci;
```

执行与验证结果如图4-13所示。

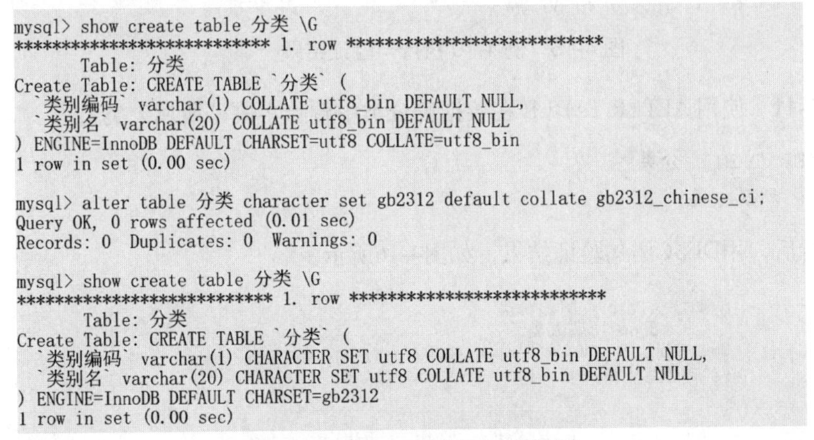

```
mysql> show create table 分类 \G
*************************** 1. row ***************************
       Table: 分类
Create Table: CREATE TABLE `分类` (
  `类别编码` varchar(1) COLLATE utf8_bin DEFAULT NULL,
  `类别名` varchar(20) COLLATE utf8_bin DEFAULT NULL
) ENGINE=InnoDB DEFAULT CHARSET=utf8 COLLATE=utf8_bin
1 row in set (0.00 sec)

mysql> alter table 分类 character set gb2312 default collate gb2312_chinese_ci;
Query OK, 0 rows affected (0.01 sec)
Records: 0  Duplicates: 0  Warnings: 0

mysql> show create table 分类 \G
*************************** 1. row ***************************
       Table: 分类
Create Table: CREATE TABLE `分类` (
  `类别编码` varchar(1) CHARACTER SET utf8 COLLATE utf8_bin DEFAULT NULL,
  `类别名` varchar(20) CHARACTER SET utf8 COLLATE utf8_bin DEFAULT NULL
) ENGINE=InnoDB DEFAULT CHARSET=gb2312
1 row in set (0.00 sec)
```

图 4-13 例 4-8 执行与验证结果

扫一扫

4-9 添加字段

例4-9 使用 ALTER TABLE 将数据表分类中添加新字段：所属大类，数据类型为INT。

```
ALTER TABLE 分类
ADD COLUMN 所属大类 INT;
```

执行后，用DESC语句验证结果，如图4-14所示。

```
mysql> alter table 分类
    -> add column 所属大类 int;
Query OK, 0 rows affected (0.01 sec)
Records: 0  Duplicates: 0  Warnings: 0

mysql> desc 分类;
+----------+-------------+------+-----+---------+-------+
| Field    | Type        | Null | Key | Default | Extra |
+----------+-------------+------+-----+---------+-------+
| 类别编码 | varchar(1)  | YES  |     | NULL    |       |
| 类别名   | varchar(20) | YES  |     | NULL    |       |
| 所属大类 | int         | YES  |     | NULL    |       |
+----------+-------------+------+-----+---------+-------+
3 rows in set (0.00 sec)
```

图 4-14　例 4-9 执行与验证结果

扫一扫

4-10　修改字段数据类型

例4-10　使用 ALTER TABLE 将数据表图书分类中字段所属大类，数据类型修改为varchar(20)。

```
ALTER TABLE 分类
MODIFY  所属大类 VARCHAR(20);
```

执行后，用DESC语句验证结果，如图4-15所示。

```
mysql> alter table 分类
    -> modify 所属大类 varchar(20);
Query OK, 0 rows affected (0.02 sec)
Records: 0  Duplicates: 0  Warnings: 0

mysql> desc 分类;
+----------+-------------+------+-----+---------+-------+
| Field    | Type        | Null | Key | Default | Extra |
+----------+-------------+------+-----+---------+-------+
| 类别编码 | varchar(1)  | YES  |     | NULL    |       |
| 类别名   | varchar(20) | YES  |     | NULL    |       |
| 所属大类 | varchar(20) | YES  |     | NULL    |       |
+----------+-------------+------+-----+---------+-------+
3 rows in set (0.00 sec)
```

图 4-15　例 4-10 执行与验证结果

扫一扫

4-11　删除表中字段

例4-11　使用 ALTER TABLE 在数据表分类中删除字段"所属大类"。

```
ALTER TABLE 分类
DROP 所属大类;
```

执行后，用DESC语句验证结果，如图4-16所示。

```
mysql> alter table 分类
    -> drop 所属大类;
Query OK, 0 rows affected (0.02 sec)
Records: 0  Duplicates: 0  Warnings: 0

mysql> desc 分类;
+----------+-------------+------+-----+---------+-------+
| Field    | Type        | Null | Key | Default | Extra |
+----------+-------------+------+-----+---------+-------+
| 类别编码 | varchar(1)  | YES  |     | NULL    |       |
| 类别名   | varchar(20) | YES  |     | NULL    |       |
+----------+-------------+------+-----+---------+-------+
2 rows in set (0.00 sec)
```

图 4-16　例 4-11 执行与验证结果

4.3.3 删除数据表

使用 DROP TABLE 语句可以删除一个或多个数据表。

1. 基本语法格式

```
DROP TABLE [IF EXISTS] 表名1 [ ,表名2, 表名3 ...]
```

2. 说明

(1) 表名1, 表名2, 表名3 ...表示要被删除的数据表的名称。DROP TABLE 可以同时删除多个表，只要将表名依次写在后面，相互之间用逗号隔开即可。

(2) IF EXISTS 用于在删除数据表之前判断该表是否存在。如果不加 IF EXISTS，当数据表不存在时 MySQL 将提示错误，中断 SQL 语句的执行；加上 IF EXISTS 后，当数据表不存在时 SQL 语句可以顺利执行，但是会发出警告（warning）。

扫一扫

4-12 删除表

注意：

(1) 用户必须拥有执行 DROP TABLE 命令的权限，否则数据表不会被删除。

(2) 表被删除时，用户在该表上的权限不会自动删除。

例4-12 使用 DROP TABLE 删除数据表分类。

```
DROP TABLE 分类;
```

执行后，用SHOW TABLES语句验证结果，如图4-17所示。

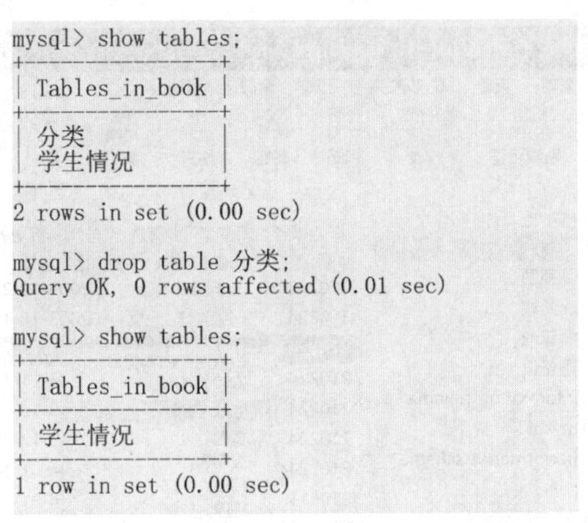

图 4-17 例 4-12 执行与验证结果

4.4 数据操作

扫一扫

4-13 图形化界面添加数据

对于已经建好的数据表，可以进行记录的添加、修改、删除操作。下面介绍图形化界面下操作数据的方法。

4.4.1 图形化界面记录的添加

例4-13 使用界面方式向学生情况表中添加两条记录。

双击“学生情况表”可以看到当前没有记录。之后按各字段数据类型进行数据录入。其中日期的格式可以采用：YYYY-MM-DD。录入界面如图4-18所示。

学号	姓名	性别	出生日期	所在分院
20010112	李玉	女	2002-02-0	商贸
20010101	赵云	男	2002-04-0	信息

图 4-18　例 4-13 数据添加效果

扫一扫

4-14　图形化界面修改记录

4.4.2　图形化界面记录的修改

例4-14　使用界面方式修改学生情况表中的一条记录。

将光标定位到需要修改记录的对应字段，修改记录即可。修改界面如图4-19所示。

学号	姓名	性别	出生日期	所在分院
21080103	孙凤	女	2004-03-04	商贸
20011012	李安	女	2002-02-02	商贸

图 4-19　修改记录界面

扫一扫

4-15　图形化界面删除记录

4.4.3　图形化界面记录的删除

例4-15　使用界面方式删除学生情况表中最后一条记录。

选中需要删除的记录，右击，在弹出的快捷菜单中选择“删除记录”命令，操作界面如图4-20所示。在弹出的界面中单击“确定”按钮。

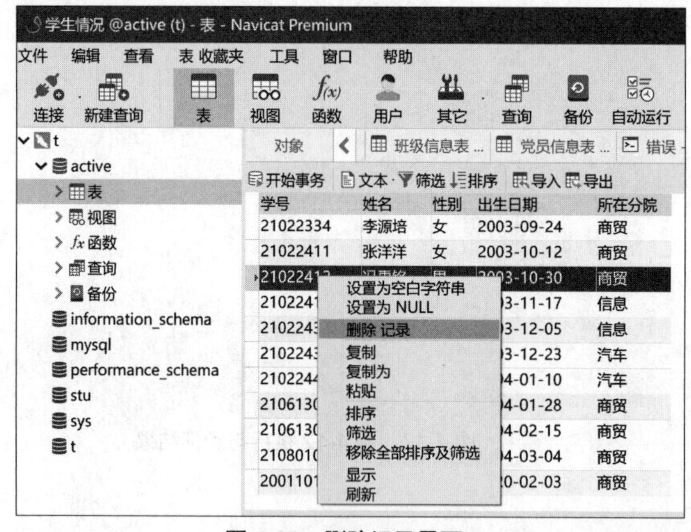

图 4-20　删除记录界面

习　题

一、理论提升

1. 表数据的基本操作不包括（　　）。

A. 添加数据　　　　B. 修改数据

C. 删除表　　D. 删除数据

2. 数据库中存储数据的唯一对象是( )。

A. 表　　B. 视图

C. 存储过程　　D. 触发器

3. 创建表的关键语句是(　　)。

A. CREATE TABLE　　B. DROP TABLE

C. DELETE TABLE　　D. ALTER TABLE

4. 修改表的关键语句是(　　)。

A. CREATE TABLE　　B. DROP TABLE

C. DELETE TABLE　　D. ALTER TABLE

5. 删除表的关键语句是(　　)。

A. CREATE TABLE　　B. ALTER TABLE

C. DELETE TABLE　　D. DROP TABLE

6. ATLER TABLE 语句中以下(　　)子句可以实现将表重命名功能。

A. ADD COLUMN　　B. RENAME TO

C. DROP COLUMN　　D. ALTER COLUMN

7. ATLER TABLE 语句中以下(　　)子句可以实现删除字段功能。

A. ADD COLUMN　　B. RENAME TO

C. DROP COLUMN　　D. ALTER COLUMN

8. ATLER TABLE 语句中以下(　　)子句可以实现添加字段功能。

A. ADD COLUMN　　B. RENAME TO

C. DROP COLUMN　　D. ALTER COLUMN

9. ATLER TABLE 语句中以下(　　)子句可以实现修改字段功能。

A. ADD COLUMN　　B. RENAME TO

C. DROP COLUMN　　D. ALTER COLUMN

10. ATLER TABLE 语句中以下(　　)子句可以实现重设字符集功能。

A. CHARACTER SET　　B. RENAME TO

C. DROP COLUMN　　D. ALTER COLUMN

二、实践应用

1. 在 StuScore 数据库中创建以下三个表，并录入三条测试数据。

(1)学生信息表，表设计如图 4-21 所示。

名	类型	长度	小数点	不是 null	虚拟	键
学号	varchar	8	0	☑	☐	🔑1
姓名	varchar	20	0	☐	☐	
专业	varchar	20	0	☐	☐	
入学成绩	int	0	0	☐	☐	
性别	varchar	1	0	☐	☐	
出生年月	date	0	0	☐	☐	
民族	varchar	20	0	☐	☐	
考生类别	varchar	10	0	☐	☐	
毕业中学	varchar	20	0	☐	☐	
外语语种	varchar	10	0	☐	☐	
户口所在地	varchar	50	0	☐	☐	

图 4-21　学生信息表设计

（2）课程信息表，表设计如图 4-22 所示。

名	类型	长度	小数点	不是 null	虚拟	键
课程代码	varchar	8	0	☑	☐	🔑1
课程名称	varchar	20	0	☐	☐	
课程性质	varchar	20	0	☐	☐	
课程类型	varchar	20	0	☐	☐	
学分	float	0	0	☐	☐	
总学时	int	0	0	☐	☐	
修读学期	int	0	0	☐	☐	
备注	varchar	0	0	☐	☐	

图 4-22　课程信息表设计

（3）选课成绩表，表设计如图 4-23 所示。

名	类型	长度	小数点	不是 null	虚拟	键
学号	varchar	8	0	☐	☐	
课程号	varchar	8	0	☐	☐	
成绩	int	0	0	☐	☐	

图 4-23　选课成绩表

扫一扫

拓展资料：大学生团员入党流程

2. 数据表的设计是数据库设计的核心部分，需要进行调研获得。请扫描左侧二维码阅读《大学生团员入党流程》资料，理解并提炼相关内容后，完成以下 Active 数据库设计内容。在 Active 数据库中创建以下五个表，并录入三条测试数据。

（1）支部信息表，表设计如图 4-24 所示。

名	类型	长度	小数点	不是 null	虚拟	键
支部编号	int	0	0	☑	☐	🔑1
支部名称	varchar	20	0	☐	☐	

图 4-24　支部信息表设计

（2）班级信息表，表设计如图 4-25 所示。

名	类型	长度	小数点	不是 null	虚拟	键
班级编号	varchar	8	0	☑	☐	1
所属学院	varchar	10	0	☐	☐	
所属专业	varchar	30	0	☐	☐	
所属支部编号	int	0	0	☐	☐	

图 4-25　班级信息表设计

（3）学生入党积极分子信息表，表设计如图 4-26 所示。

名	类型	长度	小数点	不是 null	虚拟	键
学号	varchar	10	0	☑	☐	1
姓名	varchar	10	0	☐	☐	
性别	varchar	1	0	☐	☐	
出生日期	date	0	0	☐	☐	
籍贯	varchar	20	0	☐	☐	
民族	varchar	10	0	☐	☐	
学历	varchar	5	0	☐	☐	
分院	varchar	10	0	☐	☐	
职务	varchar	10	0	☐	☐	
入党志愿书提交时间	date	0	0	☐	☐	
列为积极分子时间	date	0	0	☐	☐	
超前考查对象时间	date	0	0	☐	☐	
预备党员时间	date	0	0	☐	☐	
转正时间	date	0	0	☐	☐	

图 4-26　学生入党积极分子信息表设计

（4）党员信息表，表设计如图 4-27 所示。

名	类型	长度	小数点	不是 null	虚拟	键
编号	int	0	0	☑	☐	1
姓名	varchar	10	0	☐	☐	
所在党支部	int	0	0	☐	☐	
公民身份证号	varchar	18	0	☐	☐	
性别	varchar	1	0	☐	☐	
民族	varchar	10	0	☐	☐	
出生日期	date	0	0	☐	☐	
学历	varchar	10	0	☐	☐	
学位	varchar	10	0	☐	☐	
职称	varchar	10	0	☐	☐	
职务	varchar	10	0	☐	☐	

图 4-27　党员信息表设计

（5）培养信息表，表设计如图 4-28 所示。

名	类型	长度	小数点	不是 null	虚拟	键
学号	varchar	10	0	☑	☐	1
培养人编号	int	0	0	☑	☐	2

图 4-28　培养信息表

答　案

1. C　2. A　3. A　4. D　5. D　6. B　7. C　8. A　9. D　10. C　11. A

关键语句

- CREATE TABLE：创建表。
- DROP TABLE：删除表。
- SHOW TABLES：查看全部表。
- SHOW CREATE TABLE：查看表创建语句。
- ALTER TABLE：修改表。
- DESCRIBE /DESC ：查看表结构。

第 5 章 数据备份与还原操作

【英语角】

[1] dump　　英 [dʌmp]　美 [dʌmp]

专业应用：内存镜像文化、备份命令。例如，“mysqldump:MySQL”为备份命令。

vt. 倾倒；抛弃；（尤指在不合适的地方）丢弃；扔掉；丢下；推卸；（向国外）倾销；抛售。

n. 垃圾场；废物堆；尾矿堆；脏地方；邋遢场所；令人讨厌的地方。

[例句] The getaway car was dumped near a motorway tunnel.

逃亡用的车被丢弃在高速公路隧道附近。

[2] password　　英 ['pɑːswɜːd]　美 ['pæswɜːrd]

专业应用：密码。例如，“Enter password”为输入密码。

n. 暗语；暗号；口令；密码。

[例句] We must keep the password secret from the spies.

我们必须对暗语保密，不让特务知道。

5.1 数据备份基础

如果有一天食堂饭卡里的数据丢掉了，你能想象会怎么样嘛？是的，我们不能正常在食堂吃饭，食堂也无法确认我们饭卡里有多少余额。可如果是银行的数据丢失了，那又会怎样？简直不敢想象，会让我们的生活变得无比混乱。可见，数据库中的数据是十分重要的，一旦丢失，后果不堪设想。因此，作为数据库相关管理与应用人员，一定要注意数据库的安全。

数据库在创建以及应用过程当中，需要进行数据的备份与还原工作，这样才能保证数据的安全性和可移植性。

1. 数据备份的重要性

数据备份通常在以下两类场景中应用：

1）容灾备份

备份是容灾的基础，是指为防止系统出现操作失误或系统故障导致数据丢失，而将全部或部分数据集合从应用主机的硬盘或阵列复制到其他存储介质的过程。

如果系统的硬件或存储媒体发生故障，“备份”可以帮助管理员保护数据，免受意外的损失。计算机里面重要的数据、档案或历史纪录，不论是对企业用户还是对个人用户，都是至关重要的，一时不慎丢失，都会造成不可估量的损失，轻则辛苦积累起来的心血付之东流，严重则会影响企业的正常运作，给科研、生产造成巨大的损失。

2）非容灾备份

例如，在开发测试阶段进行数据库搭建，或者针对数据库或数据迁移的需要，以及特殊应用场景下基于时间点的数据恢复等需求时，也需要进行数据库备份。

2. 数据备份的分类

1）系统备份

指用户操作系统因磁盘损伤或损坏，计算机病毒或人为误删除等原因造成的系统文件丢失，从而造成计算机操作系统不能正常引导，因此使用系统备份，将操作系统事先存储起来，用于故障后的后备支援。

2）数据备份

指用户将数据（如文件、数据库、应用程序等）存储起来，用于数据恢复时使用。

本章重点探讨第二种备份方式。

5.2 数据备份操作

5.2.1 备份单一数据库

1. 基本语法格式

```
mysqldump -u username -p dbname [tbname ...]> filename.sql
```

2. 说明

（1）username：表示用户名称。

（2）dbname：表示需要备份的数据库名称。

（3）tbname：表示数据库中需要备份的数据表，可以指定多个数据表。省略该参数时，会备份整个数据库。

（4）右箭头“>”：用来告诉 mysqldump 将备份数据表的定义和数据写入备份文件。

（5）filename.sql：表示备份文件的名称，文件名前面可以加绝对路径。通常将数据库备份成一个后缀名为.sql的文件。

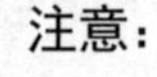

扫一扫

5–1 备份单个数据库

注意：

（1）mysqldump 命令备份的文件并非一定要求后缀名为.sql，备份成其他格式的文件也是可以的。例如，后缀名为.txt的文件。通常情况下，建议备份成后缀名为.sql 的文件。因为，后缀名为.sql的文件给人第一感觉就是与数据库有关的文件。

（2）mysqldump 命令必须在 cmd 窗口下执行，不能登录到 MySQL 服务中执行。

例5-1 将book数据库备份到D:\book.sql。

下面使用 root 用户备份 book数据库。

（1）打开命令行（cmd）窗口，进入mysql安装目录\bin目录下。

如本机MySQL安装在D:\，安装目录为：D:\mysql-8.0.19-winx64。

则在命令行窗口输入命令：

```
D:
cd D:\mysql-8.0.19-winx64\bin
```

输入备份命令：

```
mysqldump -u root -p --databases book mysql>d:\book.sql
```

执行后出现输入密码的界面，输入root用户密码后按【Enter】键。

```
Enter password: ****
```

操作步骤如图5-1所示。

```
C:\>d:

D:\>cd D:\mysql-8.0.19-winx64\bin

D:\mysql-8.0.19-winx64\bin>mysqldump -u root -p --databases book mysql>d:\book.sql
Enter password: ******
```

图 5-1　数据备份操作步骤

操作后可以在D盘下找到备份文件。用记录本打开后可以看到SQL代码，如图5-2所示 。

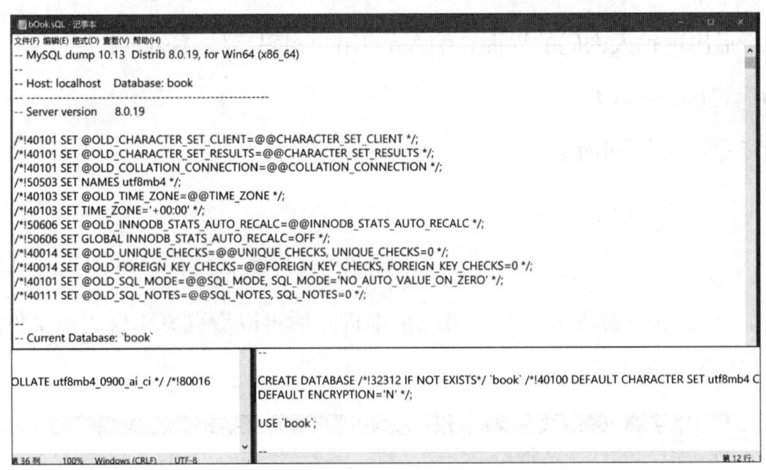

图 5-2　例 5-1 执行结果

5.2.2　备份多个数据库

1. 基本语法格式

```
mysqldump -u username -P --databases dbname1 dbname2 ... > filename.sql
```

5–2　备份多个数据库

2. 说明

加上“--databases”参数后，必须指定至少一个数据库名称，多个数据库名称之间用空格隔开。

例5-2　将book数据库与stu数据库备份到D:\book_stu.sql。

```
mysqldump -u root -p --databases book stu mysql>D:\ book_stu.sql
```

执行后出现输入密码的界面，输入root用户密码后按【Enter】键。

```
Enter password: ****
```

操作步骤如图5-3所示。

```
D:\mysql-8.0.19-winx64\bin>mysqldump -u root -p --databases book stu mysql>d:\book_stu.sql
Enter password: ******
```

图 5-3　多库数据备份操作步骤

操作后可以在D盘下找到备份文件。用记录本打开后可以看到SQL代码。文件中存储着这两个数据库的信息。

5.2.3　备份所有数据库

1. 基本语法格式

```
mysqldump -u username -P --all-databases>filename.sql
```

2. 说明

使用“--all-databases”参数时，不需要指定数据库名称。

例5-3　将当前服务器中所有数据库备份到D:\all.sql。

扫一扫

5-3　备份所有数据库

```
mysqldump -u root -p --all-databases >D:\all.sql
```

执行后出现输入密码的界面，输入root用户密码后按【Enter】键。

```
Enter password: ****
```

操作步骤如图5-4所示。

```
D:\mysql-8.0.19-winx64\bin>mysqldump -u root -p --all-databases>d:\all.sql
Enter password: ******
```

图 5-4　全部数据库备份操作步骤

操作后可以在D盘下找到备份文件。用记录本打开后可以看到SQL代码。文件中存储着全部数据库的信息，如图5-5所示。

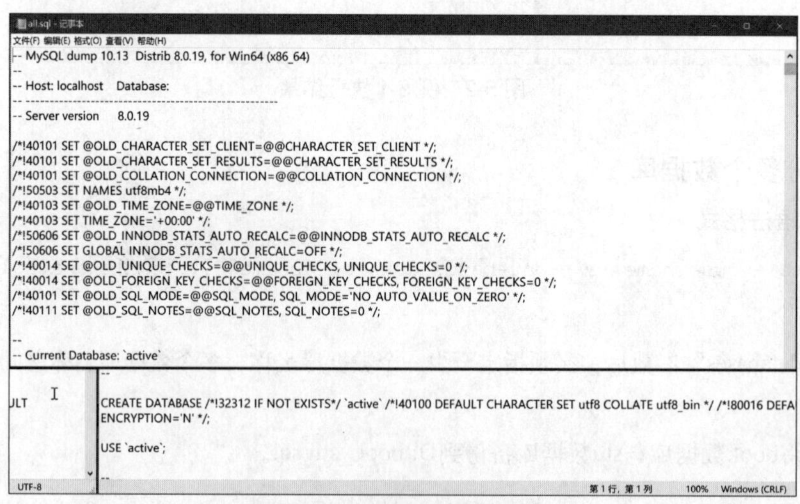

图 5-5　全部数据库备份结果

5.3 数据还原操作

当数据丢失或意外损坏时，可以通过还原已经备份的数据来尽量减少数据的丢失和破坏造成的损失。

1. 基本语法格式

```
mysql -u username -P [dbname] < filename.sql
```

2. 说明

（1）username 表示用户名称。

（2）dbname 表示数据库名称，该参数是可选参数。如果 filename.sql 文件为 mysqldump 命令创建的包含创建数据库语句的文件，则执行时不需要指定数据库名。如果指定的数据库名不存在将会报错。

扫一扫

5-4 数据库还原

（3）filename.sql 表示备份文件的名称。

注意： mysql 命令和 mysqldump 命令一样，都直接在命令行（cmd）窗口下执行。

例5-4 将所有数据库恢复备份。

操作前将当前数据库删除并验证，如图5-6所示。

在命令行（cmd）窗口下执行还原命令。

```
mysql -u root -p < D:\all.sql
```

执行后出现输入密码的界面，输入root用户密码后按【Enter】键。

```
Enter password: ****
```

操作步骤如下：

```
D: \mysql-8.0.19-winx64\bin>mysql -u root -p <d: \all.sql
Enter password: ******
```

执行及结果验证如图5-7所示。

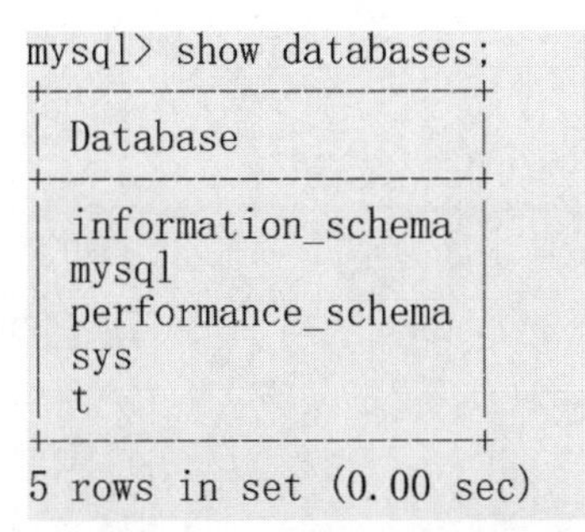

```
mysql> show databases;
+--------------------+
| Database           |
+--------------------+
| information_schema |
| mysql              |
| performance_schema |
| sys                |
| t                  |
+--------------------+
5 rows in set (0.00 sec)
```

图 5-6 例 5-4 执行前状态

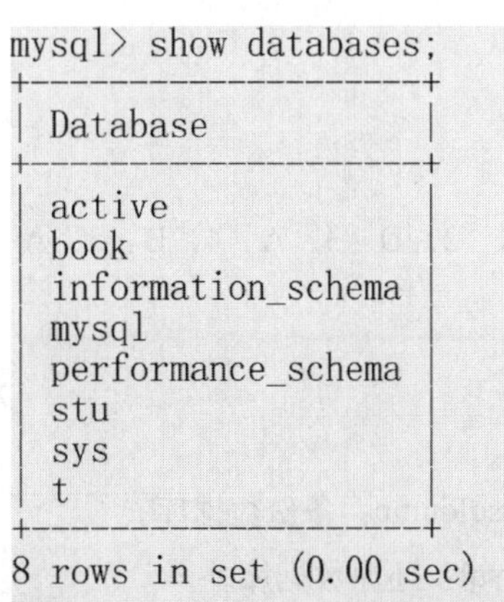
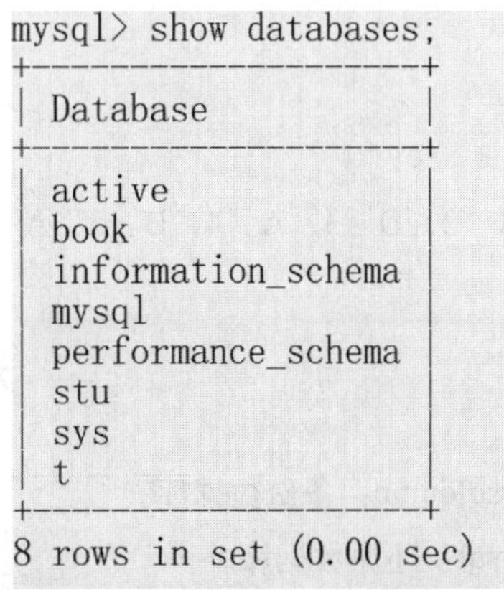

```
mysql> show databases;
+--------------------+
| Database           |
+--------------------+
| active             |
| book               |
| information_schema |
| mysql              |
| performance_schema |
| stu                |
| sys                |
| t                  |
+--------------------+
8 rows in set (0.00 sec)
```

图 5-7 例 5-4 执行与结果验证

习　题

一、理论提升

1. 备份数据库使用的关键语句是（　　）。

A. mysqldump　　B. mysql　　C. dump　　D. cd

2. 命令列界面下从 D 盘根目录进入 D:\book 目录下所使用的命令是（　　）。

A. D:\book　　B. CD D:\book

C. D:\book;　　D. CD D:\book

3. 将 t 数据库中 s 数据表备份到 C:\s.sql 的关键语句是（　　）。

A. mysqldump -uroot -p t s>C:\s.sql

B. mysqldump -uroot -p s t>C:\s.sql

C. mysql -uroot -p t s>C:\s.sql

D. mysqldump -uroot -p s t>C:\s.sql

4. 还原数据库使用的关键语句是（　　）。

A. mysqldump　　B. mysql　　C. dump　　D. cd

5. 将备份数据库还原到当前服务器使用的关键语句是（　　）。

A. mysql -u root -p < D:\all.sql

B. mysqldump -u root -p < D:\all.sql

C. mysql dump -u root -p < D:\all.sql

D. cd -u root -p < D:\all.sql

二、实践应用

1. 将 StuScore 数据库备份到 D:\stu.sql。
2. 还原 StuScore 数据库。
3. 将 active 数据库与 StuScore 数据库备份到 D:\active_stu.sql。
4. 还原 active 数据库与 StuScore 数据库。

答　案

1. A　2. D　3. A　4. B　5. A

关 键 语 句

- mysqldump：备份数据库。
- mysql：还原数据库。

第6章 数据完整性操作

【英语角】

[1] primary　　英 ['praɪməri]　美 ['praɪmeri]

专业应用：主。例如，"primary key" 为主键。

adj. 初级的；主要的；最重要的；基本的；最初的；最早的；初等教育的；小学教育的。

n.（美国）初选。

[例句] At the present stage of China, a primary social justness and security system should be established.

在中国现阶段应当开始建立一个初级的社会公平保障体系。

[2] key　　英 [kiː]　美 [kiː]

专业应用：键。例如，"primary key" 为主键。

n. 钥匙；关键；要诀；（计算机或打字机的）键。

vt. 用键盘输入；键入；用钥匙划坏（汽车）。

adj. 关键的；最重要的；主要的。

[例句] I'll give you a key so that you can let yourself in.

我把钥匙给你，你可以自己开门进去。

[3] automatic　　英 [ˌɔːtə'mætɪk]　美 [ˌɔːtə'mætɪk]

专业应用：缩写成 auto 表示自动。例如，"auto_ increment" 为自动增长。

adj. 自动的；无意识的；不假思索的；必然的；当然的。

n. 自动手枪（或步枪）；自动变速汽车；自动换挡汽车。

[例句] The traction control system is also fully automatic.

牵引力控制系统也是完全自动的。

[4] increment　　英 ['ɪŋkrəmənt]　美 ['ɪŋkrəmənt]

专业应用：增加。例如，"auto_ increment" 为自动增长。

n. 定期的加薪；增量；增加。

[例句] A fuzzy increment control method of delay system and its application.

延迟系统的一种模糊增量控制方法及应用。

[5] unique　　英 [ju'niːk]　美 [ju'niːk]

专业应用：唯一。例如，用 unique 设置数据库中某字段值为唯一约束。

adj. 唯一的；独一无二的；独特的；罕见的；（某人、地或事物）独具的，特有的。

[6] default　　英 [dɪ'fɔːlt]　美 [dɪ'fɔːlt]

专业应用：默认值、创建默认。例如，"性别 varchar (2) default '男'" 设置性别字段为可变长度字符型，默认值为“男”。

vi. 违约；默认；预设；不履行义务（尤指不偿还债务）；预置。

n. 默认；违约（尤指未偿付债务）；系统设定值；预置值。

[例句] Mortgage defaults have risen in the last year.

按揭借款违约在近一年里呈上升趋势。

[7] references　英 ['refrənsɪz]　美 ['refrənsɪz]

专业应用：参考。例如，“references 表名（字段名）”为参照某表中某字段的值。

n. 说到(或写到)的事；提到；谈及；涉及；参考；查询；查阅；(帮助或意见的)征求，征询。

v. 查阅；参考；给(书等)附参考资料。

[词典] reference 的第三人称单数和复数。

[例句] They edited out references to her father in the interview.

他们删掉了采访中提到她父亲的部分。

[8] constraint　英 [kən'streɪnt]　美 [kən'streɪnt]

专业应用：约束。例如，“add constraint”为添加约束。

n. 限制；限定；约束；严管。

[其他] 复数：constraints。

[9] foreign　英 ['fɒrən]　美 ['fɔːrən]

专业应用：外。例如，“foreign key”为外键。

adj. 外国的；涉外的；外交的；非典型的；陌生的。

[例句] She didn’t know what life in a foreign country would be like.

她不知道外国的生活会是什么样。

6.1　认识三类数据完整性

三类数据完整性也被称为三类约束。

（1）实体完整性要求关系的主键中属性值不能为空，这是数据库完整性的最基本要求，因为主键是唯一决定元组的，若为空则其唯一性就成为不可能的了。

（2）参照完整性是关系之间相关联的基本约束，它不允许关系引用不存在的元组，即在关系中的外键要么是所关联关系中实际存在的元组，要么是空值。

（3）自定义完整性是针对具体数据环境与应用环境由用户具体设置的约束，它反映了具体应用中数据的语义要求。

6.2　实现数据完整性控制

要想实现对于数据完整性的控制需要使用具体的命令来实现操作。

6.2.1　主键约束

主键（Primary Key）的全称是“主键约束”，是 MySQL 中使用最频繁的约束。一般情况下，为了便于DBMS更快地查找到表中的记录，都会在表中设置一个主键。

主键分为单字段主键和多字段联合主键。

1. 使用主键时需要注意的问题

(1) 每个表只能定义一个主键。

(2) 主键值必须唯一标识表中的每一行，且不能为NULL，即表中不可能存在有相同主键值的两行数据。这是唯一性原则。

(3) 一个字段名只能在联合主键字段表中出现一次。

(4) 联合主键不能包含不必要的多余字段。当把联合主键的某一字段删除后，如果剩下的字段构成的主键仍然满足唯一性原则，那么这个联合主键是不正确的。这是最小化原则。

(5) 在创建表时设置主键约束。

(6) 在创建数据表时设置主键约束，既可以为表中的一个字段设置主键，也可以为表中多个字段设置联合主键。但是不论使用哪种方法，在一个表中主键只能有一个。下面分别讲解设置单字段主键和多字段联合主键的方法。

2. 单字段主键的设置

设置主键的方式有多种。

方法一：在CREATE TABLE语句中，通过PRIMARY KEY关键字来指定主键。

在定义字段的同时指定主键，语法格式如下：

```
<字段名> <数据类型> PRIMARY KEY [默认值]
```

扫一扫

6-1 建表时设定单一主键

例6-1 在book库中创建图书分类表，设置主键为类别编码。

```
DROP TABLE IF EXISTS 图书分类;
create table 图书分类
(类别编码 varchar(1) primary key,
类别名 varchar(1));
```

完成后用desc语句验证，如图6-1所示。

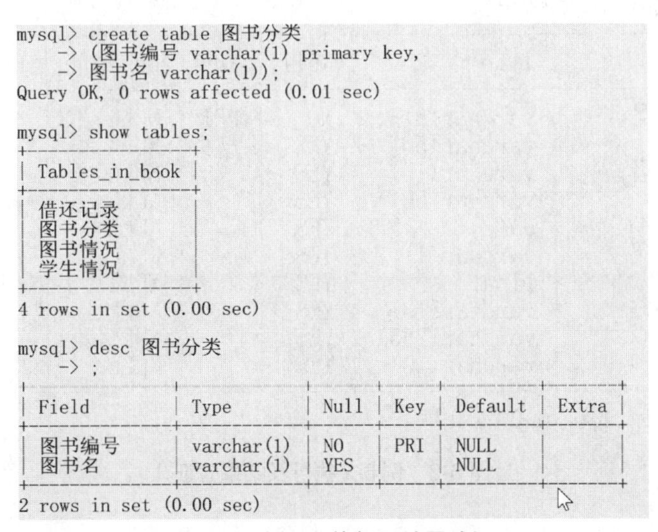

```
mysql> create table 图书分类
    -> (图书编号 varchar(1) primary key,
    -> 图书名 varchar(1));
Query OK, 0 rows affected (0.01 sec)

mysql> show tables;
+----------------+
| Tables_in_book |
+----------------+
| 借还记录       |
| 图书分类       |
| 图书情况       |
| 学生情况       |
+----------------+
4 rows in set (0.00 sec)

mysql> desc 图书分类
    -> ;
+----------+------------+------+-----+---------+-------+
| Field    | Type       | Null | Key | Default | Extra |
+----------+------------+------+-----+---------+-------+
| 图书编号 | varchar(1) | NO   | PRI | NULL    |       |
| 图书名   | varchar(1) | YES  |     | NULL    |       |
+----------+------------+------+-----+---------+-------+
2 rows in set (0.00 sec)
```

图6-1 例6-1执行及结果验证

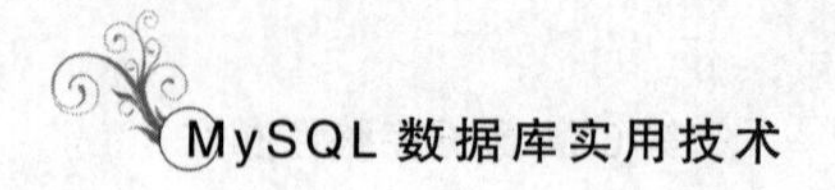

方法二：在修改表时添加主键约束。

扫一扫

6-2 修改表时设定主键

主键约束不仅可以在创建表的同时创建，也可以在修改表时添加。但是需要注意的是，设置成主键约束的字段中不允许有空值。

基本语法格式如下：

```
ALTER TABLE <数据表名> ADD PRIMARY KEY(<字段名>);
```

例6-2 在book库中已完成创建的图书情况表中将图书编号字段设为主键。

```
ALTER TABLE 图书情况
ADD PRIMARY KEY(图书编号);
```

完成后用desc语句验证，如图6-2所示。

```
mysql> desc 图书情况;
+----------+--------------+------+-----+---------+-------+
| Field    | Type         | Null | Key | Default | Extra |
+----------+--------------+------+-----+---------+-------+
| 图书编号 | varchar(8)   | NO   |     | NULL    |       |
| 图书名   | varchar(50)  | YES  |     | NULL    |       |
| 第一作者 | varchar(10)  | YES  |     | NULL    |       |
| 出版社   | varchar(50)  | YES  |     | NULL    |       |
| 出版日期 | date         | YES  |     | NULL    |       |
| 类别编码 | varchar(1)   | YES  |     | NULL    |       |
| 定价     | float        | YES  |     | NULL    |       |
| ISBN号   | varchar(13)  | YES  |     | NULL    |       |
| 简介     | varchar(255) | YES  |     | NULL    |       |
| 状态     | varchar(10)  | YES  |     | NULL    |       |
+----------+--------------+------+-----+---------+-------+
10 rows in set (0.00 sec)

mysql> alter table 图书情况
    -> add primary key(图书编号);
Query OK, 0 rows affected (0.14 sec)
Records: 0  Duplicates: 0  Warnings: 0

mysql> desc 图书情况;
+----------+--------------+------+-----+---------+-------+
| Field    | Type         | Null | Key | Default | Extra |
+----------+--------------+------+-----+---------+-------+
| 图书编号 | varchar(8)   | NO   | PRI | NULL    |       |
| 图书名   | varchar(50)  | YES  |     | NULL    |       |
| 第一作者 | varchar(10)  | YES  |     | NULL    |       |
| 出版社   | varchar(50)  | YES  |     | NULL    |       |
| 出版日期 | date         | YES  |     | NULL    |       |
| 类别编码 | varchar(1)   | YES  |     | NULL    |       |
| 定价     | float        | YES  |     | NULL    |       |
| ISBN号   | varchar(13)  | YES  |     | NULL    |       |
| 简介     | varchar(255) | YES  |     | NULL    |       |
| 状态     | varchar(10)  | YES  |     | NULL    |       |
+----------+--------------+------+-----+---------+-------+
10 rows in set (0.00 sec)
```

图 6-2 例 6-2 执行及结果验证

2. 多字段主键的设置

当主键为多字段组成的联合主键时，就需要进行多字段主键的设定。

在CREATE TABLE语句中，多字段主键的设置的语法格式如下：

```
PRIMARY KEY (字段1，字段2，…，字段n)
```

扫一扫

6-3 创建联合主键

例6-3 在book库中创建借还记录表字段，将学号、图书编号、借阅日期设置为联合主键，表设计如图6-3所示。

名	类型	长度	小数点	不是 null	虚拟	键
学号	varchar	8	0	☑	☐	1
图书编号	varchar	8	0	☑	☐	2
借阅日期	date	0	0	☑	☐	3
归还日期	date	0	0	☐	☐	
备注	varchar	255	0	☐	☐	

图 6-3　借还记录表设计

```
CREATE TABLE 借还记录
(
   学号 VARCHAR(8),
     图书编号 varchar(8),
     借阅日期 date,
     归还日期 date,
     备注 varchar(255),
      PRIMARY KEY(学号,图书编号,借阅日期)
);
```

完成后用desc语句验证，如图6-4所示。

```
mysql> CREATE TABLE 借还记录
    -> (
    ->     学号 VARCHAR(8),
    ->     图书编号 varchar(8),
    ->     借阅日期 date,
    ->     归还日期 date,
    ->     备注 varchar(255),
    ->      PRIMARY KEY(学号,图书编号,借阅日期)
    -> );
Query OK, 0 rows affected (0.01 sec)

mysql> desc 借还记录;
+----------+--------------+------+-----+---------+-------+
| Field    | Type         | Null | Key | Default | Extra |
+----------+--------------+------+-----+---------+-------+
| 学号     | varchar(8)   | NO   | PRI | NULL    |       |
| 图书编号 | varchar(8)   | NO   | PRI | NULL    |       |
| 借阅日期 | date         | NO   | PRI | NULL    |       |
| 归还日期 | date         | YES  |     | NULL    |       |
| 备注     | varchar(255) | YES  |     | NULL    |       |
+----------+--------------+------+-----+---------+-------+
5 rows in set (0.00 sec)
```

图 6-4　例 6-3 执行及结果验证

6.2.2 自动增长约束

在MySQL中，当主键定义为自增长后，这个主键的值就不再需要用户输入数据，而由数据库系统根据定义自动赋值。每增加一条记录，主键会自动以相同的步长进行增长。

在CREATE TABLE语句中通过给字段添加AUTO_INCREMENT属性来实现主键自增长。

1. 语法格式

```
字段名 数据类型 AUTO_INCREMENT
```

2. 说明

(1) 默认情况下，AUTO_INCREMENT的初始值是1，每新增一条记录，字段值自动加1。

(2) 一个表中只能有一个字段使用AUTO_INCREMENT约束，且该字段必须有唯一索引，以避免序号重复（即为主键或主键的一部分）。

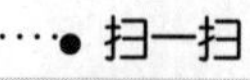

扫一扫

6-4 建表时设定自动增长

(3) AUTO_INCREMENT约束的字段必须具备NOT NULL属性。

(4) AUTO_INCREMENT约束的字段只能是整数类型（TINYINT、SMALLINT、INT、BIGINT等）。

(5) AUTO_INCREMENT约束字段的最大值受该字段的数据类型约束，如果达到上限，AUTO_INCREMENT就会失效。

例6-4 在book数据库中，判断是否存在借阅信息表，如果存在就删除。重新创建借阅信息表，表设计如图6-5所示，将流水号设定为自动增长类型。

名	类型	长度	小数点	不是 null	虚拟	键
流水号	int			☐	☐	
学号	varchar	8	0	☑	☐	
图书编号	varchar	8	0	☑	☐	
借阅日期	date	0	0	☑	☐	
归还日期	date	0	0	☐	☐	
备注	varchar	255	0	☐	☐	

图6-5 借阅信息表设计

```
drop table if exists 借还记录;
CREATE TABLE 借还记录
(
    流水号 INT(4) PRIMARY KEY AUTO_INCREMENT,
    学号 VARCHAR(8),
    图书编号 varchar(8),
    借阅日期 date,
    归还日期 date,
    备注 varchar(255)
);
```

完成后用desc语句验证，如图6-6所示。

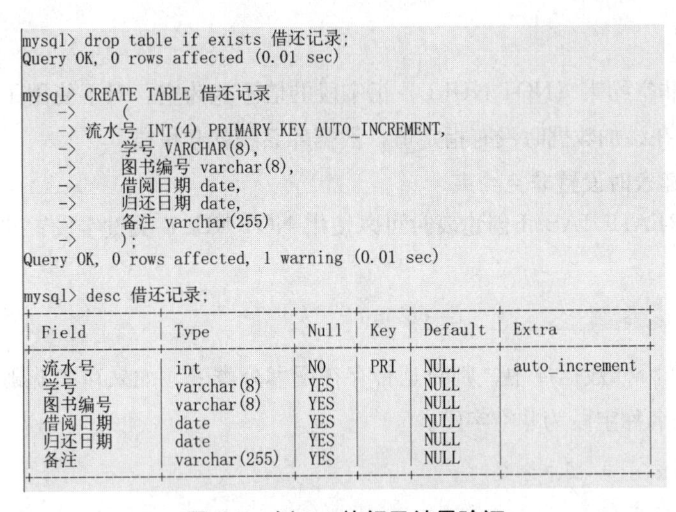

```
mysql> drop table if exists 借还记录;
Query OK, 0 rows affected (0.01 sec)

mysql> CREATE TABLE 借还记录
    -> (
    -> 流水号 INT(4) PRIMARY KEY AUTO_INCREMENT,
    ->     学号 VARCHAR(8),
    ->     图书编号 varchar(8),
    ->     借阅日期 date,
    ->     归还日期 date,
    ->     备注 varchar(255)
    ->     );
Query OK, 0 rows affected, 1 warning (0.01 sec)

mysql> desc 借还记录;
+----------+--------------+------+-----+---------+----------------+
| Field    | Type         | Null | Key | Default | Extra          |
+----------+--------------+------+-----+---------+----------------+
| 流水号   | int          | NO   | PRI | NULL    | auto_increment |
| 学号     | varchar(8)   | YES  |     | NULL    |                |
| 图书编号 | varchar(8)   | YES  |     | NULL    |                |
| 借阅日期 | date         | YES  |     | NULL    |                |
| 归还日期 | date         | YES  |     | NULL    |                |
| 备注     | varchar(255) | YES  |     | NULL    |                |
+----------+--------------+------+-----+---------+----------------+
```

图 6-6　例 6-4 执行及结果验证

扫一扫

6-5　为自动增长设定初始值

例6-5　在book数据库中，判断是否存在借阅信息表，如果存在就删除。重新创建借阅信息表，表设计如图6-5所示，将流水号设定为自动增长类型，初始值从100开始。

```
drop table if exists 借还记录;
CREATE TABLE 借还记录
(
    流水号 INT(4) PRIMARY KEY AUTO_INCREMENT,
    学号 VARCHAR(8),
    图书编号 varchar(8),
    借阅日期 date,
    归还日期 date,
    备注 varchar(255)
)AUTO_INCREMENT=100;
```

完成后用desc语句验证，如图6-7所示。

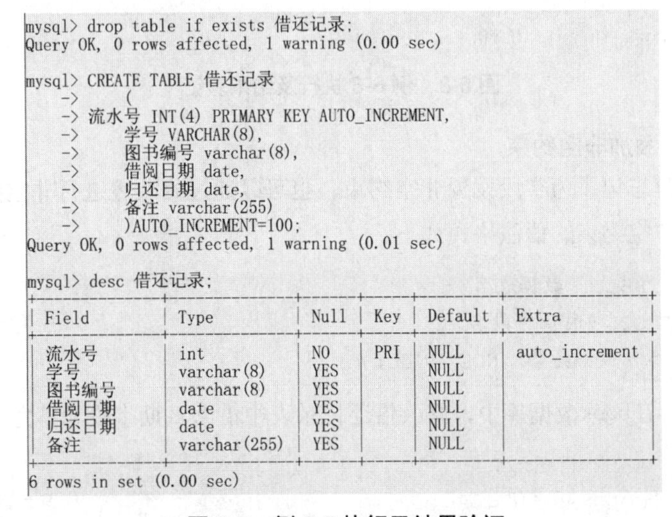

```
mysql> drop table if exists 借还记录;
Query OK, 0 rows affected, 1 warning (0.00 sec)

mysql> CREATE TABLE 借还记录
    ->     (
    -> 流水号 INT(4) PRIMARY KEY AUTO_INCREMENT,
    ->     学号 VARCHAR(8),
    ->     图书编号 varchar(8),
    ->     借阅日期 date,
    ->     归还日期 date,
    ->     备注 varchar(255)
    ->     )AUTO_INCREMENT=100;
Query OK, 0 rows affected, 1 warning (0.01 sec)

mysql> desc 借还记录;
+----------+--------------+------+-----+---------+----------------+
| Field    | Type         | Null | Key | Default | Extra          |
+----------+--------------+------+-----+---------+----------------+
| 流水号   | int          | NO   | PRI | NULL    | auto_increment |
| 学号     | varchar(8)   | YES  |     | NULL    |                |
| 图书编号 | varchar(8)   | YES  |     | NULL    |                |
| 借阅日期 | date         | YES  |     | NULL    |                |
| 归还日期 | date         | YES  |     | NULL    |                |
| 备注     | varchar(255) | YES  |     | NULL    |                |
+----------+--------------+------+-----+---------+----------------+
6 rows in set (0.00 sec)
```

图 6-7　例 6-5 执行及结果验证

6.2.3 非空约束

MySQL 非空约束（NOT NULL）指字段的值不能为空。对于使用了非空约束的字段，如果用户在添加数据时没有指定值，数据库系统就会报错。

扫一扫

6-6 建表时设定非空

1. 在创建表时设置非空约束

在使用CREATE TABLE创建表时可以使用 NOT NULL 关键字设置非空约束，具体语法格式如下：

```
<字段名> <数据类型> NOT NULL;
```

例6-6 在book数据库中，判断是否存在图书分类表，如果存在就删除。重新创建图书分类表，设定类别名称字段为非空字段。

```
drop table if exists 图书分类;
CREATE TABLE 图书分类
(
   图书编号 INT(1) PRIMARY KEY,
   图书名 VARCHAR(20) not null
);
```

完成后用desc语句验证，如图6-8所示。

```
mysql> drop table if exists 图书分类;
Query OK, 0 rows affected (0.01 sec)

mysql> create table 图书分类
    -> (图书编号 int(1) primary key,
    -> 图书名 varchar(20) not null
    -> );
Query OK, 0 rows affected, 1 warning (0.01 sec)

mysql> desc 图书分类;
+--------------+-------------+------+-----+---------+-------+
| Field        | Type        | Null | Key | Default | Extra |
+--------------+-------------+------+-----+---------+-------+
| 图书编号     | int         | NO   | PRI | NULL    |       |
| 图书名       | varchar(20) | NO   |     | NULL    |       |
+--------------+-------------+------+-----+---------+-------+
2 rows in set (0.00 sec)
```

图 6-8　例 6-6 执行及结果验证

2. 在修改表时添加非空约束

如果在创建表时忘记了为字段设置非空约束，也可以通过修改表进行非空约束的添加。修改表时设置非空约束的语法格式如下：

扫一扫

6-7 修改字段设定非空

```
ALTER TABLE <数据表名>
CHANGE COLUMN <字段名>
<字段名> <数据类型> NOT NULL;
```

例6-7 在book数据库中，修改借还记录表中借阅日期字段为不允许为空值。

```
ALTER TABLE 借还记录
CHANGE COLUMN 借阅日期
借阅日期 date not NULL;
```

6.2.4 唯一约束

MySQL 唯一约束（Unique Key）是指所有记录中字段的值不能重复出现。如同一学校的学生学号必须是唯一的；每一个公民的身份证号必须是唯一的。

1. 在创建表时设置唯一约束

唯一约束可以在创建表时直接设置，通常设置在除了主键以外的其他列上。

在创建表CREATE TABLE语句中可以使用UNIQUE 关键字指定唯一约束。语法格式如下：

```
<字段名> <数据类型> UNIQUE
```

例6-8 在book数据库中，创建图书情况表，如图6-9所示，并将ISBN号设定为唯一约束。

扫一扫

6-8 建表表时添加唯一约束

名	类型	长度	小数点	不是 null	虚拟	键
图书编号	varchar	8	0	☑	☐	1
图书名	varchar	50	0	☐	☐	
第一作者	varchar	10	0	☐	☐	
出版社	varchar	50	0	☐	☐	
出版日期	date	0	0	☐	☐	
类别编码	varchar	1	0	☐	☐	
定价	float	0	0	☐	☐	
ISBN号	varchar	13	0	☐	☐	
简介	varchar	255	0	☐	☐	
状态	varchar	10	0	☐	☐	

图 6-9 图书情况表设计

```
DROP TABLE IF EXISTS 图书情况;
CREATE TABLE 图书情况
(
    图书编号 varchar(8) primary key,
    图书名 varchar(50),
    第一作者 varchar(10),
    出版社 varchar(50),
    出版日期 date,
    类别编码 varchar(1),
    定价 float,
    ISBN号 varchar(13) unique,
    简介 varchar(255),
    状态 varchar(10)
);
```

可以在图形化界面下向图书情况表中录入数据来验证ISBN号字段是否可以重复录入数据。

扫一扫

6-9 修改表添加唯一约束

2. 在修改表时设置唯一约束

（1）语法格式为：

```
ALTER TABLE <数据表名> ADD CONSTRAINT <唯一约束名> UNIQUE(<列名>);
```

例6-9 在book数据库中，修改图书情况表，将图书名设定为唯一约束。

```
ALTER TABLE 图书分类
```

```
ADD CONSTRAINT unique_name UNIQUE(图书名);
```

可以在图形化界面下向图书情况表中录入数据来验证ISBN号字段是否可以重复录入数据。

6.2.5 默认值约束

默认值（Default）的全称是“默认值约束（Default Constraint）”，用来指定某列的默认值。在表中插入一条新记录时，如果没有为某个字段赋值，系统就会自动为这个字段插入默认值。例如，将性别字段默认值设为“男”，则当用户信息为男时无须录入，当信息为“女”时录入“女”即可。

1. 在创建表时设置默认值约束

```
创建表CREATE时可以使用 DEFAULT 关键字设置默认值约束
```

基本语法格式如下：

```
<字段名> <数据类型> DEFAULT <默认值>;
```

注意：其中，“默认值”为该字段设置的默认值，如果是字符类型的，要用单引号括起来。

扫一扫

6-10 建表时设置默认

例6-10 在book数据库中，创建学生情况表，如图6-10所示，其中性别字段默认值设为“男”。

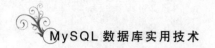

名	类型	长度	小数点	不是 null	虚拟	键
学号	varchar	8	0	☑	☐	1
姓名	varchar	20	0	☐	☐	
性别	varchar	2	0	☐	☐	
出生日期	date	0	0	☐	☐	
所在分院	varchar	20	0	☐	☐	

图 6-10 学生情况表设计

```
DROP TABLE IF EXISTS 学生情况;
CREATE TABLE 学生情况
(
    学号 VARCHAR(8) PRIMARY KEY,
    姓名 VARCHAR(20),
    性别 VARCHAR(2) DEFAULT'男',
    出生日期 DATE,
    所在分院 VARCHAR(20)
);
```

可以在图形化界面下向图书情况表中录入数据，当新记录尚未添加时，性别已有默认值，如图6-11所示。

学号	姓名	性别	出生日期	所在分院
20010101	张春明	男	(Null)	(Null)
20010102	张天	女	(Null)	(Null)
(Null)	(Null)	男	(Null)	(Null)

图 6-11 例 6-10 结果验证

2. 在修改表时添加默认值约束

基本语法格式如下：

```
ALTER TABLE <数据表名>
CHANGE COLUMN <字段名> <数据类型> DEFAULT <默认值>;
```

例6-11 在book数据库中，修改学生情况表，将其中所在分院字段默认值设为“信息”。

扫一扫

6-11 修改表添加默认

```
ALTER TABLE 学生情况
CHANGE COLUMN 所在分院
所在分院 VARCHAR(20) DEFAULT '信息';
```

可以在图形化界面下向图书情况表中录入数据，当新记录尚未添加时，性别已有默认值，如图6-12所示。

学号	姓名	性别	出生日期	所在分院
20010101	张春明	男	(Null)	(Null)
20010102	张天	女	(Null)	(Null)
(Null)	(Null)	男	(Null)	信息

图6-12 例6-11结果验证

6.2.6 外键约束

如果公共关键字在一个关系中是主关键字，那么这个公共关键字被称为另一个关系的外键。由此可见，外键表示了两个关系之间的相关联系。以另一个关系的外键作主关键字的表称为主表，具有此外键的表称为主表的从表。外键又称为外关键字。

以book数据为例，在学生情况表中学号是主键，在借还记录表中也有学号，而且此学号的值必须来源于学生情况表中的学号，否则就会出现数据不一致性问题。表现为客观问题就是这个学生都不是本校学生，怎么可以来借书呢？那么就需要为借还记录表中学号设置外键，其值来源于学生情况表中的学号。同样的道理，图书情况表中的图书编号是其主键，在借还记录表中也有图书编号，而且此图书编号的值必须来源于图书情况表中的图书编号。那么也需要为借还记录表中的图书编号设置外键，其值来源于图书情况表中的图书编号。同理也需要为图书情况表中的分类号设置外键，其值来源于图书分类表中的分类号字段。

由于主表比从表关键，因此在表创建时需要先创建主表，再创建从表。

1. 在创建表时设置外键约束

在CREATE TABLE语句中，通过FOREIGN KEY关键字来指定外键，具体语法格式如下：

扫一扫

6-12 建表时创建外建

```
[CONSTRAINT <外键名>] FOREIGN KEY 字段名 [，字段名2，…]
REFERENCES <主表名> 主键列1 [，主键列2，…]
```

例6-12 在book数据库中创建图书情况表，同时设置外键fk_lb，使类别编码值来源于图书分类表中的类别编码。

```
DROP TABLE IF EXISTS 图书情况;
```

```
CREATE TABLE 图书情况
(
    图书编号 VARCHAR(8) PRIMARY KEY,
    图书名 VARCHAR(50),
    第一作者 VARCHAR(10),
    出版社 VARCHAR(50),
    出版日期 DATE,
    类别编码 VARCHAR(1),
    定价 FLOAT,
    ISBN号 VARCHAR(13) UNIQUE,
    简介 VARCHAR(255),
    状态 VARCHAR(10),
    CONSTRAINT fk_lb
    FOREIGN KEY(类别编码) REFERENCES 图书分类(类别编码)
);
```

2. 在修改表时添加外键约束

外键约束也可以在修改表时添加，但是添加外键约束的前提是：从表中外键列中的数据必须与主表中主键列中的数据一致或者没有数据。

在修改数据表时添加外键约束的语法格式如下：

```
ALTER TABLE <数据表名> ADD CONSTRAINT <外键名>
FOREIGN KEY(<列名>) REFERENCES <主表名> (<列名>);
```

例6-13 在book数据库中，创建借还记录表，设置外键fk_tsbh，使图书编号值来源于图书情况表中的图书编号，同时设置外键fk_xh，使学号值来源于学生情况表中学号。

扫一扫

6-13 修改表添加外键

```
ALTER TABLE 借还记录
ADD CONSTRAINT fk_tsbh
FOREIGN KEY(图书编号)
REFERENCES 图书情况(图书编号),
ADD CONSTRAINT fk_xh
FOREIGN KEY(学号)
REFERENCES 学生情况(学号);
```

习　题

一、理论提升

1. 完整性包括(　　)类(多选)。

   A. 实体完整性　　B. 参照完整性

   C. 用户自定义完整性　　D. 非空完整性

2. 以下(　　)属于实体完整性。

   A. 主键约束　　B. 默认约束

C. 外键约束　　D. 自动增长

3. 以下（　　）属于参照完整性。

A. 主键约束　　B. 默认约束

C. 外键约束　　D. 自动增长

4. 外键的值必须来源于（　　）。

A. 其所参照的主键的值　　B. 默认值

C. 用户随意输入的值　　D. 唯一值

5. 以下（　　）关键词表示外键。

A. PRIMARY KEY　　B. KEY

C. FOREIGN KEY　　D. DEFAULT

6. 以下（　　）关键词表示默认约束。

A. PRIMARY KEY　　B. KEY

C. FOREIGN KEY　　D. DEFAULT

7. 以下（　　）关键词表示主键约束。

A. PRIMARY KEY　　B. KEY

C. FOREIGN KEY　　D. DEFAULT

8. 以下（　　）关键词表示非空约束。

A. PRIMARY KEY　　B. KEY

C. NOT NULL　　D. DEFAULT

二、实践应用

1. 在StuScore数据库中完成以下操作：

（1）创建学生信息表，同时设置学号为主键，性别字段默认值为“男”，姓名字段不允许为空。

（2）修改学生信息表，设置外语语种字段默认值为“英语”。

（3）创建课程信息表，同时设置课程代码为数值型主键，且自动增长，课程名为唯一值。

（4）修改课程信息表，设置课程代码初始增长值为1001。

（5）创建选课成绩表，同时设置学号为外键，其值参照于学生情况表中学号；课程代码为外键，其值参照于课程信息表中的课程代码。

2. 在active数据库中完成以下操作：

（1）创建支部信息表，同时设定支部编号为主键，支部名称不为空。

（2）创建班级信息表，同时设定班级编号为主键，所属支部编号为外键，其值参照支部信息表中支部编号。

（3）创建学生入党积极分子信息表，同时设定学号为主键。

（4）创建党员信息表，同时设定编号为主键，所在党支部为外键，其值参照支部信息表中支部编号。

（5）创建培养信息表，同时设定学号为外键，其值来源于学生入党积极分子信息表中的学号；设定培养人编号为外键，其值来源于党员信息表中的编号。

答　案

1. ABC　2. A　3. C　4. A　5. C　6. D　7. A　8. C

关键语句

（1）CREATE TABLE语句：

● <字段名> <数据类型> PRIMARY KEY [默认值]：创建表并添加随字段添加主键。

● [CONSTRAINT <约束名>] PRIMARY KEY [字段名]：创建表并添加主键约束。

● PRIMARY KEY [字段1，字段2，…,字段n]：创建表并添加联合主键约束。

● 字段名 数据类型 AUTO_INCREMENT：创建表并设置自动增长约束。

● AUTO_INCREMENT=100：指定自动增长字段初始值（在CREATE TABLE语句最后使用）。

● <字段名> <数据类型> NOT NULL：创建表并为字段添加非空约束。

● <字段名> <数据类型> UNIQUE：创建表并为字段添加唯一值约束。

● <字段名> <数据类型> DEFAULT <默认值>：创建表并为字段添加默认值约束。

● [CONSTRAINT <外键名>] FOREIGN KEY 字段名 [，字段名2，…]REFERENCES <主表名> 主键列1 [，主键列2，…]：创建表并为字段添加外键约束。

（2）ALTER TABLE语句：

● ADD PRIMARY KEY(<字段名>)：修改表并添加主键约束。

● CHANGE COLUMN <字段名> <字段名> <数据类型> NOT NULL：修改表并添加非空约束。

● ADD CONSTRAINT <唯一约束名> UNIQUE(<列名>)：修改表并为字段添加唯一值约束。

● CHANGE COLUMN <字段名> <数据类型> DEFAULT <默认值>：修改表并为字段添加默认值约束。

● ADD CONSTRAINT <外键名>。

● FOREIGN KEY(<列名>) REFERENCES <主表名> (<列名>)：修改表并为字段添加外键约束。

第7章

数据增删改操作

【英语角】

[1] insert　　英 [ɪn'sɜːt , 'ɪnsɜːt]　美 [ɪn'sɜːrt , 'ɪnsɜːrt]

专业应用：插入；添加。例如，"insert into 表名"为向表中添加记录。

vt. 插入；嵌入；（在文章中）添加，加插。

n.（书报的）插页，广告附加页；插入物；添加物。

[例句] Position the cursor where you want to insert a word.

把光标移到你想插入字词的地方。

[2] into　　英 ['ɪntu]　美 ['ɪntu]

专业应用：到……里面。例如，"insert into 表名"为向表中添加记录。

prep. 到...里面；进入；朝；向；对着；撞上；碰上。

[例句] Keep going straight. you'll run right into it.

一直走，您将走到里面去。

[3] values　　英 ['væljuːz]　美 ['væljuːz]

专业应用：值。例如，"insert into 表名 values(...)"为向表中添加记录，表值为……

n. 价值观；（商品）价值；（与价格相比的）值，划算程度；用途；积极作用。

v. 重视；珍视；给……估价；给……定价。

[词典] value 的第三人称单数和复数。

[例句] The young have a completely different set of values and expectations.

年轻人有一整套截然不同的价值观和期望。

[4] set　　英 [set]　美 [set]

专业应用：设置。例如，"insert into set 字段 = 值"为向表中添加记录，设置字段值。

v. 设置；放；使处于某种状况；使开始；把故事情节安排在；以……为……设置背景。

n. 一套；一副（类似的东西）；一组（配套使用的东西）；一伙（或一帮、一群）人；阶层；团伙。

adj. 位于（或处于）……的；安排好的；确定的；固定的；顽固的。

[例句] I set up the computer so that they could work from home.

我把电脑设置好，这样他们就可以在家办公了。

[5] update　　英 [ˌʌp'deɪt , 'ʌpdeɪt]　美 [ˌʌp'deɪt , 'ʌpdeɪt]

专业应用：更新；修改。例如，"update 表名 set 字段 = 值"为修改表，设定字段值。

vt. 使现代化；更新；向……提供最新信息；给……增加最新信息。

n. 现代化；更新的信息；更新的行为或事例。

[例句] It's about time we updated our software.

我们的软件应该更新了。

[6] where　英 [weə(r)]　美 [wer]

专业应用：条件。例如，"update 表名 set 字段 = 值 where 条件" 为修改表，当满足条件时，设定字段值。

adv. 哪里；在哪里；到哪里；处于哪种情形；（用于表示地点或情况的词语后）在那（地方），到那（地方）；在该处；在该情况下。

conj.（在）……的地方；（在）……情况下。

pron. 地方；场所哪里。

[例句] Right then, where do you want the table to go?

那好吧，你要把桌子放在哪里呢？

[7] from　英 [frəm]　美 [frəm]

专业应用：从……里。例如，"delete from 表名" 为从表中删除记录。

prep.（表示起始点）从……起，始于；（表示开始的时间）从……开始；（表示由某人发出或给出）寄自，得自。

[例句] His study is divided from the living-room by a thin wooden partition.

他的书房是用薄板从起居室分隔而成的。

[8] delete　英 [dɪ'liːt]　美 [dɪ'liːt]

专业应用：删除。例如，"delete from 表名" 为从表中删除记录。

vt. 删去；删除。

[例句] We will be pleased to delete the charge from the original invoice.

我们决定将这笔费用从原始发票上删去。

[9] truncate　英 [trʌŋ'keɪt]　美 ['trʌŋkeɪt]

专业应用：截断、清空。例如，"truncate 表名" 为清空表中全部记录。

vt. 截断；截短，缩短，删节（尤指掐头或去尾）。

[例句] The truncated nozzle is found to have a higher thrust.

截断的喷管具有较大的推力。

7.1　添加数据

向表中添加数据是数据库的基本操作之一，可以通过INSERT语句实现数据添加功能。

7.1.1　添加数据基本语法格式

INSERT 语句有两种语法形式，分别是 INSERT...VALUES 语句和 INSERT…SET 语句。

1. INSERT...VALUES

1）基本语法格式

```
INSERT INTO <表名> [ <列名1> [ , … <列名n>] ]
VALUES (值1) [… , (值n) ];
```

2）说明

（1）<表名>：指定被操作的表名。

（2）<列名>：指定需要插入数据的列名。若向表中的所有列插入数据，则全部的列名均可以省略，直接采用 INSERT<表名>VALUES(…) 即可。

（3）VALUES 或 VALUE 子句：该子句包含要插入的数据清单。数据清单中数据的顺序要和列的顺序相对应。

2. INSERT...SET 语句

1）基本语法格式

```
INSERT INTO <表名>
SET <列名1> = <值1>,
    <列名2> = <值2>,
    …
```

2）说明

此语句用于直接给表中的某些列指定对应的列值，即要插入的数据的列名在 SET 子句中指定，col_name 为指定的列名，等号后面为指定的数据，而对于未指定的列，列值会指定为该列的默认值。

7.1.2 向表中全部字段添加记录

扫一扫

7-1 向表中全部字段添加记录

例7-1 向book数据库中学生情况表中添加一条记录，内容为："21080104""李一蒙""女""2003-4-4""商贸"。

```
Insert into 学生情况
Values('21080104','李一蒙','女','2003-4-4','商贸');
```

此处，因为是向表中全部字段添加记录，所以可将表名后的字段列表省略。执行后通过select语句查看，如图7-1所示，可以看到该记录被成功添加。

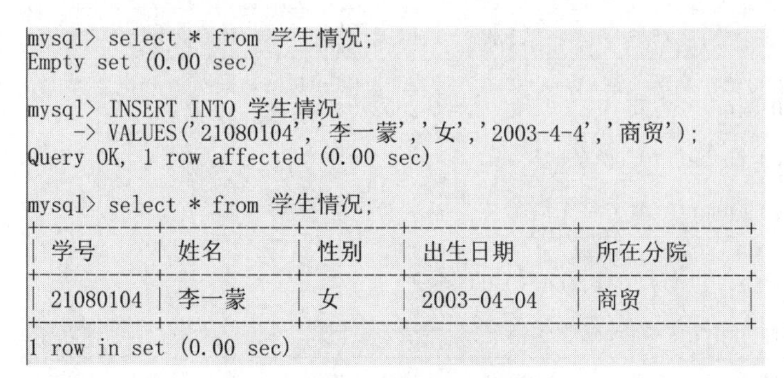

```
mysql> select * from 学生情况;
Empty set (0.00 sec)

mysql> INSERT INTO 学生情况
    -> VALUES('21080104','李一蒙','女','2003-4-4','商贸');
Query OK, 1 row affected (0.00 sec)

mysql> select * from 学生情况;
+----------+--------+------+------------+----------+
| 学号     | 姓名   | 性别 | 出生日期   | 所在分院 |
+----------+--------+------+------------+----------+
| 21080104 | 李一蒙 | 女   | 2003-04-04 | 商贸     |
+----------+--------+------+------------+----------+
1 row in set (0.00 sec)
```

图 7-1 例 7-1 执行与结果验证

7.1.3 向表中部分字段添加记录

扫一扫

7-2 向表中部分字段添加记录

例7-2 向book数据库中学生情况表中添加一条记录，内容为："21080105""吉莉""女""2002-4-3"。

```
INSERT INTO 学生情况(学号,姓名,性别,出生日期)
VALUES('21080105','吉莉','女','2002-4-3');
```

此处，因为不是向表中全部字段添加记录，所以需要将表名后的字段列出，其数量与VALUES后排号内的值是一一对应关系。执行后通过SELECT语句查看，可以看到该记录被成功添加，如图7-2所示。

```
mysql> select * from 学生情况;
+----------+--------+------+------------+----------+
| 学号     | 姓名   | 性别 | 出生日期   | 所在分院 |
+----------+--------+------+------------+----------+
| 21080104 | 李一蒙 | 女   | 2003-04-04 | 商贸     |
+----------+--------+------+------------+----------+
1 row in set (0.00 sec)

mysql> insert into 学生情况(学号,姓名,性别,出生日期)
    -> values('21080105','吉莉','女','2002-4-3');
Query OK, 1 row affected (0.00 sec)

mysql> select * from 学生情况;
+----------+--------+------+------------+----------+
| 学号     | 姓名   | 性别 | 出生日期   | 所在分院 |
+----------+--------+------+------------+----------+
| 21080104 | 李一蒙 | 女   | 2003-04-04 | 商贸     |
| 21080105 | 吉莉   | 女   | 2002-04-03 | NULL     |
+----------+--------+------+------------+----------+
2 rows in set (0.00 sec)
```

图 7-2　例 7-2 执行与结果验证

扫一扫

7-3 向表中添加一条记录

例7-3　向book数据库中学生情况表中添加一条记录，内容为：“21080106”“刘丰”。

```
INSERT INTO 学生情况
SET 学号='21080106',
    姓名='刘丰';
```

执行与结果验证如图7-3所示。

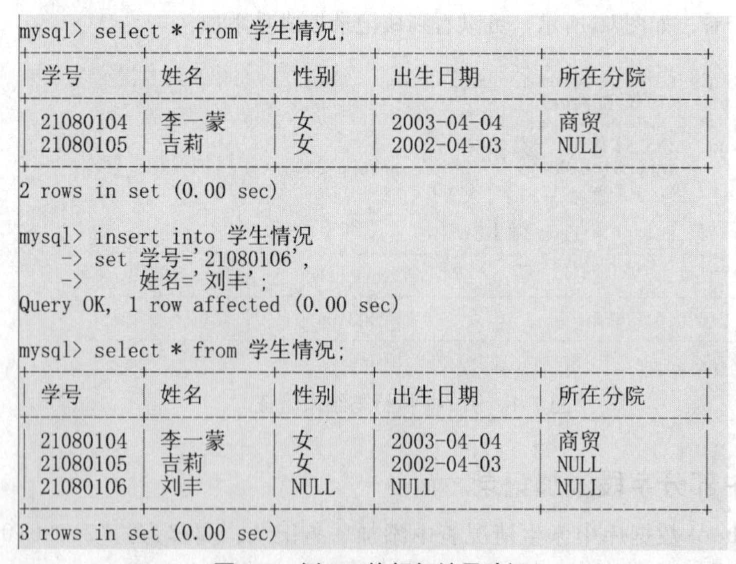

```
mysql> select * from 学生情况;
+----------+--------+------+------------+----------+
| 学号     | 姓名   | 性别 | 出生日期   | 所在分院 |
+----------+--------+------+------------+----------+
| 21080104 | 李一蒙 | 女   | 2003-04-04 | 商贸     |
| 21080105 | 吉莉   | 女   | 2002-04-03 | NULL     |
+----------+--------+------+------------+----------+
2 rows in set (0.00 sec)

mysql> insert into 学生情况
    -> set 学号='21080106',
    ->     姓名='刘丰';
Query OK, 1 row affected (0.00 sec)

mysql> select * from 学生情况;
+----------+--------+------+------------+----------+
| 学号     | 姓名   | 性别 | 出生日期   | 所在分院 |
+----------+--------+------+------------+----------+
| 21080104 | 李一蒙 | 女   | 2003-04-04 | 商贸     |
| 21080105 | 吉莉   | 女   | 2002-04-03 | NULL     |
| 21080106 | 刘丰   | NULL | NULL       | NULL     |
+----------+--------+------+------------+----------+
3 rows in set (0.00 sec)
```

图 7-3　例 7-3 执行与结果验证

7.1.4 向表中同时添加多条记录

例7-4 向学生情况表中同时添加如图7-4所示的3条记录。

扫一扫

7-4 向表中同时添加多条记录

学号	姓名	性别	出生日期	所在分院
21080107	张统丰			
21080108	赵浩成	男		
21080109	李海娜	女	2002-09-08	信息学院

图7-4 新添加记录

当需要同时向表中添加多条记录时，可以使用一条语句实现。对于未赋值字段可以用NULL（空值）表示。

```
INSERT INTO 学生情况(学号,姓名,性别,出生日期,所在分院)
values('21080107','张统丰',null,null,null),
      ('21080108','赵浩成','男',null,null),
      ('21080109','李海娜','女','2002-9-8','信息学院');
```

执行与结果验证如图7-5所示。

```
mysql> select * from 学生情况;
+----------+--------+------+------------+----------+
| 学号     | 姓名   | 性别 | 出生日期   | 所在分院 |
+----------+--------+------+------------+----------+
| 21080104 | 李一蒙 | 女   | 2003-04-04 | 商贸     |
| 21080105 | 吉莉   | 女   | 2002-04-03 | NULL     |
| 21080106 | 刘丰   | NULL | NULL       | NULL     |
+----------+--------+------+------------+----------+
3 rows in set (0.00 sec)

mysql> insert into 学生情况(学号,姓名,性别,出生日期,所在分院)
    -> values('21080107','张统丰',NULL,NULL,NULL),
    ->       ('21080108','赵浩成','男',NULL,NULL),
    ->       ('21080109','李海娜','女','2002-9-8','信息学院');
Query OK, 3 rows affected (0.00 sec)
Records: 3  Duplicates: 0  Warnings: 0

mysql> select * from 学生情况;
+----------+--------+------+------------+----------+
| 学号     | 姓名   | 性别 | 出生日期   | 所在分院 |
+----------+--------+------+------------+----------+
| 21080104 | 李一蒙 | 女   | 2003-04-04 | 商贸     |
| 21080105 | 吉莉   | 女   | 2002-04-03 | NULL     |
| 21080106 | 刘丰   | NULL | NULL       | NULL     |
| 21080107 | 张统丰 | NULL | NULL       | NULL     |
| 21080108 | 赵浩成 | 男   | NULL       | NULL     |
| 21080109 | 李海娜 | 女   | 2002-09-08 | 信息学院 |
+----------+--------+------+------------+----------+
```

图7-5 例7-4执行与结果验证

7.2 修改数据

数据库在应用过程中，经常会对表中数据进行修改。修改数据可以使用UPDATE语句实现。

7.2.1 修改数据基本语法格式

1. 基本语法格式

```
UPDATE <表名> SET 字段 1=值 1 [,字段 2=值 2… ] [WHERE 子句 ]
[ORDER BY 子句] [LIMIT 子句]
```

2. 说明

(1) <表名>：用于指定要更新的表名称。

(2) SET 子句：用于指定表中要修改的列名及其列值。其中，每个指定的列值可以是表达式，也可以是该列对应的默认值。如果指定的是默认值，可用关键字 DEFAULT 表示列值。

(3) WHERE 子句：可选项，用于限定表中要修改的行。若不指定，则修改表中所有的行。

(4) ORDER BY 子句：可选项，用于限定表中的行被修改的次序。

(5) LIMIT 子句：可选项，用于限定被修改的行数。

注意：修改一行数据的多个列值时，SET 子句的每个值用逗号分开即可。

扫一扫

7-5 修改表中全部记录

7.2.2 修改表中全部记录

例7-5 在book数据库学生情况表中，将所有记录的“所在分院”更改为“信息”。

```
UPDATE    学生情况
SET 所在分院='信息';
```

执行与结果验证如图7-6所示。

注意：对所有字段进行修改操作是很少使用的，一定要慎重。

```
mysql> update    学生情况
    -> set 所在分院='信息';
Query OK, 6 rows affected (0.00 sec)
Rows matched: 6  Changed: 6  Warnings: 0

mysql> select * from 学生情况;
+----------+--------+------+------------+----------+
| 学号     | 姓名   | 性别 | 出生日期   | 所在分院 |
+----------+--------+------+------------+----------+
| 21080104 | 李一蒙 | 女   | 2003-04-04 | 信息     |
| 21080105 | 吉莉   | 女   | 2002-04-03 | 信息     |
| 21080106 | 刘丰   | NULL | NULL       | 信息     |
| 21080107 | 张统丰 | NULL | NULL       | 信息     |
| 21080108 | 赵浩成 | 男   | NULL       | 信息     |
| 21080109 | 李海娜 | 女   | 2002-09-08 | 信息     |
+----------+--------+------+------------+----------+
6 rows in set (0.00 sec)
```

图 7-6 例 7-5 执行与结果验证

扫一扫

7-6 按条件修改记录

7.2.3 按条件修改表中记录

例7-6 在book数据库学生情况表中，将学号为“21080108”的学生出生日期修改为“2002-3-3”。

```
UPDATE 学生情况
SET 出生日期='2002-3-3'
WHERE 学号='21080108';
```

执行与结果验证如图7-7所示。

```
mysql> select * from 学生情况;
+----------+--------+------+------------+----------+
| 学号     | 姓名   | 性别 | 出生日期   | 所在分院 |
+----------+--------+------+------------+----------+
| 21080104 | 李一蒙 | 女   | 2003-04-04 | 信息     |
| 21080105 | 吉莉   | 女   | 2002-04-03 | 信息     |
| 21080106 | 刘丰   | NULL | NULL       | 信息     |
| 21080107 | 张统丰 | NULL | NULL       | 信息     |
| 21080108 | 赵浩成 | 男   | NULL       | 信息     |
| 21080109 | 李海娜 | 女   | 2002-09-08 | 信息     |
+----------+--------+------+------------+----------+
6 rows in set (0.00 sec)

mysql> update 学生情况
    -> set 出生日期='2002-3-3'
    -> where 学号='21080108';
Query OK, 1 row affected (0.00 sec)
Rows matched: 1  Changed: 1  Warnings: 0

mysql> select * from 学生情况;
+----------+--------+------+------------+----------+
| 学号     | 姓名   | 性别 | 出生日期   | 所在分院 |
+----------+--------+------+------------+----------+
| 21080104 | 李一蒙 | 女   | 2003-04-04 | 信息     |
| 21080105 | 吉莉   | 女   | 2002-04-03 | 信息     |
| 21080106 | 刘丰   | NULL | NULL       | 信息     |
| 21080107 | 张统丰 | NULL | NULL       | 信息     |
| 21080108 | 赵浩成 | 男   | 2002-03-03 | 信息     |
| 21080109 | 李海娜 | 女   | 2002-09-08 | 信息     |
+----------+--------+------+------------+----------+
6 rows in set (0.00 sec)
```

图7-7 例7-6执行与结果验证

7.3 删除数据

数据操作包括增、改、删三种操作。数据可以通过DELETE语句进行记录删除。

7.3.1 删除数据基本语法格式

1. 基本语法格式

```
DELETE FROM <表名> [WHERE 子句] [ORDER BY 子句] [LIMIT 子句]
```

2. 说明

（1）<表名>：指定要删除数据的表名。

（2）ORDER BY 子句：可选项，表示删除时，表中各行将按照子句中指定的顺序进行删除。

（3）WHERE 子句：可选项，表示为删除操作限定删除条件，若省略该子句，则代表删除该表中的所有行。

（4）LIMIT 子句：可选项，用于告知服务器在控制命令被返回到客户端前被删除行的最大值。

注意：在不使用 WHERE 条件的时候，将删除所有数据，所以操作中一定要谨慎，不要出现误删除操作。

扫一扫

7-7 按条件删除记录

7.3.2 按条件删除表中记录

例7-7 在book数据库学生情况表中，将学号为“21080108”的学生记录删除。

```
DELETE FROM 学生情况
WHERE 学号='21080108';
```

执行与结果验证如图7-8所示。

```
mysql> select * from 学生情况;
+----------+--------+------+------------+----------+
| 学号     | 姓名   | 性别 | 出生日期   | 所在分院 |
+----------+--------+------+------------+----------+
| 21080104 | 李一蒙 | 女   | 2003-04-04 | 信息     |
| 21080105 | 吉莉   | 女   | 2002-04-03 | 信息     |
| 21080106 | 刘丰   | NULL | NULL       | 信息     |
| 21080107 | 张统丰 | NULL | NULL       | 信息     |
| 21080108 | 赵浩成 | 男   | 2002-03-03 | 信息     |
| 21080109 | 李海娜 | 女   | 2002-09-08 | 信息     |
+----------+--------+------+------------+----------+
6 rows in set (0.00 sec)

mysql> delete from 学生情况
    -> where 学号='21080108';
Query OK, 1 row affected (0.00 sec)

mysql> select * from 学生情况;
+----------+--------+------+------------+----------+
| 学号     | 姓名   | 性别 | 出生日期   | 所在分院 |
+----------+--------+------+------------+----------+
| 21080104 | 李一蒙 | 女   | 2003-04-04 | 信息     |
| 21080105 | 吉莉   | 女   | 2002-04-03 | 信息     |
| 21080106 | 刘丰   | NULL | NULL       | 信息     |
| 21080107 | 张统丰 | NULL | NULL       | 信息     |
| 21080109 | 李海娜 | 女   | 2002-09-08 | 信息     |
+----------+--------+------+------------+----------+
5 rows in set (0.00 sec)
```

图7-8 例7-7执行与结果验证

扫一扫

7-8 删除表中全部记录

7.3.3 删除表中全部记录

例7-8 在book数据库中将学生情况表中全部记录删除。

```
DELETE FROM 学生情况;
```

执行与结果验证如图7-9所示。

```
mysql> select * from 学生情况;
+----------+--------+------+------------+----------+
| 学号     | 姓名   | 性别 | 出生日期   | 所在分院 |
+----------+--------+------+------------+----------+
| 21080104 | 李一蒙 | 女   | 2003-04-04 | 信息     |
| 21080105 | 吉莉   | 女   | 2002-04-03 | 信息     |
| 21080106 | 刘丰   | NULL | NULL       | 信息     |
| 21080107 | 张统丰 | NULL | NULL       | 信息     |
| 21080109 | 李海娜 | 女   | 2002-09-08 | 信息     |
+----------+--------+------+------------+----------+
5 rows in set (0.00 sec)

mysql> delete from 学生情况;
Query OK, 5 rows affected (0.00 sec)

mysql> select * from 学生情况;
Empty set (0.00 sec)
```

图7-9 例7-8执行与结果验证

7.4 清空表中记录

通常当需要将表中全部记录删除时，不使用DELETE语句，而是使用清空表记录的语句TRUNCATE。

扫一扫

7-9 使用truncate删除表中全部记录

1. 基本语法格式

```
TRUNCATE [TABLE] 表名
```

例7-9 使用TRUNCATE语句在book数据库中将学生情况表中的全部记录删除。

```
truncate 学生情况;
```

执行与结果验证如图7-10所示。

```
mysql> select * from 学生情况;
+----------+--------+------+------------+----------+
| 学号     | 姓名   | 性别 | 出生日期   | 所在分院 |
+----------+--------+------+------------+----------+
| 21080107 | 张统丰 | NULL | NULL       | NULL     |
| 21080108 | 赵浩成 | 男   | NULL       | NULL     |
| 21080109 | 李海娜 | 女   | 2002-09-08 | 信息学院 |
+----------+--------+------+------------+----------+
3 rows in set (0.00 sec)

mysql> truncate 学生情况;
Query OK, 0 rows affected (0.02 sec)

mysql> select * from 学生情况;
Empty set (0.00 sec)
```

图7-10 例7-9执行与结果验证

习 题

一、理论提升

1. 清空表中全部数据的关键语句为（ ）。

A. INSERT　　B. TRUNCATE　　C. DELETE　　D. DROP

2. 添加数据的关键语句为（ ）。

A. INSERT　　B. UPDATE　　C. DELETE　　D. DROP

3. 修改数据的关键语句为（ ）。

A. INSERT　　B. UPDATE　　C. DELETE　　D. DROP

4. 删除数据的关键语句为（ ）。

A. INSERT　　B. UPDATE　　C. DELETE　　D. DROP

5. 数据操作语言包括（ ）三种基本操作（多选）。

A. 添加记录　　B. 修改记录

C. 删除记录　　D. 删除表

二、实践应用

1. 在 StuScore 数据库中完成以下操作：

（1）创建课程信息表，添加图 7-11 所示 4 条记录。

课程代码	课程名称	课程性质	课程类型	学分	总学时	修读学期	备注
A1010101	计算机基础	必修	理实一体课	5	96	1	(Null)
B2010101	职业指导与	选修	实践课程	1	24	1	(Null)
B1010101	入学教育	选修	理论课程	0.5	12	1	(Null)
A2010101	数据库技术	必修	理实一体课	5	96	1	(Null)

图 7-11　课程信息表中 4 条记录

（2）将“数据库技术”课程的修读学期更改为 2。

（3）删除课程代码为“B1010101”的课程信息。

（4）将课程信息表中记录全部清除。

2. 在 active 数据库中完成以下操作：

（1）运行 SQL 文件，还原 active 数据库中数据。

（2）将班级信息表中所属专业为“大数据技术”的专业统一修改为“大数据应用技术”。

（3）将学生入党积极分子信息表中职务字段为空值的字段值修改为“学生”。

答　案

1．B　2．A　3．B　4．C　5．ABC

关键语句

- INSERT：添加记录。
- UPDATE：修改记录。
- DELETE：删除记录。
- TRUNCATE：清空表中记录。

第8章 数据查询操作

【英语角】

[1] select　英 [sɪ'lekt]　美 [sɪ'lekt]

专业应用：查询。例如，“select * from 某表”为查询某表中全部记录。

vt. 选择；挑选；选拔；(在计算机屏幕上) 选定；(从菜单中) 选择，选取。

adj. 精选的；作为……精华的；优等的；有钱、有社会地位的人使用的。

[例句] Select ‘New Mail’ from the ‘Send’ menu.

从“发送”选单中选择“新邮件”。

[2] group　英 [gruːp]　美 [gruːp]

专业应用：分组。例如，“group by 字段名”为按字段名分组。

n. 组；群；批；类；簇；集团；(尤指流行音乐的) 演奏组，乐团，乐队。

v. (使) 成群，成组，聚集；将……分类；把……分组。

[例句] The two groups of children have quite different characteristics.

这两组儿童具有截然不同的特点。

[3] having　英 ['hævɪŋ]　美 ['hævɪŋ]

专业应用：显示出。例如，“having count(*)>10”为只显示记录数大于 10 的结果集。

v. 有；持有；占有；由……组成；显示出，带有（性质、特征)。

[4] limit　英 ['lɪmɪt]　美 ['lɪmɪt]

专业应用：限制。例如，“limit 0,5”为结果集显示 1~5 条记录。

n. 限度；限制；极限；限量；限额；(地区或地方的) 境界，界限，范围。

vt. 限制；限定；限量；减量。

[例句] I’ll go to$ 1 000 but that’s my limit.

8.1 单表查询

我们经常在网上各类数据库当中进行数据检索，归根结底都是用到了数据查询技术。查询是数据操作当中应用最广泛的操作之一。

8.1.1 查询语句基本语法格式

1. 基本语法格式

```
SELECT
```

```
{* | <字段列名>}
[
FROM <表 1>, <表 2>…
[WHERE <表达式>
[GROUP BY <group by definition>
[HAVING <expression> [{<operator> <expression>}…]]
[ORDER BY <order by definition>]
[LIMIT[<offset>,] <row count>]
]
```

2. 说明

(1) {*|<字段列名>}包含星号通配符的字段列表，表示所要查询字段的名称。

(2) <表 1>，<表 2>…，表 1 和表 2 表示查询数据的来源，可以是单个或多个。

(3) WHERE <表达式>是可选项，如果选择该项，将限定查询数据必须满足该查询条件。

(4) GROUP BY< 字段 >，该子句告诉 MySQL 如何显示查询出来的数据，并按照指定的字段分组。

(5) [ORDER BY< 字段 >]，该子句告诉 MySQL 按什么样的顺序显示查询出来的数据，可以进行的排序有升序（ASC）和降序（DESC），默认情况下是升序。

(6) [LIMIT[<offset>，]<row count>]，该子句告诉 MySQL 每次显示查询出来的数。

扫一扫

8-1 查询所有字段

8.1.2 查询表中全部记录

例8-1 在book数据库中，查询图书情况表中全部图书信息。

```
SELECT *
FROM 图书情况;
```

SELECT子句后面用*号，表示取出表中全部字段。

执行结果如图8-1所示。（为了方便观察、理解，以下章节均在可视化界面下截图）

信息 结果 1 剖析 状态

图书编号	图书名	第一作者	出版社	出版日期	类	定价	ISBN号	简介	状态
00000001	数据库ACCESS	李云龙	人民出版社	2017-01-01	T	50	12344433	是一本ESS	在库
00000002	经济史分析	赵小云	经济出版社	2017-09-09	F	89	23323232	一本介绍经	出库
00000003	音乐的力量	李建	人民出版社	2019-09-08	J	45	33333333	音乐使我们	出库
00000004	步步惊心	桐	人民出版社	2017-09-08	I	67	34547777	现代人回到	在库
00000005	数学的思考	李数	电子工业出	2018-09-09	O	56	56577453	数学的重要	在库
00000006	VB实用教程	丛书编委会	清华大学出	2021-01-01	T	30	56577453	(Null)	在库
00000007	VC实用教程	丛书编委会	清华大学出	2021-01-02	T	31	56577453	(Null)	在库
00000008	VF实用教程	丛书编委会	清华大学出	2021-01-03	T	32	56577453	(Null)	在库
00000009	MVC架构介绍	丛书编委会	清华大学出	2021-01-04	T	33	56577453	(Null)	在库
00000010	PB实用教程	丛书编委会	清华大学出	2021-01-05	T	34	56577453	(Null)	在库
00000011	Windows实用教程	丛书编委会	清华大学出	2021-01-06	T	35	56577453	(Null)	出库
00000012	Linux实用教程	丛书编委会	清华大学出	2021-01-07	T	36	56577453	(Null)	出库
00000013	计算机专业英语实用教程	丛书编委会	清华大学出	2021-01-08	T	37	56577453	(Null)	在库
00000014	3DMAX实用教程	丛书编委会	清华大学出	2021-01-09	T	38	56577453	(Null)	在库
00000015	MAYA实用教程	丛书编委会	清华大学出	2021-01-10	T	39	56577453	(Null)	在库
00000016	FLASH实用教程	丛书编委会	清华大学出	2021-01-11	T	40	56577453	(Null)	在库
00000017	PHOTOSHOP实用教程	丛书编委会	清华大学出	2021-01-12	T	41	56577453	(Null)	在库
00000018	办公应用软件	丛书编委会	清华大学出	2021-01-13	T	42	56577453	(Null)	在库
00000019	海底两万里	王承远	北京大学出	2020-09-06	H	20	56577453	(Null)	在库

图 8-1 例 8-1 执行与结果验证

8.1.3 查询表中部分字段

扫一扫

8-2 查询部分字段

例8-2 在book数据库中，查询图书情况表中所有图书的图书编号、图书名。

```
SELECT 图书编号,图书名
FROM 图书情况;
```

SELECT子句后面列出查询结果字段，并用逗号相隔，即表示取出表中对应字段。执行与结果验证如图8-2所示。

信息 结果 1 剖析 状态

图书编号	图书名称
00000001	数据库ACCESS
00000002	经济史分析
00000003	音乐的力量
00000004	步步惊心
00000005	数学的思考
00000006	VB实用教程
00000007	VC实用教程
00000008	VF实用教程
00000009	MVC架构介绍
00000010	PB实用教程
00000011	Windows实用教程
00000012	Linux实用教程
00000013	计算机专业英语实用教程
00000014	3DMAX实用教程
00000015	MAYA实用教程
00000016	FLASH实用教程
00000017	PHOTOSHOP实用教程
00000018	办公应用软件
00000019	海底两万里

图 8-2 例 8-2 执行与结果验证

8.1.4 查询结果字段重命名

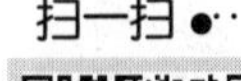

8-3 查询结果字段重命名

例8-3 在book数据库中，查询图书情况表中所有图书的图书编号、图书名，并将图书名字段重命名为图书名称。

```
SELECT 图书编号,图书名 图书名称
FROM 图书情况;
```

SELECT子句后面的查询结果字段，若字段名后加空格和新名称，则表示将该字段的查询结果显示为新名称。

执行与结果验证如图8-3所示。

信息 结果 1 剖析 状态

图书编号	图书名称
00000001	数据库ACCESS
00000002	经济史分析
00000003	音乐的力量
00000004	步步惊心
00000005	数学的思考
00000006	VB实用教程
00000007	VC实用教程
00000008	VF实用教程
00000009	MVC架构介绍
00000010	PB实用教程
00000011	Windows实用教程
00000012	Linux实用教程
00000013	计算机专业英语实用教程
00000014	3DMAX实用教程
00000015	MAYA实用教程
00000016	FLASH实用教程
00000017	PHOTOSHOP实用教程
00000018	办公应用软件
00000019	海底两万里

图 8-3　例 8-3 执行与结果验证

8.1.5　按条件查询记录

扫一扫

8–4　按条件查询

例8-4　在book数据库中，查询清华大学出版社出版的图书编号、图书名、出版社。

```
SELECT 图书编号,图书名,出版社
FROM 图书情况
WHERE 出版社='清华大学出版社';
```

WHERE子句后面加查询条件，可以检索符合条件的记录。

执行与结果验证如图8-4所示。

信息 结果 1 剖析 状态

图书编号	图书名	出版社
00000006	VB实用教程	清华大学出版社
00000007	VC实用教程	清华大学出版社
00000008	VF实用教程	清华大学出版社
00000009	MVC架构介绍	清华大学出版社
00000010	PB实用教程	清华大学出版社
00000011	Windows实用教程	清华大学出版社
00000012	Linux实用教程	清华大学出版社
00000013	计算机专业英语实用教程	清华大学出版社
00000014	3DMAX实用教程	清华大学出版社
00000015	MAYA实用教程	清华大学出版社
00000016	FLASH实用教程	清华大学出版社
00000017	PHOTOSHOP实用教程	清华大学出版社
00000018	办公应用软件	清华大学出版社
00000026	办公应用软件	清华大学出版社
00000027	办公应用软件	清华大学出版社
00000028	办公应用软件	清华大学出版社
00000032	FLASH实用教程	清华大学出版社

图 8-4　例 8-4 执行与结果验证

8.1.6 查询结果去重操作

扫一扫

8-5 查询结果去重

例8-5 在book数据库中，查询共有哪些出版社。

```
SELECT DISTINCT 出版社
FROM 图书情况;
```

SELECT子句后面加DISTINCT可以限定查询结果中去掉重复记录。

注意：重复记录是指查询结果集中每个字段都相同，才视为重复。

执行与结果验证如图8-5所示。

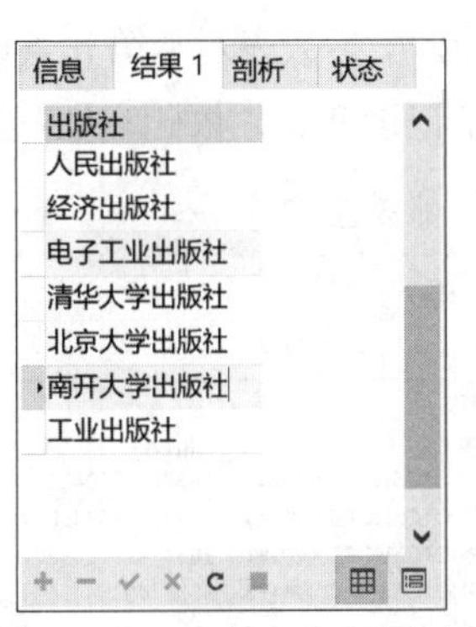

图 8-5 例 8-5 执行与结果验证

8.1.7 查询结果排序

扫一扫

8-6 查询结果排序

例8-6 在book数据库中，查询北京大学出版社图书的图书编号、图书名、ISBN号、定价，查询结果按定价降序排列。

```
SELECT DISTINCT 图书编号,图书名,ISBN号,定价
FROM 图书情况
WHERE 出版社='清华大学出版社'
ORDER BY 定价 DESC;
```

ORDER BY子句用于查询结果排序。DESC表示降序，ASC表表升序，默认为升序。可同时按多字段排序，中间可用逗号隔开。其结果先按第一个排序字段排序，再对结果集中第一字段相同的结果集按第二字段排序，依此类推。

执行与结果验证如图8-6所示。

信息　结果 1　剖析　状态

图书编号	图书名	ISBN号	定价
00000018	办公应用软件	5657745353426	42
00000026	办公应用软件	5657745353426	42
00000027	办公应用软件	5657745353427	42
00000028	办公应用软件	5657745353726	42
00000017	PHOTOSHOP实用教程	5657745353425	41
00000033	PHOTOSHOP实用教程1	5657745353432	41
00000035	PHOTOSHOP实用教程2	5657745353434	41

图 8-6 例 8-6 执行与结果验证

8.1.8 限制查询结果

扫一扫

8-7 查询结果LIMIT限定

例8-7 在book数据库中，查询清华大学出版社图书的图书名、图书号、ISBN号、定价，查询结果按定价降序排列，查询从第6条记录开始显示4条记录。

```
SELECT  图书编号,图书名,ISBN号,定价
FROM 图书情况
WHERE 出版社='清华大学出版社'
ORDER BY 定价 DESC
LIMIT 5,4;
```

LIMIT子句后面可加2个参数。第1个参数表示从第几条记录开始。当参数值为0表示从第1条记录开始，当参数值为2表示从第3条记录开始，依此类推；第2个参数表示取出的记录数。

注意： LIMIT 后的两个参数必须都是正整数。

执行与结果验证如图8-7所示。

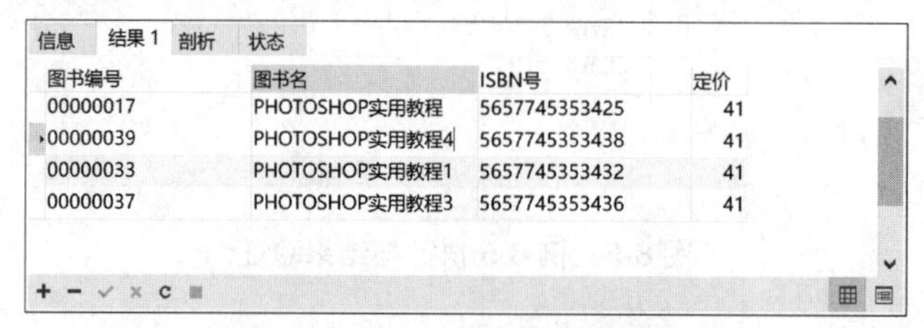

图书编号	图书名	ISBN号	定价
00000017	PHOTOSHOP实用教程	5657745353425	41
00000039	PHOTOSHOP实用教程4	5657745353438	41
00000033	PHOTOSHOP实用教程1	5657745353432	41
00000037	PHOTOSHOP实用教程3	5657745353436	41

图 8-7 例 8-7 执行与结果验证

8.2 运算符与条件表达式

查询语句中的查询条件设定是十分重要的，通过下面运算符与表达式的学习可以实现对数据更精准的查询。

8.2.1 比较运算符（见表 8-1）

表 8-1 比较运算符

运 算 符	作 用
=	等于
<=>	安全的等于
<> 或者 !=	不等于
<=	小于等于
>=	大于等于
>	大于
IS NULL 或者 IS NULL	判断一个值是否为空
IS NOT NULL	判断一个值是否不为空
BETWEEN AND	判断一个值是否落在两个值之间

例8-8 在book数据库中，查询定价大于等于30元的图书编号、图书名、定价，并按图书价格升序排序。

扫一扫

8-8 查询表达式中的逻辑运算符

```
SELECT  图书编号,图书名,定价
FROM 图书情况
WHERE 定价>=30
ORDER BY 定价;
```

WHERE子句中定价>=30即表示查询价格大于等于30的记录。

执行与结果验证如图8-8所示。

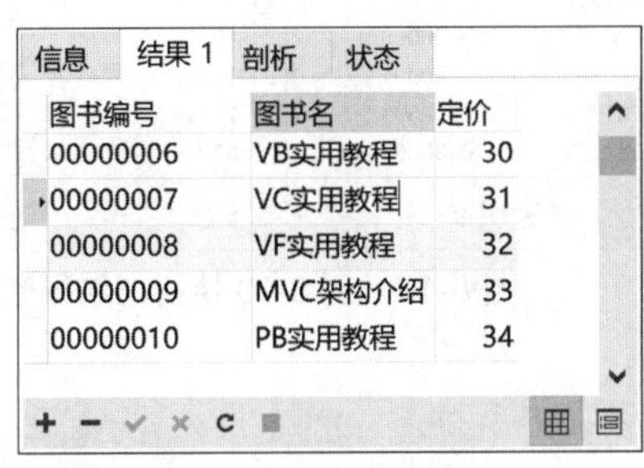

信息 结果 1 剖析 状态

图书编号	图书名	定价
00000006	VB实用教程	30
00000007	VC实用教程	31
00000008	VF实用教程	32
00000009	MVC架构介绍	33
00000010	PB实用教程	34

图 8-8 例 8-8 执行与结果验证

例8-9 在book数据库中，查询定价为20~30元（包含20元和30元）的图书编号、图书名、定价，并按图书价格升序排序。

扫一扫

8-9 查询表达式中BETWEEN AND的应用

```
SELECT  图书编号,图书名,定价
FROM 图书情况
WHERE 定价 BETWEEN 20 AND 30
ORDER BY 定价;
```

WHERE子句中定价 BETWEEN 20 AND 30即表示查询价格为20~30元的记录。

此代码也可以如下书写：

```
SELECT  图书编号,图书名,定价
FROM 图书情况
WHERE定价<=30 AND 定价>=20
ORDER BY 定价;
```

执行与结果验证如图8-9所示。

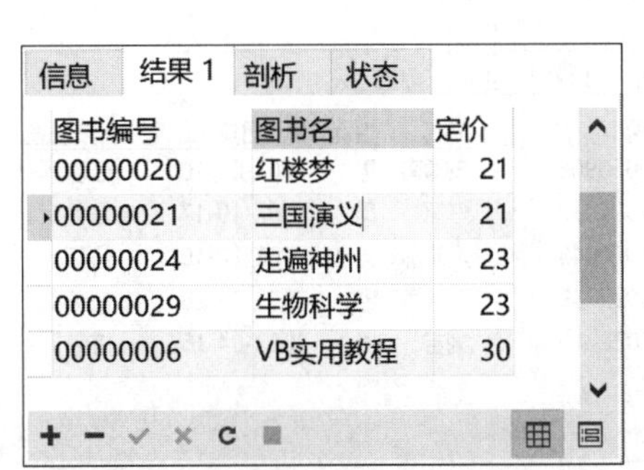

信息 结果 1 剖析 状态

图书编号	图书名	定价
00000020	红楼梦	21
00000021	三国演义	21
00000024	走遍神州	23
00000029	生物科学	23
00000006	VB实用教程	30

图 8-9 例 8-9 执行与结果验证

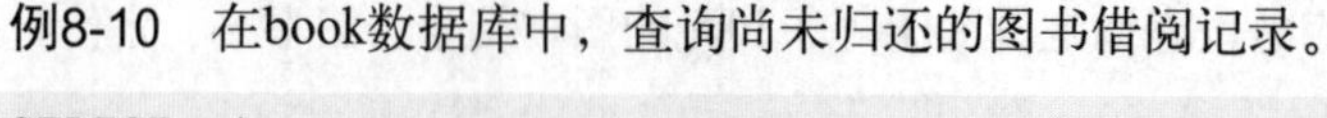

例8-10　在book数据库中，查询尚未归还的图书借阅记录。

8-10　查询表达式中IS NULL的应用

```
SELECT  *
FROM 借还记录
WHERE 归还日期 IS NULL;
```

WHERE 子句中归还日期 is null即查询归还日期是空值的记录，表示该书尚未归还。执行与结果验证如图8-10所示。

信息　结果 1　剖析　状态

学号	图书编号	借阅日期	归还日期	备注
19020337	00000002	2021-11-05	(Null)	(Null)
19020337	00000003	2021-10-01	(Null)	(Null)
20060906	00000011	2021-10-02	(Null)	(Null)
20061325	00000012	2021-11-05	(Null)	(Null)
21022322	00000035	2022-02-11	(Null)	(Null)

图 8-10　例 8-10 执行与结果验证

8.2.2　逻辑运算符（见表 8-2）

表 8-2　逻辑运算符

运算符号	作　用
NOT 或 !	逻辑非
AND	逻辑与
OR	逻辑或
XOR	逻辑异或

例8-11　在book数据库中，查询所在分院为信息的男学生的情况。

8-11　查询表达式中AND的应用

```
SELECT  *
FROM 学生情况
WHERE 所在分院='信息'  AND 性别='男';
```

WHERE 子句中所在分院='信息' OR 性别='男'，即查询所在分院为“信息”的“男”学生的信息。

执行与结果验证如图8-11所示。

信息　结果 1　剖析　状态

学号	姓名	性别	出生日期	所在分院
20060906	安海南	男	2001-09-10	信息
21021938	李冠	男	2002-10-17	信息
21022043	李晓彤	男	2002-12-10	信息
21022239	于海涛	男	2003-03-28	信息
21022316	刘吉	男	2003-04-15	信息

图 8-11　例 8-11 执行与结果验证

例8-12　在book数据库中，查询所在分院为商贸、信息的学生信息。

扫一扫

8-12　查询表达式中IN的应用

```
SELECT *
FROM 学生情况
WHERE 所在分院='信息' OR 所在分院='商贸';
```

WHERE 子句中所在分院='信息' OR 所在分院='商贸'，即查询所在分院为“信息”或“商贸”的学生信息。

此代码也可以书写如下：

```
SELECT *
FROM 学生情况
WHERE 所在分院IN('信息','商贸');
```

WHERE 子句中所在分院in('信息', '商贸')，即查询所在分院为“信息”或“商贸”的学生信息。

执行与结果验证如图8-12所示。

信息　结果 1　剖析　状态

学号	姓名	性别	出生日期	所在分院
19020839	李长然	女	2004-10-15	商贸
19060742	梁雪	男	2001-09-08	商贸
20031018	杜佶霖	女	2001-09-09	商贸
20060906	安海南	男	2001-09-10	信息
20060937	李晓佳	女	2002-01-02	信息

图 8-12　例 8-12 执行与结果验证

8.2.3　模糊查询

通常在查询过程中会用到模糊查询。即用户给出查询条件的一部分，也可以进行结果查询。WHERE 子句中使用LIKE 关键字主要用于搜索匹配字段中的指定内容。

1. 基本语法格式

```
[NOT] LIKE '字符串'
```

2. 说明

（1）NOT：可选参数，字段中的内容与指定的字符串不匹配时满足条件。

（2）字符串：指定用来匹配的字符串。“字符串”可以是一个很完整的字符串，也可以包含通配符。

（3）LIKE 关键字支持百分号“%”和下画线“_”通配符。通配符是一种特殊语句，主要用来模糊查询。当不知道真正字符或者不想输入完整名称时，可以使用通配符来代替一个或多个真正的字符。

扫一扫

8-13　查询表达式中LIKE的应用

例8-13　在book数据库中，查询图书名包含“PHOTOSHOP”字样的图书信息。

```
SELECT *
FROM 图书情况
```

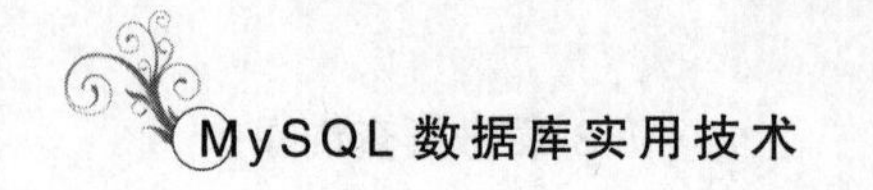


```
WHERE 图书名 LIKE'%PHOTOSHOP%';
```

WHERE 子句中图书名 LIKE '%PHOTOSHOP%'即查询图书名称中间包含PHOTOSHOP字样的图书。

执行与结果验证如图8-13所示。

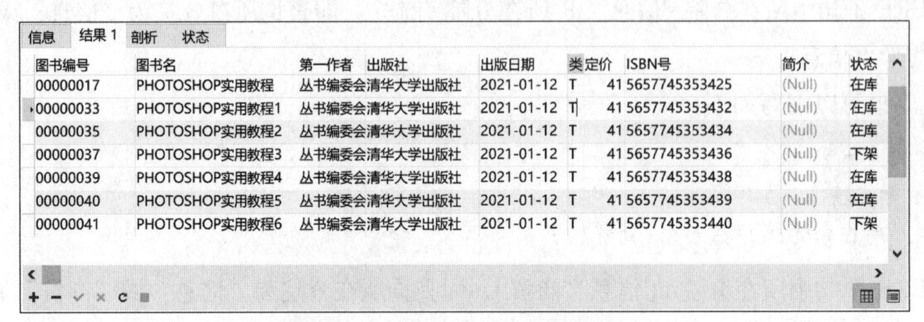

信息 结果 1 剖析 状态

图书编号	图书名	第一作者	出版社	出版日期	类	定价	ISBN号	简介	状态
00000017	PHOTOSHOP实用教程	丛书编委会	清华大学出版社	2021-01-12	T	41	5657745353425	(Null)	在库
00000033	PHOTOSHOP实用教程1	丛书编委会	清华大学出版社	2021-01-12	T	41	5657745353432	(Null)	在库
00000035	PHOTOSHOP实用教程2	丛书编委会	清华大学出版社	2021-01-12	T	41	5657745353434	(Null)	在库
00000037	PHOTOSHOP实用教程3	丛书编委会	清华大学出版社	2021-01-12	T	41	5657745353436	(Null)	下架
00000039	PHOTOSHOP实用教程4	丛书编委会	清华大学出版社	2021-01-12	T	41	5657745353438	(Null)	在库
00000040	PHOTOSHOP实用教程5	丛书编委会	清华大学出版社	2021-01-12	T	41	5657745353439	(Null)	在库
00000041	PHOTOSHOP实用教程6	丛书编委会	清华大学出版社	2021-01-12	T	41	5657745353440	(Null)	下架

图 8-13　例 8-13 执行与结果验证

8.3　常用系统函数

MySQL函数是MySQL数据库提供的内置函数。这些内置函数可以帮助用户更加方便地处理表中的数据。MySQL的内置函数可以对表中数据进行相应的处理，以便得到用户希望得到的数据。有了这些内置函数可以使MySQL数据库的功能更加强大。

8.3.1　数学函数（见表 8-3）

表 8-3　数学函数

函　数	说　明
ABS(X)	返回 X 的绝对值
FLOOR(X)	返回不大于 X 的最大整数
CEIL(X)、CEILING(X)	返回不小于 X 的最小整数
TRUNCATE(X,D)	返回数值 X 保留到小数点后 D 位的值，截断时不进行四舍五入
ROUND(X)	返回离 X 最近的整数，截断时要进行四舍五入
ROUND(X,D)	保留 X 小数点后 D 位的值，截断时要进行四舍五入
RAND()	返回 0~1 的随机数
SIGN(X)	返回 X 的符号 (负数，零或正) 对应 -1，0 或 1
PI()	返回圆周率的值。默认显示的小数位数是 7 位
POW(x,y)、POWER(x,y)	返回 x 的 y 次乘方的值
SQRT(x)	返回非负数的 x 的二次方根

续表

函　　数	说　　明
EXP(x)	返回 e 的 x 乘方后的值
MOD(N,M)	返回 N 除以 M 以后的余数
LOG(x)	返回 x 的自然对数，x 相对于基数 2 的对数
LOG10(x)	返回 x 的基数为 10 的对数
RADIANS(x)	返回 x 由角度转化为弧度的值
DEGREES(x)	返回 x 由弧度转化为角度的值
SIN(x)、ASIN(x)	前者返回 x 的正弦，其中 x 为给定的弧度值；后者返回 x 的反正弦值，x 为正弦
COS(x)、ACOS(x)	前者返回 x 的余弦，其中 x 为给定的弧度值；后者返回 x 的反余弦值，x 为余弦
TAN(x)、ATAN(x)	前者返回 x 的正切，其中 x 为给定的弧度值；后者返回 x 的反正切值，x 为正切
COT(x)	返回给定弧度值 x 的余切

8.3.2　字符串函数（见表 8-4）

表 8-4　字符串函数

函　　数	说　　明
CHAR_LENGTH(str)	计算字符串字符个数
LENGTH(str)	返回值为字符串 str 的长度，单位为字节
CONCAT(s1,s2，...)	返回连接参数产生的字符串，一个或多个待拼接的内容，任意一个为 NULL 则返回值为 NULL
CONCAT_WS(x,s1,s2,...)	返回多个字符串拼接之后的字符串，每个字符串之间有一个 x
INSERT(s1,x,len,s2)	返回字符串 s1，其子字符串起始于位置 x，被字符串 s2 取代 len 个字符
LOWER(str)、LCASE(str)	将 str 中的字母全部转换成小写
UPPER(str)、UCASE(str)	将字符串中的字母全部转换成大写
LEFT(s,n)、RIGHT(s,n)	前者返回字符串 s 从最左边开始的 n 个字符，后者返回字符串 s 从最右边开始的 n 个字符
LPAD(s1,len,s2)、RPAD(s1,len,s2)	前者返回 s1，其左边由字符串 s2 填补到 len 字符长度，假如 s1 的长度大于 len，则返回值被缩短至 len 字符；前者返回 s1，其右边由字符串 s2 填补到 len 字符长度，假如 s1 的长度大于 len，则返回值被缩短至 len 字符
LTRIM(s)、RTRIM(s)	前者返回字符串 s，其左边所有空格被删除；后者返回字符串 s，其右边所有空格被删除
TRIM(s)	返回字符串 s 删除了两边空格之后的字符串
TRIM(s1 FROM s)	删除字符串 s 两端所有子字符串 s1，未指定 s1 的情况下则默认删除空格
REPEAT(s,n)	返回一个由重复字符串 s 组成的字符串，字符串 s 的数目等于 n

续表

函　数	说　明
SPACE(n)	返回一个由 n 个空格组成的字符串
REPLACE(s,s1,s2)	返回一个字符串，用字符串 s2 代替字符串 s 中所有的字符串 s1
STRCMP(s1,s2)	若 s1 和 s2 中所有的字符串都相同，则返回 0；根据当前分类次序，第一个参数小于第二个则返回 -1，其他情况返回 1
SUBSTRING(s,n,len)、MID(s,n,len)	两个函数作用相同，从字符串 s 中返回一个从第 n 个字符开始、长度为 len 的字符串
LOCATE(str1,str)、POSITION(str1 IN str)、INSTR(str,str1)	三个函数作用相同，返回子字符串 str1 在字符串 str 中的开始位置（从第几个字符开始）
REVERSE(s)	将字符串 s 反转
ELT(N,str1,str2,str3,str4,...)	返回第 N 个字符串
FIELD(s,s1,s2,...)	返回第一个与字符串 s 匹配的字符串的位置
FIND_IN_SET(s1,s2)	返回在字符串 s2 中与 s1 匹配的字符串的位置
MAKE_SET(x,s1,s2,...)	按 x 的二进制数从 s1，s2...，sn 中选取字符串

扫一扫

8-14　字符串函数的应用

例8-14　在book数据库中，统计学生的学号、姓名、性别、班级编号（班级编号为学生学号的前6位）、班内序号（班内序号为学生学号后2位）。

```
SELECT  学号,姓名,性别,LEFT(学号,6) 班级编号,RIGHT(学号,2) 班内序号
FROM 学生情况;
```

执行与结果验证如图8-14所示。

信息　结果 1　剖析　状态

学号	姓名	性别	班级编号	班内序号
19020337	李春明	男	190203	37
19020839	李长然	女	190208	39
19060742	梁雪	男	190607	42
20031018	杜信霖	女	200310	18
20060906	安海南	男	200609	06
20060937	李晓佳	女	200609	37
20061318	宁红喜	女	200613	18
20061325	王博	男	200613	25
21020210	张博	男	210202	10

图 8-14　例 8-14 执行与结果验证

8.3.3　日期和时间函数

日期和时间函数是MySQL中最常用的函数之一，见表8-5。其主要用于对表中的日期和时间数据的处理。

表 8-5　日期和时间函数

函　　数	说　　明
CURDATE()、CURRENT_DATE()	返回当前日期，格式：yyyy-MM-dd
CURTIME()、CURRENT_TIME()	返回当前时间，格式：HH:mm:ss
NOW()、CURRENT_TIMESTAMP()、LOCALTIME()、SYSDATE()、LOCALTIMESTAMP()	返回当前日期和时间，格式：yyyy-MM-dd HH:mm:ss
UNIX_TIMESTAMP()	返回一个格林尼治标准时间 1970-01-01 00:00:00 到现在的秒数
UNIX_TIMESTAMP(date)	返回一个格林尼治标准时间 1970-01-01 00:00:00 到指定时间的秒数
FROM_UNIXTIME(date)	和 UNIX_TIMESTAMP 互为反函数，把 UNIX 时间戳转换为普通格式的时间
UTC_DATE()	返回当前 UTC（世界标准时间）日期值，格式：YYYY-MM-DD 或 YYYYMMDD
UTC_TIME()	返回当前 UTC 时间值，格式 YYYY-MM-DD 或 YYYYMMDD。具体使用哪种取决于函数是用在字符串还是数字语境中
MONTH(d)	返回日期 d 中的月份值，范围是 1~12
MONTHNAME(d)	返回日期 d 中的月份名称，如 January、February 等
DAYNAME(d)	返回日期 d 是星期几，如 Monday、Tuesday 等
DAYOFWEEK(d)	返回日期 d 是星期几，如 1 表示星期日，2 表示星期一等
WEEKDAY(d)	返回日期 d 是星期几，如：0 表示星期一，1 表示星期二等
WEEK(d)	计算日期 d 是本年的第几个星期，范围是 0~53
WEEKOFYEAR(d)	计算日期 d 是本年的第几个星期，范围是 1~53
DAYOFYEAR(d)	计算日期 d 是本年的第几天
DAYOFMONTH(d)	计算日期 d 是本月的第几天
YEAR(d)	返回日期 d 中的年份值
QUARTER(d)	返回日期 d 是第几季度，范围是 1~4
HOUR(t)	返回时间 t 中的小时值
MINUTE(t)	返回时间 t 中的分钟值
SECOND(t)	返回时间 t 中的秒钟值
EXTRACT(type FROM date)	从日期中提取一部分，type 可以是 YEAR、YEAR_MONTH、DAY_HOUR、DAY_MICROSECOND、DAY_MINUTE、DAY_SECOND
TIME_TO_SEC(t)	将时间 t 转换为秒
SEC_TO_TIME(s)	将以秒为单位的时间 s 转换为时分秒的格式

续表

函　数	说　明
TO_DAYS(d)	计算日期 d 至 0000 年 1 月 1 日的天数
FROM_DAYS(n)	计算从 0000 年 1 月 1 日开始 n 天后的日期
DATEDIFF(d1,d2)	计算日期 d1 与 d2 之间相隔的天数
ADDDATE(d,n)	计算起始日期 d 加上 n 天的日期
ADDDATE(d,INTERVAL expr type)	计算起始日期 d 加上一个时间段后的日期
DATE_ADD(d,INTERVAL expr type)	同 ADDDATE(d,INTERVAL expr type)
SUBDATE(d,n)	计算起始日期 d 减去 n 天的日期
SUBDATE(d,INTERVAL expr type)	计算起始日期 d 减去一个时间段后的日期
ADDTIME(t,n)	计算起始时间 t 加上 n 秒的时间
SUBTIME(t,n)	计算起始时间 t 减去 n 秒的时间
DATE_FORMAT(d,f)	按照表达式 f 的要求显示日期 d
TIME_FORMAT(t,f)	按照表达式 f 的要求显示时间 t
GET_FORMAT(type, s)	根据字符串 s 获取 type 类型数据的显示格式

扫一扫

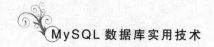

8-15　日期时间函数的应用

例8-15　在book数据库中，统计学生的学号、姓名、性别、出生日期、出生年份、年龄。

```
SELECT 学号,姓名,性别,出生日期,YEAR(出生日期) 出生年份,YEAR(NOW())-
YEAR(出生日期) 年龄
FROM 学生情况;
```

SELECT子句中YEAR(出生日期)表达式用于运算出生日期的年份；YEAR(NOW())用于运算系统当年日期的年份；YEAR(NOW())-YEAR(出生日期)用于计算系统当前年份与出生日期年份之间的差。

执行与结果验证如图8-15所示。

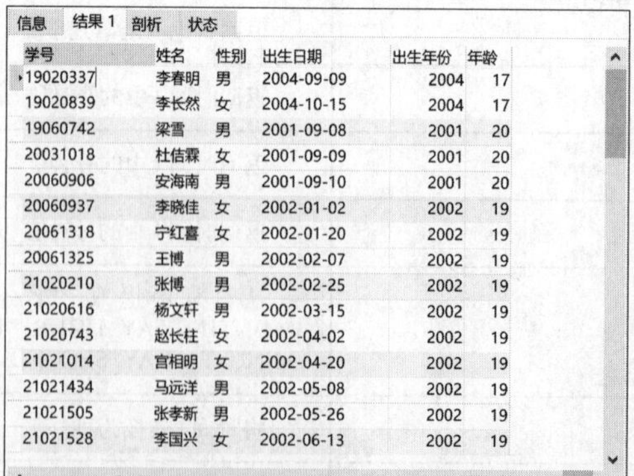

信息　结果 1　剖析　状态

学号	姓名	性别	出生日期	出生年份	年龄
19020337	李春明	男	2004-09-09	2004	17
19020839	李长然	女	2004-10-15	2004	17
19060742	梁雪	男	2001-09-08	2001	20
20031018	杜信霖	女	2001-09-09	2001	20
20060906	安海南	男	2001-09-10	2001	20
20060937	李晓佳	女	2002-01-02	2002	19
20061318	宁红喜	女	2002-01-20	2002	19
20061325	王博	男	2002-02-07	2002	19
21020210	张博	男	2002-02-25	2002	19
21020616	杨文轩	男	2002-03-15	2002	19
21020743	赵长柱	女	2002-04-02	2002	19
21021014	宫相明	女	2002-04-20	2002	19
21021434	马远洋	男	2002-05-08	2002	19
21021505	张孝新	男	2002-05-26	2002	19
21021528	李国兴	女	2002-06-13	2002	19

图 8-15　例 8-15 执行与结果验证

8.4 分组查询

在查询当中经常需要进行分组统计操作，这一类操作被称为分组查询，可以通过聚合函数来实现。

8.4.1 常用聚合函数

聚合函数也就是组函数。在一个行的集合（一组行）上进行操作，对每个组给一个结果。常用聚合函数见表8-6。

表 8-6 聚合函数

函数	说明
MAX(column)	返回某列的最高值（有则不会返回 NULL，没有则返回 NULL）
MIN(column)	返回某列的最低值（没有则返回 NULL）
COUNT(column)	返回某列的行数（不包括 NULL 值）
COUNT(*)	返回被选列的行数（包括 NULL）
SUM(column)	求和
AVG(column)	求平均值

8.4.2 分组统计

例8-16 在book数据库中，统计各分院学生人数。

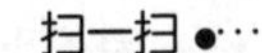

8-16 查询语句中的分组

```
SELECT  所在分院,COUNT(*) 人数
FROM 学生情况
GROUP BY 所在分院;
```

统计各分院学生人数需要以所在分院进行分组，分组后统计记录个数。COUNT(*)的功能即为统计记录个数。

执行与结果验证如图8-16所示。

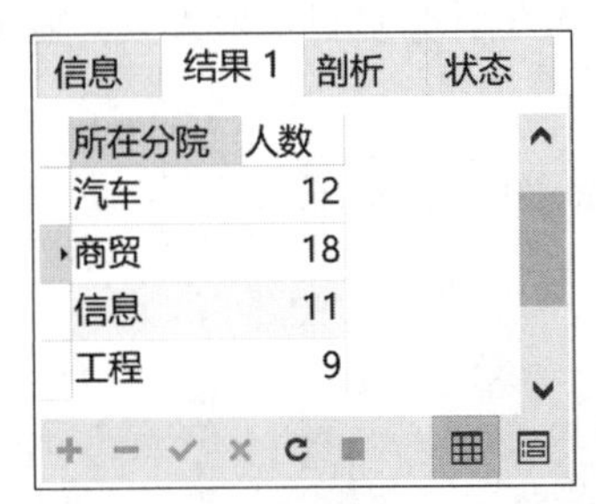

图 8-16 例 8-16 执行与结果验证

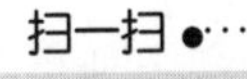

8-17 查询语句中的统计

例8-17 在book数据库中，统计各出版社图书数量、最高定价、最低定价、平均定价、总定价。其中平均定价保留小数点后2位数。

```
SELECT  出版社,COUNT(*) 图书数量,MAX(定价) 最高价格,MIN(定价) 最低定
价,ROUND(AVG(定价),2) 平均定价,SUM(定价) 总定价
```

```
FROM 图书情况
GROUP BY 出版社;
```

统计各出版社信息需要按出版社分组，MAX(定价)是求最高价格；MIN(定价)是求最低定价；AVG(定价)是求平均定价；ROUND(AVG(定价),2)是对平均定价的结果值取小数点后2位；SUM(定价)是求总定价。

执行与结果验证如图8-17所示。

出版社	图书数量	最高价格	最低定价	平均定价	总定价
人民出版社	3	67	45	54.00	162
经济出版社	1	89	89	89.00	89
电子工业出版社	1	56	56	56.00	56
清华大学出版社	26	42	30	38.46	1000
北京大学出版社	7	65	20	35.71	250
南开大学出版社	3	89	23	59.00	177

图 8-17　例 8-17 执行与结果验证

注意：

（1）当使用组函数的SELECT语句中没有GROUP BY子句时，中间结果集中的所有行自动形成一组，然后计算组函数。

（2）组函数不允许嵌套，例如：COUNT(MAX(…))。

（3）组函数的参数可以是列或是函数表达式。

（4）一个SELECT子句中可出现多个聚集函数。

（5）当有GROUP BY子句时，SELECT后面仅可以使用分组字段，聚合函数。

8.4.3　统计筛选

扫一扫

8-18　查询语句中的HAVING子句

例8-18　在book数据库中，统计分院男女生人数。显示所在分院、性别、人数，人数低于5人的不列出。

```
SELECT  所在分院,性别,COUNT(*) 人数
FROM 学生情况
GROUP BY 所在分院,性别
HAVING 人数>=5
ORDER BY 人数 DESC;
```

此题按分院统计男女生人数，分组字段包括：所在分院与性别。查询结果集要求人数低于5人的不列出。这是一个针对于结果集的条件筛选，即针对统计结果的筛选，用HAVING子句列出条件。

执行与结果验证如图8-18所示。

所在分院	性别	人数
商贸	男	12
汽车	男	10
商贸	女	6
信息	女	6
信息	男	5
工程	女	5

图 8-18　例 8-18 执行与结果验证

8.5　多表查询

MySQL数据库是开发中最常用的数据库之一，MySQL多表查询是开发人员必备的技能。连接查询就是将多个表联合起来查询，连接查询方式有多种。连接查询可以同时查看多张表中的数据。

8.5.1　联合查询

联合查询：即将多个查询结果集连接在一起。

例8-19　在book数据库中，使用联合查询将清华大学出版社与南京大学出版社的图书信息作为结果集输出。

扫一扫

8-19　联合查询

```
SELECT * FROM 图书情况
WHERE 出版社='清华大学出版社'
UNION
SELECT * FROM 图书情况
WHERE 出版社='南开大学出版社';
```

此题UNION前面的内容是实现查询清华大学出版社图书信息的功能；UNION后面的内容是实现查询南开大学出版社图书信息的功能；UNION则起到将两个结果集联合起来的功能。

执行与结果验证如图8-19所示。

图书编号	图书名	第一作者	出版社	出版日期	类	定价	ISBN号	简介	状态
00000006	VB实用教程	丛书编委会	清华大学出版社	2021-01-01	T	30	5657745353423	(Null)	在库
00000007	VC实用教程	丛书编委会	清华大学出版社	2021-01-02	T	31	5657745353424	(Null)	在库
00000008	VF实用教程	丛书编委会	清华大学出版社	2021-01-03	T	32	5657745353425	(Null)	在库
00000009	MVC架构介绍	丛书编委会	清华大学出版社	2021-01-04	T	33	5657745353426	(Null)	在库
00000010	PB实用教程	丛书编委会	清华大学出版社	2021-01-05	T	34	5657745353427	(Null)	在库
00000011	Windows实用	丛书编委会	清华大学出版社	2021-01-06	T	35	5657745353428	(Null)	出库
00000012	Linux实用教程	丛书编委会	清华大学出版社	2021-01-07	T	36	5657745353429	(Null)	出库
00000013	计算机专业英	丛书编委会	清华大学出版社	2021-01-08	T	37	5657745353441	(Null)	在库
00000014	3DMAX实用	丛书编委会	清华大学出版社	2021-01-09	T	38	5657745353422	(Null)	在库
00000015	MAYA实用教	丛书编委会	清华大学出版社	2021-01-10	T	39	5657745353423	(Null)	在库
00000016	FLASH实用教	丛书编委会	清华大学出版社	2021-01-11	T	40	5657745353424	(Null)	在库

图 8-19　例 8-19 执行与结果验证

8.5.2 交叉连接查询

交叉连接（cross join）是无条件连接，将每一条记录与另外一个表的每一条记录连接（笛卡尔积），结果是字段数等于原来字段数之和，记录数等于之前各个表记录数之乘积。交叉连接的运算结果产生的数据无实际意义，因此在现实中应尽量避免进行交叉连接运算。

8.5.3 内连接查询

内连接是有条件连接，多个表之间依据指定条件连接，匹配结果是保留符合匹配结果的记录。

扫一扫

8-20 内连接查询1

例8-20 在book数据库中，查询航天类图书信息。

```
SELECT *
FROM 图书分类,图书情况
WHERE 图书情况.类别编码=图书分类.类别编码 AND 类别名 LIKE'%航天%';
```

此题使用了内连接查询。FROM子句后列出了查询所涉及的表名；WHERE子句后给出了表之间的连接条件与查询条件，连接条件与查询条件之间用AND相连接。内连接也可以在多表之间进行连接。

执行与结果验证如图8-20所示。

类别编码	类别名	图书编号	图书名	第一作者	出版社	出版日期	类别编码(1	定价	ISBN号	简介	状态
V	航空、航天	00000031	航天器研究	张洋洋	南开大学出版社	2019-01-04	V	89	5657745353430	(Null)	在库

图 8-20 例 8-20 执行与结果验证

扫一扫

8-21 内连接查询2

例8-21 在book数据库中，查询航天类图书的借阅信息，包括图书分类信息。

```
SELECT  图书分类.类别编码,类别名,图书情况.图书编号,图书名,借阅日期,归还日期
FROM 图书分类,图书情况,借还记录
WHERE 图书情况.类别编码=图书分类.类别编码 AND 借还记录.图书编号=图书情况.图书编号AND 类别名 LIKE'%航天%';
```

此题3个表的内连接查询中，FROM子句后列出了查询所涉及到的3个表名；WHERE子句后给出了表之间的两个连接条件与查询条件，多个连接条件之间用AND相连接。

执行与结果验证如图8-21所示。

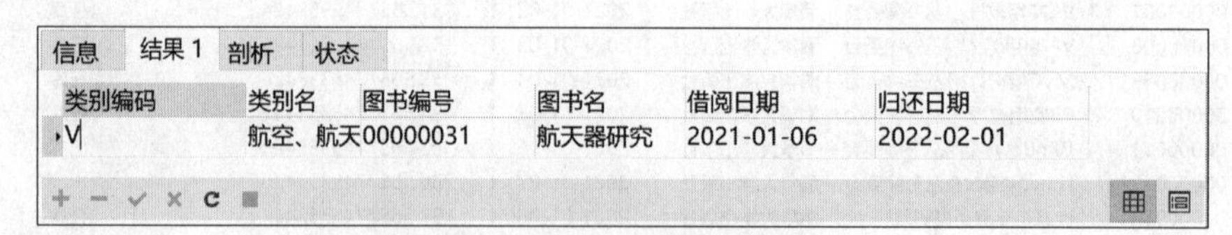

类别编码	类别名	图书编号	图书名	借阅日期	归还日期
V	航空、航天	00000031	航天器研究	2021-01-06	2022-02-01

图 8-21 例 8-21 执行与结果验证

8.5.4 外连接查询

外连接与内连接不同的是不管匹配符不符合都保留，根据外连接连接方式来决定保留哪

张表，如保留左表的话，那么左表无法匹配右表时，保留左表数据，然后置右表字段数据为NULL。外连接又分为左外连接查询与右外连接查询。

1. 左外连接

左外连接又称为左连接，使用 LEFT OUTER JOIN 关键字连接两个表，并使用 ON 子句来设置连接条件。

（1）基本语法格式：

```
SELECT <字段名> FROM <表1> LEFT OUTER JOIN <表2> <ON子句>
```

（2）说明：

① 字段名：需要查询的字段名称。

② <表1><表2>：需要左连接的表名。

③ LEFT OUTER JOIN：左连接中可以省略 OUTER 关键字，只使用关键字 LEFT JOIN。

④ ON 子句：用来设置左连接的连接条件，不能省略。

注意：

● 上述语法中，“表1”为基表，“表2”为参考表。左连接查询时，可以查询出“表1”中的所有记录和“表2”中匹配连接条件的记录。

● 如果“表1”的某行在“表2”中没有匹配行，那么在返回结果中，“表2”的字段值均为空值（NULL）。

例8-22 在book数据库中，查询所有图书的借阅信息，没有借阅记录的图书也显示。

```
SELECT  图书分类.类别编码,类别名,图书情况.图书编号,图书名,借阅日期,归还日期
SELECT *
FROM 图书情况 LEFT OUTER  JOIN 借还记录 ON 借还记录.图书编号=图书情况.图书编号;
```

此题以图书情况表作为基本，左外连接参考表借还记录。这样基本表中没有与参考表连接的记录，也将显示为结果集，参考表中没有匹配行，则对应字段全部显示为NULL。

执行与结果验证如图8-22所示。

信息 结果1 剖析 状态

图书编号	图书名	第一作者	出版社	出版日期	类别	定价	ISBN号	简介	状态	学号	图书编号(1	借阅日期	归还日期
00000011	Windows实用	丛书编委会	清华大学出版社	2021-01-06	T	35	5657745353428	(Nul	出库	21021909	00000011	2021-12-02	2021-12-20
00000012	Linux实用教程	丛书编委会	清华大学出版社	2021-01-07	T	36	5657745353429	(Nul	出库	21021938	00000012	2021-12-02	2021-12-20
00000013	计算机专业英	丛书编委会	清华大学出版社	2021-01-08	T	37	5657745353441	(Nul	在库	21021943	00000013	2021-12-02	2021-12-20
00000014	3DMAX实用教	丛书编委会	清华大学出版社	2021-01-09	T	38	5657745353422	(Nul	在库	21022040	00000014	2021-11-03	2021-11-29
00000015	MAYA实用教	丛书编委会	清华大学出版社	2021-01-10	T	39	5657745353423	(Nul	在库	21022043	00000015	2021-11-03	2021-12-02
00000006	VB实用教程	丛书编委会	清华大学出版社	2021-01-01	T	30	5657745353423	(Nul	在库	21022044	00000006	2021-11-03	2021-11-08
00000007	VC实用教程	丛书编委会	清华大学出版社	2021-01-02	T	31	5657745353424	(Nul	在库	21022108	00000007	2021-11-03	2021-11-11
00000008	VF实用教程	丛书编委会	清华大学出版社	2021-01-03	T	32	5657745353425	(Nul	在库	21022113	00000008	2021-11-03	2021-11-14
00000009	MVC架构介绍	丛书编委会	清华大学出版社	2021-01-04	T	33	5657745353426	(Nul	在库	21022115	00000009	2021-11-03	2021-11-17
00000010	PB实用教程	丛书编委会	清华大学出版社	2021-01-05	T	34	5657745353427	(Nul	在库	21022237	00000010	2021-11-01	2021-11-02
00000010	PB实用教程	丛书编委会	清华大学出版社	2021-01-05	T	34	5657745353427	(Nul	在库	21022239	00000010	2021-11-03	2021-11-05
00000011	Windows实用	丛书编委会	清华大学出版社	2021-01-06	T	35	5657745353428	(Nul	出库	21022316	00000011	2021-11-03	2021-11-20
00000012	Linux实用教程	丛书编委会	清华大学出版社	2021-01-07	T	36	5657745353429	(Nul	出库	21022317	00000012	2021-11-03	2021-11-23
00000013	计算机专业英	丛书编委会	清华大学出版社	2021-01-08	T	37	5657745353441	(Nul	在库	21022318	00000013	2021-11-03	2021-11-26
00000040	PHOTOSHOP	丛书编委会	清华大学出版社	2021-01-12	T	41	5657745353439	(Nul	在库	(Null)	(Null)	(Null)	(Null)
00000041	PHOTOSHOP	丛书编委会	清华大学出版社	2021-01-12	T	41	5657745353440	(Nul	下架	(Null)	(Null)	(Null)	(Null)
99999	电子商务技术	(Null)	工业出版社	(Null)	(N	100	(Null)	(Nul	在库	(Null)	(Null)	(Null)	(Null)

图 8-22 例 8-22 执行与结果验证

2. 右外连接

右外连接又称右连接，右连接是左连接的反向连接。使用 RIGHT OUTER JOIN 关键字连接两个表，并使用 ON 子句来设置连接条件。

（1）基本语法格式：

```
SELECT <字段名> FROM <表1> RIGHT OUTER JOIN <表2> <ON子句>
```

（2）说明：

- 字段名：需要查询的字段名称。
- <表1><表2>：需要右连接的表名。
- RIGHT OUTER JOIN：右连接中可以省略 OUTER 关键字，只使用关键字 RIGHT JOIN。
- ON 子句：用来设置右连接的连接条件，不能省略。

扫一扫

8-23　右外连接查询

例8-23　在book数据库中，查询所有学生的借阅信息，没有借阅记录的学生也显示。

```
SELECT *
FROM  借还记录  RIGHT OUTER JOIN 学生情况  ON 借还记录.学号=学生情况.学号;
```

此题与前面左外连接相反，以学生情况表为基本表，当无记录相连接时，则对应字段全部显示为NULL。

执行与结果验证如图8-23所示。

信息　结果 1　剖析　状态

学号	图书编号	借阅日期	归还日期	备注	学号(1)	姓名	性别	出生日期	所在分院
21022115	00000009	2021-11-03	2021-11-17	(Null)	21022115	刘洋	男	2003-02-20	商贸
21022237	00000010	2021-11-01	2021-11-02	(Null)	21022237	耿麒程	男	2003-03-10	商贸
21022239	00000010	2021-11-03	2021-11-05	(Null)	21022239	于海涛	男	2003-03-28	信息
21022316	00000011	2021-11-03	2021-11-20	(Null)	21022316	刘吉	男	2003-04-15	信息
21022317	00000012	2021-11-03	2021-11-23	(Null)	21022317	张震	男	2003-05-03	汽车
21022318	00000013	2021-11-03	2021-11-26	(Null)	21022318	王帅	男	2003-05-21	汽车
(Null)	(Null)	(Null)	(Null)	(Null)	19060742	梁雪	男	2001-09-08	商贸
(Null)	(Null)	(Null)	(Null)	(Null)	20031018	杜信霖	女	2001-09-09	商贸
(Null)	(Null)	(Null)	(Null)	(Null)	20061318	宁红喜	女	2002-01-20	汽车
(Null)	(Null)	(Null)	(Null)	(Null)	21020616	杨文轩	男	2002-03-15	工程
(Null)	(Null)	(Null)	(Null)	(Null)	21021014	宫相明	女	2002-04-20	工程
(Null)	(Null)	(Null)	(Null)	(Null)	21021434	马远洋	男	2002-05-08	工程
(Null)	(Null)	(Null)	(Null)	(Null)	21021505	张孝新	男	2002-05-26	工程
(Null)	(Null)	(Null)	(Null)	(Null)	21021528	李国兴	女	2002-06-13	工程
(Null)	(Null)	(Null)	(Null)	(Null)	21021613	肖彬彬	女	2002-07-01	工程
(Null)	(Null)	(Null)	(Null)	(Null)	21021804	赵爽	女	2002-07-19	工程
(Null)	(Null)	(Null)	(Null)	(Null)	21021813	侯欣晨	男	2002-08-06	汽车

图 8-23　例 8-23 执行与结果验证

8.6　子　查　询

8.6.1　子查询基本语法格式

子查询是 MySQL 中比较常用的查询方法，通过子查询可以实现多表查询。子查询指将一个查询语句嵌套在另一个查询语句中。子查询可以在 SELECT、UPDATE 和 DELETE 语句中使用，而且可以进行多层嵌套。在实际开发时，子查询经常出现在 WHERE 子句中。

1. 子查询在 SELECT 语句 WHERE 子句中的语法格式

```
WHERE <表达式> <操作符> (子查询)
```

2. 说明

操作符可以是比较运算符和 IN、NOT IN、EXISTS、NOT EXISTS 等关键字。

1）IN / NOT IN

当表达式与子查询返回的结果集中的某个值相等时，返回 TRUE，否则返回 FALSE；若使用关键字 NOT，则返回值正好相反。

2）EXISTS / NOT EXISTS

用于判断子查询的结果集是否为空，若子查询的结果集不为空，返回 TRUE，否则返回 FALSE；若使用关键字 NOT，则返回的值正好相反。

8.6.2 子查询应用

例8-24 在book数据库中，查询汽车分院李春明同学的借阅记录。

```
SELECT 借还记录.*
FROM  借还记录
WHERE 借还记录.学号=
        (SELECT 学号
        FROM 学生情况
        WHERE 姓名='李春明' AND 所在分院='汽车');
```

扫一扫

8–24 子查询

此题括号内为子查询，用于查询汽车分院李春明同学的学号；外查询用于查询该学号对应的借阅记录。

执行与结果验证如图8-24所示。

信息 结果 1 剖析 状态

学号	图书编号	借阅日期	归还日期	备注
19020337	00000001	2021-10-01	2021-10-02	有损坏,罚款
19020337	00000001	2021-12-21	2022-01-02	(Null)
19020337	00000002	2021-10-01	2021-10-02	(Null)
19020337	00000002	2021-11-05	(Null)	(Null)
19020337	00000003	2021-10-01	(Null)	(Null)
19020337	00000004	2021-10-03	2021-10-03	(Null)

图 8-24 例 8-24 执行与结果验证

例8-25 在book数据库中，查询汽车分院学生的借阅记录。

```
SELECT 借还记录.*
FROM  借还记录
WHERE 借还记录.学号 IN
        (SELECT 学号
        FROM 学生情况
        WHERE 所在分院='汽车');
```

扫一扫

8–25 运用IN实现子查询

此题括号内为子查询，用于查询汽车分院学生的学号，但该查询结果不是单一值，而是一组结果集。因此操作符不能用等号，而需要用IN。

执行与结果验证如图8-25所示。

学号	图书编号	借阅日期	归还日期	备注
19020337	00000001	2021-10-01	2021-10-02	有损坏,罚款
19020337	00000001	2021-12-21	2022-01-02	(Null)
19020337	00000002	2021-10-01	2021-10-02	(Null)
19020337	00000002	2021-11-05	(Null)	(Null)
19020337	00000003	2021-10-01	(Null)	(Null)
19020337	00000004	2021-10-03	2021-10-03	(Null)
20061325	00000012	2021-11-05	(Null)	(Null)
21022040	00000031	2021-01-06	2022-02-01	(Null)
21022044	00000032	2021-01-06	2022-02-02	(Null)
21022108	00000022	2021-12-21	2022-01-23	(Null)
21022317	00000035	2021-01-06	2022-02-05	(Null)
21022318	00000025	2021-12-21	2022-01-26	(Null)
21022333	00000027	2021-12-21	2022-01-28	(Null)

图 8-25　例 8-25 执行与结果验证

8.7　查询的综合应用

例8-26　在book数据库中，查询各学院学生借阅图书次数，次数小于2的不显示，查询结果按借阅次数升序排列。

扫一扫

8-26　查询综合应用1

```
SELECT 所在分院,COUNT(*) 借阅次数
FROM  借还记录,学生情况
WHERE 借还记录.学号=学生情况.学号
GROUP BY 所在分院
HAVING COUNT(*) >=2;
ORDER BY 借阅次数;
```

执行与结果验证如图8-26所示。

例8-27　在book数据库中，查询各学院男女生学生借阅图书次数，次数小于2的不显示，查询结果按借阅次数升序排列。

扫一扫

8-27　查询综合应用2

```
SELECT 所在分院,性别,COUNT(*) 借阅次数
FROM  借还记录,学生情况
WHERE 借还记录.学号=学生情况.学号 AND 性别 IS NOT NULL
GROUP BY 所在分院,性别
HAVING COUNT(*) >=2
ORDER BY 借阅次数;
```

性别 IS NOT NULL用于限定性别字段值不能为空，避免出现空值组。

执行与结果验证如图8-27所示。

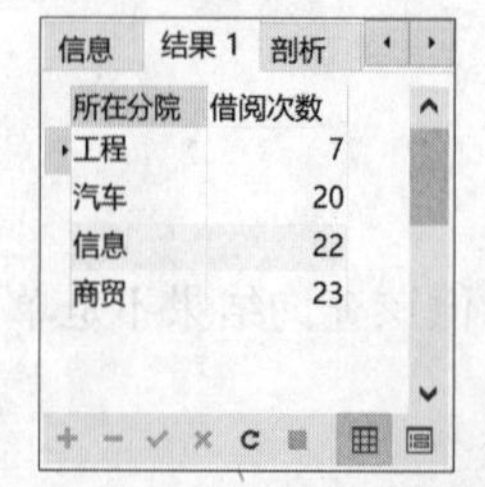

所在分院	借阅次数
工程	7
汽车	20
信息	22
商贸	23

图 8-26　例 8-26 执行与结果验证

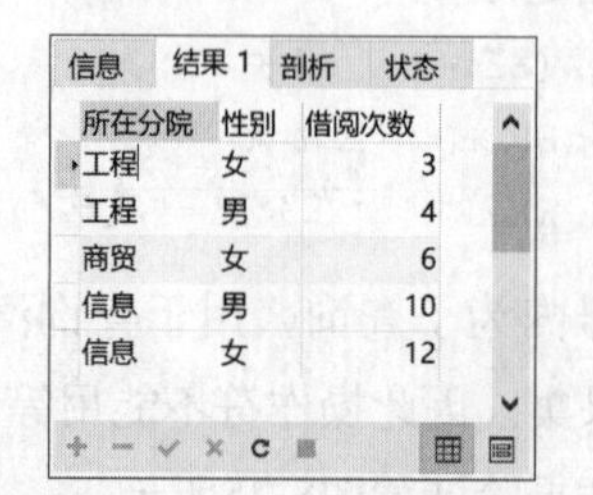

所在分院	性别	借阅次数
工程	女	3
工程	男	4
商贸	女	6
信息	男	10
信息	女	12

图 8-27　例 8-27 执行与结果验证

习　题

一、理论提升

1. 查询的关键语句是（　　）。

A. INSERT　　B. SELECT　　C. DELETE　　D. DROP

2. SELECT 语句中查询结果集在（　　）子句中列出。

A. SELECT　　B. FROM　　C. WHERE　　D. GROUPBY

3. SELECT 语句中查询条件在（　　）子句中列出。

A. SELECT　　B. FROM　　C. WHERE　　D. GROUPBY

4. SELECT 语句中查询所涉及的表在（　　）子句中列出。

A. SELECT　　B. FROM　　C. WHERE　　D. GROUPBY

5. SELECT 语句中分组字段在（　　）子句中列出。

A. SELECT　　B. FROM　　C. WHERE　　D. GROUPBY

6. SELECT 语句中分组后的条件筛选在（　　）子句中列出。

A. HAVING　　B. FROM　　C. WHERE　　D. GROUPBY

7. SELECT SUBSTRING('数据库技术',2,3); 语句的执行结果是（　　）。

A. 据库技　　B. 库技　　C. 数据　　D. 数据库

8. SELECT LEFT('数据库技术',2); 语句的执行结果是（　　）。

A. 据库技　　B. 库技　　C. 数据　　D. 数据库

9. SELECT RIGHT('数据库技术',2); 语句的执行结果是（　　）。

A. 据库技　　B. 库技　　C. 数据　　D. 技术

10. SELECT YEAR('2022-10-10'); 语句的执行结果是（　　）。

A. 2022-10-10　　B. 10　　C. 2022　　D. 20

二、实践应用

1. 在 stuscore 数据库中完成以下操作：

（1）查询学生信息表中全部记录。

（2）查询学生信息表中所有应届学生信息。

（3）查询学生信息表中所有应届并且现就读于软件技术专业的学生信息。

（4）查询各专业有多少学生。

（5）统计各专业学生入学平均成绩。

（6）统计各专业学生人数、平均入学成绩（保留 2 位小数），并按由多到少排序，少于 3 人的不显示。

2. 在 active 数据库中完成以下操作：

（1）查询学生入党积极分子信息表中的全部记录。

（2）查询学生入党积极分子中积极分子的学号、姓名、性别。

（3）查询所有“汉族”入党积极分子的全部信息。

（4）查询所有“汉族”入党积极分子的学号、姓名、性别。

（5）查询所有“汉族”入党积极分子的学号、姓名、性别，并重命名为：sno、name、sex。

（6）查询党员信息表中的所有民族。

（7）查询学生入党积极分子表中预备党员时间为空值的记录。

（8）查询出生日期在 2001-1-1 以后的学生。

（9）查询出生日期在 2001-1-1 至 2001-12-31 日期间的学生。

（10）查询出生日期不在 2001-1-1 至 2001-12-31 日期间的学生。

（11）查询姓张的所有积极分子的学生信息。

（12）查询名为李某某的所有积极分子的学生信息。

（13）在学生入党积极分子表中查询名为李某某的男同学。

（14）在学生入党积极分子表中查询名为李某某女同学或者是男同学。

（15）查询与“张冰”同民族的学生信息。

（16）查询比“张冰”年纪大的学生信息。

（17）查询与“张冰”同一个籍贯的学生。

（18）查询每个班级的每一位入党积极分子信息，没有积极分子信息的班级也显示。列出班级编号、学号、姓名、性别、所属学院、所属专业、所属支部编号。

（19）查询每位学生所属分院与专业，列出学号、姓名、性别、所属学院、所属专业、所属支部编号。

答　案

1. B　2. A　3. C　4. B　5. D　6. A　7. A　8. C　9. D　10. C

关键语句

● SELECT：数据查询。

● FROM：后接表来源。

● WHERE：后接查询条件。

● GROUP BY：后接分组条件。

● HAVING：后接分组后条件筛选。

● LIMIT：后接查询结果集限定。

第9章 视图的操作

【英语角】

[1] view 英 [vjuː] 美 [vjuː]

专业应用：视图。例如，“create view”为创建视图。

n. 看法；看；视野；(个人的)意见；见解；态度；(理解或思维的)方法；方式；视域；视线。

vt. 看；把……视为；以……看待；(尤指)仔细察看；查看(房子等，以便购买或租用)。

[例句] His views on the subject were well known.

他对这个问题的看法众所周知。

[2] status 英 ['steɪtəs] 美 ['steɪtəs]

专业应用：状态。例如，“show table status”为查看视图的详细定义状态。

n. 地位；状态；身份；职位；高级职位；社会上层地位。

[例句] The job brings with it status and a high income.

担任这一职务既有显贵的地位又有丰厚的收入。

9.1 初识视图

对于经常需要处理的数据查询，可以将其封装为视图以方便操作。

9.1.1 视图的概念

视图是一个虚拟表，非真实存在。例如，对于一个学校，其学生的情况存在于数据库的一个或多个表中，而作为学生的不同职能部门，所关心的学生数据的内容是不同的。即使是同样的数据，也可能有不同的操作要求，于是就可以根据他们的不同要求，在物理的数据库上定义他们对数据库所要求的数据结构，这种根据用户观点所定义的数据结构就是视图。

视图与表不同，视图是一个虚表，即视图所对应的数据不进行实际存储，数据库中只存储视图的定义，对视图的数据进行操作时，系统根据视图的定义去操作与视图相关的基本表。

9.1.2 视图的优缺点

视图一经定义以后，就可以像表一样被查询、修改、删除和更新。

1. 视图的优点

（1）为用户集中数据，简化用户的数据查询和处理，有时用户所需要的数据分散在多个表中，定义视图可将他们集中在一起，从而方便用户的数据查询和处理。

（2）屏蔽数据库的复杂性。用户不必了解复杂的数据库中的表结构，并且数据库表的更改也不影响用户对数据库的使用。

（3）简化用户权限的管理。只需要授予用户使用视图的权限，而不必指定用户只能使用表的特定列，也增加了安全性。

（4）便于数据共享，各用户不必都定义和存储自己所需要的数据，可共享数据库的数据。同样的数据只需存储一次。

（5）可以重新组织数据以便输出到其他应用程序中。

2. 使用视图的缺点

（1）操作视图会比直接操作基础表速度慢。

（2）视图的修改操作受限。

9.2 视图的基本操作

视图是数据库中一种对象，可以创建、查看、修改与删除。

9.2.1 创建视图

1. 基本语法格式

CREATE VIEW <视图名> AS <SELECT语句>

2. 说明

（1）<视图名>：指定视图的名称。该名称在数据库中必须是唯一的，不能与其他表或视图同名。

（2）<SELECT语句>：指定创建视图的 SELECT 语句，可用于查询多个基础表或源视图。

注意：

对于创建视图中的 SELECT 语句的指定存在以下限制：

① 用户除了拥有 CREATE VIEW 权限外，还具有操作中涉及的基础表和其他视图的相关权限。

② SELECT 语句不能引用系统或用户变量。

③ SELECT 语句不能包含 FROM 子句中的子查询。

④ SELECT 语句不能引用预处理语句参数。

扫一扫

9-1 创建视图1

例9-1　在book数据库中，为所有在库图书创建视图“v_在库”。

```
CREATE VIEW v_在库 AS
SELECT *
FROM 图书情况
WHERE 状态 ='在库';
```

执行与结果验证如图9-1所示，出现此提示语言表示视图创建成功。

```
Query OK, 0 rows affected (0.01 sec)
```

图 9-1 例 9-1 执行与结果验证

例9-2 在book数据库中，创建视图“v_借阅详情”，用于查询借阅详情。

```
CREATE VIEW v_借阅详情 AS
SELECT 借还记录.*
FROM 图书分类,借还记录,图书情况
WHERE 图书情况.类别编码 = 图书分类.类别编码
AND 图书情况.图书编号 = 借还记录.图书编号;
```

在可视化界面可看到执行与结果验证如图9-2所示。

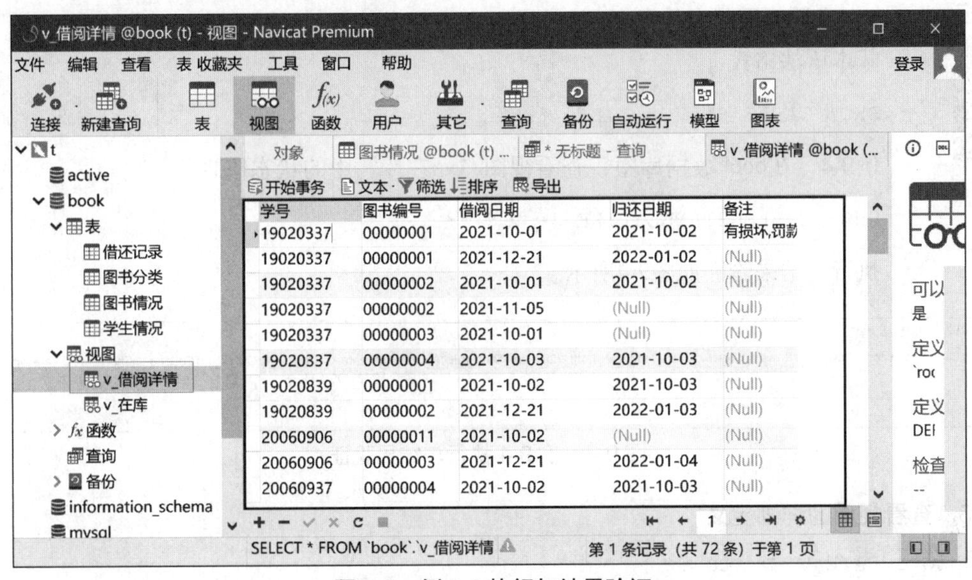

图 9-2 例 9-2 执行与结果验证

9.2.2 查看视图

1. 查看视图字段信息

视图定义可以使用DESCRIBE像表定义一样被查看。

(1) 基本语法格式：

```
DESCRIBE 视图名;
```

(2) 说明：DESCRIBE可以缩写成DESC。

例9-3 在book数据库中，查看视图“v_在库”中的字段信息。

```
DESC v_在库;
```

执行与结果验证如图9-3所示。

```
mysql> desc v_在库;
+------------+--------------+------+-----+---------+-------+
| Field      | Type         | Null | Key | Default | Extra |
+------------+--------------+------+-----+---------+-------+
| 图书编号   | varchar(8)   | NO   |     | NULL    |       |
| 图书名     | varchar(50)  | YES  |     | NULL    |       |
| 第一作者   | varchar(10)  | YES  |     | NULL    |       |
| 出版社     | varchar(50)  | YES  |     | NULL    |       |
| 出版日期   | date         | YES  |     | NULL    |       |
| 类别编码   | varchar(1)   | YES  |     | NULL    |       |
| 定价       | float        | YES  |     | NULL    |       |
| ISBN号     | varchar(13)  | YES  |     | NULL    |       |
| 简介       | varchar(255) | YES  |     | NULL    |       |
| 状态       | varchar(10)  | YES  |     | NULL    |       |
+------------+--------------+------+-----+---------+-------+
10 rows in set (0.00 sec)
```

图 9-3 例 9-3 执行与结果验证

扫一扫

9–4 查看视图状态信息

2. 查看视图状态信息

基本语法格式：

```
SHOW TABLE STATUS LIKE 视图名;
```

例9-4 在book数据库中，查看视图“v_在库”中的状态信息。

```
SHOW TABLE STATUS LIKE 'v_在库';
```

执行与结果验证如图9-4所示。

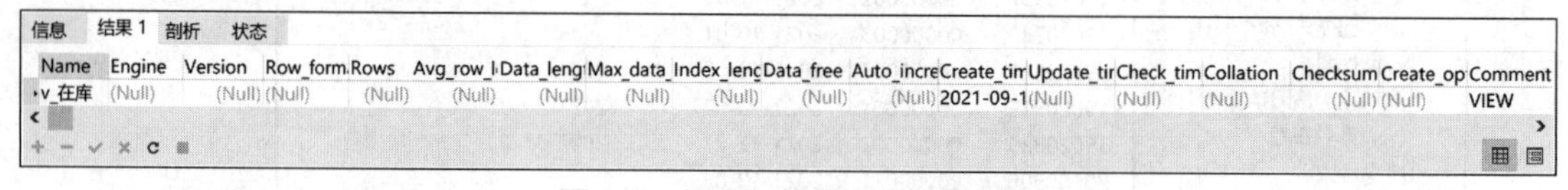

信息 结果 1 剖析 状态

Name	Engine	Version	Row_form	Rows	Avg_row_l	Data_leng	Max_data	Index_lenc	Data_free	Auto_incre	Create_tim	Update_tir	Check_tim	Collation	Checksum	Create_op	Comment
v_在库	(Null)	(Null)	(Null)	(Null)	(Null)	(Null)	(Null)	(Null)	(Null)	(Null)	2021-09-1	(Null)	(Null)	(Null)	(Null)	(Null)	VIEW

图 9-4 例 9-4 执行与结果验证

3. 查看视图的详细定义

```
SHOW CREATE VIEW 视图名;
```

扫一扫

9–5 查看视图详细定义

例9-5 在book数据库中，查询视图“v_在库”的详细定义。

```
SHOW CREATE VIEW v_在库;
```

执行与结果验证如图9-5所示。

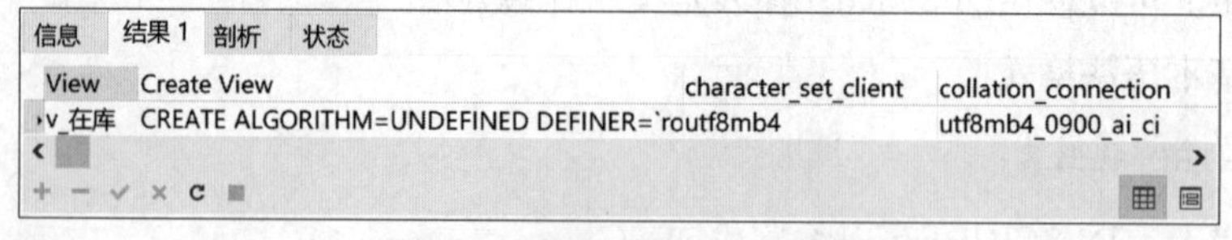

信息 结果 1 剖析 状态

View	Create View	character_set_client	collation_connection
v_在库	CREATE ALGORITHM=UNDEFINED DEFINER=`ro	utf8mb4	utf8mb4_0900_ai_ci

图 9-5 例 9-5 执行与结果验证

9.2.3 修改视图

1. 基本语法格式

```
ALTER VIEW <视图名> AS <SELECT语句>
```

2. 说明

(1) <视图名>：指定视图的名称。该名称在数据库中必须是唯一的，不能与其他表或视图同名。

(2) <SELECT 语句>：指定创建视图的 SELECT 语句，可用于查询多个基础表或源视图。

注意：

（1）对于 ALTER VIEW 语句的使用，需要用户具有针对视图的 CREATE VIEW 和 DROP 权限，以及由 SELECT 语句选择的每一列上的某些权限。

（2）修改视图的定义，除了可以通过 ALTER VIEW 外，也可以使用 DROP VIEW 语句先删除视图，再使用 CREATE VIEW 语句来实现。

例9-6　在book数据库中，修改视图“v_在库”的定义，使其内容包括：在库图书的图书编号、图书名、出版社、定价、状态。

扫一扫

9-6 修改视图

```
ALTER VIEW v_在库 AS
SELECT 图书编号,图书名,出版社,定价,状态
FROM 图书情况;
```

在可视化界面可看到执行与结果验证如图9-6所示。

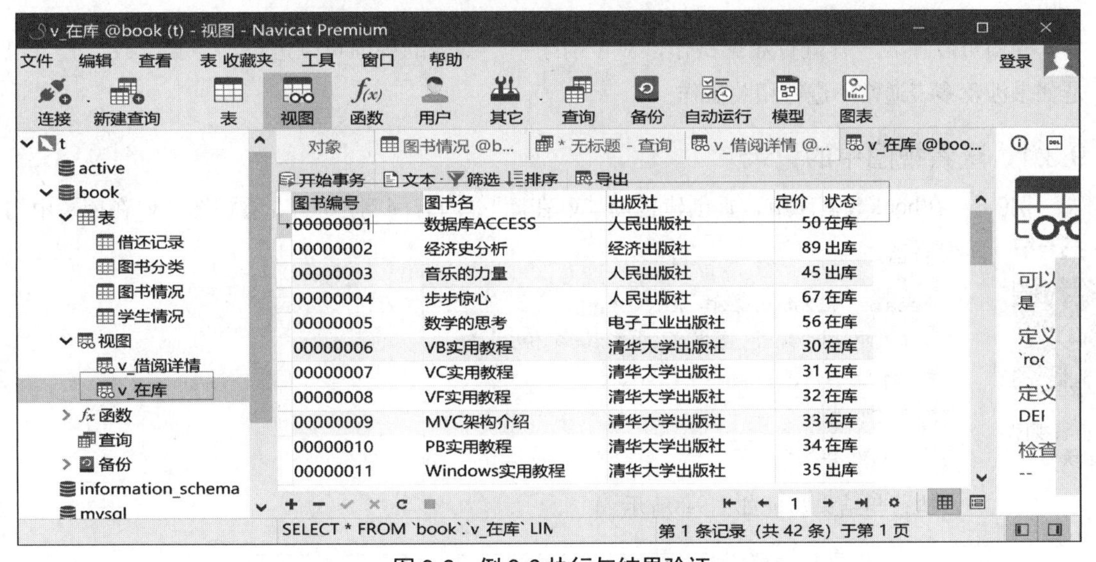

图 9-6　例 9-6 执行与结果验证

9.2.4　删除视图

1. 基本语法格式

```
DROP VIEW <视图名1> [ , <视图名2> …]
```

2. 说明

(1) <视图名>指定要删除的视图名。

(2) DROP VIEW 语句可以一次删除多个视图，但是必须在每个视图上拥有 DROP 权限。

扫一扫

9-7 删除视图

例9-7 在book数据库中，删除视图“v_在库”，并通过显示当前所有表与视图来确认视图已删除。

```
DROP VIEW v_在库;
SHOW TABLES;
```

执行与结果验证如图9-7所示。

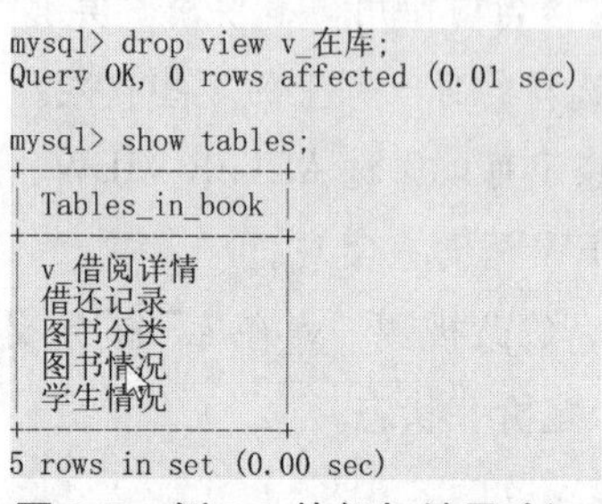

```
mysql> drop view v_在库;
Query OK, 0 rows affected (0.01 sec)

mysql> show tables;
+----------------+
| Tables_in_book |
+----------------+
| v_借阅详情     |
| 借还记录       |
| 图书分类       |
| 图书情况       |
| 学生情况       |
+----------------+
5 rows in set (0.00 sec)
```

图 9-7 例 9-7 执行与结果验证

9.3 视图的应用

视图可以像表一样进行数据操作。对于基于单一基表的视图可以进行增、删、改、查。但是如果涉及多表通常不进行相关操作。

9.3.1 查看视图中的记录

例9-8 在book数据库中，重创建视图“v_在库”(内容同例9-6)，查看视图“v_在库”中的详细信息。

扫一扫

9-8 查看视图中的记录

```
create VIEW v_在库 AS
SELECT 图书编号,图书名,出版社,定价,状态
FROM 图书情况;
SELECT *
FROM v_在库;
```

执行与结果验证如图9-8所示。

信息 结果 1 剖析 状态

图书编号	图书名	出版社	定价	状态
00000001	数据库ACCESS	人民出版社	50	在库
00000002	经济史分析	经济出版社	89	出库
00000003	音乐的力量	人民出版社	45	出库
00000004	步步惊心	人民出版社	67	在库
00000005	数学的思考	电子工业出版社	56	在库

图 9-8 例 9-8 执行与结果验证

9.3.2 向视图中添加记录

例9-9 在book数据库中，向视图“v_在库”中添加一条记录。内容：‘10000001','电子商务','

工业出版社',100,'在库'。并验证对应表中是否添加了此记录。

扫一扫

9-9 向视图中添加记录

```
INSERT v_在库
VALUES('10000001','电子商务','工业出版社',100,'在库');
SELECT *
FROM 图书情况;
```

通过查看图书信息表，发现向视图添加的记录已经被添加入对应的基本表当中。因为表是数据库中存储数据的唯一对象。视图仅是定义，不存储记录。

执行与结果验证如图9-9所示。

信息 结果1 剖析 状态

图书编号	图书名	第一作者	出版社	出版日期
00000039	PHOTOSHOP实用教丛书编委会		清华大学出版社	2021-01-12
00000040	PHOTOSHOP实用教丛书编委会		清华大学出版社	2021-01-12
00000041	PHOTOSHOP实用教丛书编委会		清华大学出版社	2021-01-12
10000001	电子商务	(Null)	工业出版社	(Null)
99999	电子商务技术	(Null)	工业出版社	(Null)

图 9-9 例 9-9 执行与结果验证

9.3.3 修改视图中记录

扫一扫

9-10 修改视图记录

例9-10 在book数据库中，修改视图“v_在库”中图书编号为‘10000001’的图书，将图书名修改为：电子商务应用技术。并验证对应表中是否修改了此记录。

```
UPDATE  v_在库
SET 图书名='电子商务应用技术'
WHERE 图书编号='10000001';
SELECT *
FROM '图书情况';
```

通过查看图书信息表，发现视图中修改的记录已经被操作至对应的基本表当中。

执行与结果验证如图9-10所示。

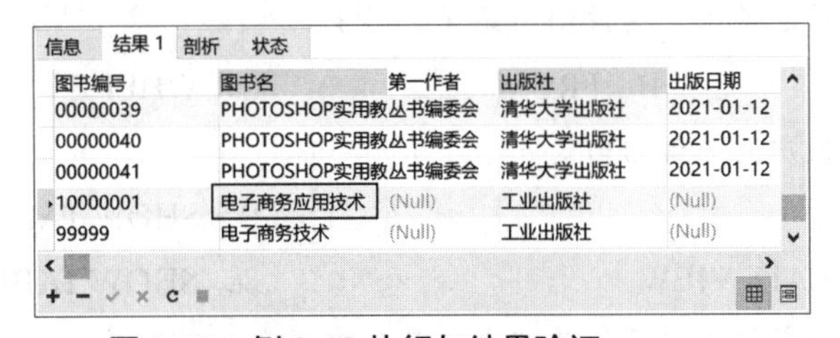

信息 结果1 剖析 状态

图书编号	图书名	第一作者	出版社	出版日期
00000039	PHOTOSHOP实用教丛书编委会		清华大学出版社	2021-01-12
00000040	PHOTOSHOP实用教丛书编委会		清华大学出版社	2021-01-12
00000041	PHOTOSHOP实用教丛书编委会		清华大学出版社	2021-01-12
10000001	电子商务应用技术	(Null)	工业出版社	(Null)
99999	电子商务技术	(Null)	工业出版社	(Null)

图 9-10 例 9-10 执行与结果验证

扫一扫

9-11 删除视图中数据

9.3.4 删除视图中记录

例9-11 在book数据库中，删除视图“v_在库”中图书编号为“10000001”的图书，并验证对应表中是否删除了此记录。

```
DELETE FROM  v_在库
WHERE 图书编号='10000001';
```

```
SELECT *
FROM '图书情况';
```

通过查看图书信息，发现该视图的修改记录操作已经被操作至对应的基本表当中。

执行与结果验证如图9-11所示。

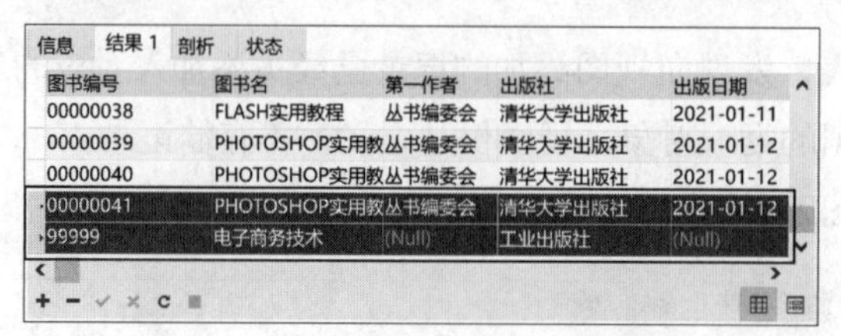

图书编号	图书名	第一作者	出版社	出版日期
00000038	FLASH实用教程	丛书编委会	清华大学出版社	2021-01-11
00000039	PHOTOSHOP实用教	丛书编委会	清华大学出版社	2021-01-12
00000040	PHOTOSHOP实用教	丛书编委会	清华大学出版社	2021-01-12
00000041	PHOTOSHOP实用教	丛书编委会	清华大学出版社	2021-01-12
99999	电子商务技术	(Null)	工业出版社	(Null)

图 9-11　例 9-11 执行与结果验证

习　题

一、理论提升

1. 数据库中存储数据的唯一对象是（　　）。

A. 表　B. 视图　C. 存储过程　D. 约束

2. 视图是一种（　　）。

A. 表　B. 数据库　C. 虚表　D. 字段

3. 视图的数据都依赖于（　　）。

A. 基本表　B. 视图名　C. 数据库　D. 存储过程

4. CREATE VIEW 与 SELECT 语句体之间应用（　　）相连接。

A. SELECT　B. FROM　C. AS　D. GROUPBY

5. 对视图的增、删、改操作最终映射到对（　　）的操作。

A. 基本表　B. 视图名　C. 数据库　D. 存储过程

6. 查看视图字段信息使用的关键语句是（　　）。

A. HAVING　B. FROM　C. WHERE　D. DESC

7. 查看视图状态使用的关键语句是（　　）。

A. DESC　B. SHOW TABLE STATUS

C. SHOW CREATE VIEW　D. SHOW TABLES

8. 查看当前库中全部视图与表的关键语句是（　　）。

A. DESC　B. SHOW TABLE STATUS

C. SHOW CREATE VIEW　D. SHOW TABLES

9. 创建视图的关键语句是（　　）。

A. SELECT　B. ALTER VIEW

C. CREATE VIEW　D. DROP VIEW

10. 删除视图的关键语句是（　　）。

A. SELECT　　B. ALTER VIEW

C. CREATE VIEW　　D. DROP VIEW

二、实践应用

1. 在 stuscore 数据库中完成以下操作：

（1）创建视图“v_ 选课详情”，用于显示学生信息表、课程信息表、选课信息表三表进行内连接后的结果集。

（2）查看视图“v_ 选课详情”的字段信息。

（3）查看视图“v_ 选课详情”的状态信息。

（4）查看视图“v_ 选课详情”的详细定义。

（5）查看当前全部表与视图。

（6）查看视图“v_ 选课详情”中全部记录。

2. 在 active 数据库中完成以下操作：

（1）创建视图“v_ 党员信息简表”，使其包含：编号、姓名、所在支部、性别、民族、出生日期、学历、学位。

（2）查看视图“v_ 党员信息简表”中全部记录。

（3）修改视图“v_ 党员信息简表”的定义，使其包含:编号、姓名、所在支部、性别、民族、出生日期、学历、学位、职务、职称。

（4）在视图“v_ 党员信息简表”中查询所有汉族党员信息。

（5）修改视图“v_ 党员信息简表”中编号为 47 的同志，使其姓名更新为：朱璐。

（6）删除视图“v_ 党员信息简表”中编号为 47 的记录。

（7）删除视图“v_ 党员信息简表”。

答　案

1. A　2. C　3. A　4. C　5. A　6. D　7. B　8. D　9. C　10. D

关键语句

- CREATE VIEW：创建视图。
- ALTER VIEW：修改视图。
- DROP VIEW：删除视图。
- DESC：查看视图字段信息。
- SHOW TABLE STATUS LIKE：查看视图状态信息。
- SHOW CREATE VIEW：查看视图的详细定义。
- SHOW TABLES：查看全部表与视图。

第10章 存储过程

【英语角】

[1] procedure　英 [prəˈsiːdʒə(r)]　美 [prəˈsiːdʒər]

专业应用：存储过程。例如，“create procedure”为创建存储过程。

n.（商业、法律或政治上的）程序；手术；（正常）手续；步骤。

[例句] The procedure can be divided into two parts.

这一程序可以分为两部分。

[2] in　英 [ɪn]　美 [ɪn]

专业应用：输入（参数）。例如，“CREATE PROCEDURE < 过程名 > (in 参数名 数据类型)”为创建一个带入参的存储过程。

prep. 在里面；在（某范围或空间内的）某一点；在（某物的形体或范围）中；在…内；在…中；进入。

adv. 在里面；在内；进入；在家里；在工作单位。

adj. 流行的；时髦的。

n. 执政者；门路；知情者。

[例句] We were locked in.

我们被锁在里面了。

[3] out　英 [aʊt]　美 [aʊt]

专业应用：输出(参数)。例如，“CREATE PROCEDURE < 过程名 > (OUT 参数名 数据类型)”为创建一个带输出参数的存储过程。

n. 回避的方法；托词；出路。

vt. 揭露，公布（同性恋者）。

adv./prep.（从…里）出来；出去；外出；不在家；不在工作地点；离开（某地）边缘。

[例句] These animals only come out at night.

这些动物只在夜晚出来。

[4] delimiter　英 [dɪˈlɪmɪtə(r)]　美 [dɪˈlɪmɪtər]

专业应用：定义结束符。例如，“delimiter $$”表示将结束符定义为 $$。

n. 定界符，分隔符。

[例句] The row delimiter is always the line break and cannot be chosen freely.

行定界符总是换行符，不能自由选择。

[5] call　英 [kɔːl]　美 [kɔːl]

专业应用：调用。例如，“call 过程名”为调用某存储过程。

v. 呼叫；称呼；给…命名；把…叫做；认为…是；把…看作；把自己称为；自诩。

n. 打电话；通话；(禽、兽的）叫声；（唤起注意的）喊声；短暂拜访。

[例句] This is mission control calling the space shuttle Discovery.

这是地面指挥中心呼叫航天飞机“发现号”。

10.1 初识存储过程

在项目开发过程中，开发人员必须考虑2个问题：速度与效率。如果没有速度和效率，项目在实施过程中会导致用户大部分时间都浪费在等待上，那么这个项目的开发将会失败，因此如何为用户提供他们可以接受的速度和效率是数据库开发人员必须考虑的问题。这章我们将介绍解决这个问题的一个工具——存储过程。存储过程可以提高数据检索的速度。

10.1.1 存储过程的概念

存储过程是一组预先创建并用指定的名称存储在数据库服务器上的 SQL 语句，将使用比较频繁的或者比较复杂的操作，预先用 SQL 语句编写好并存储起来，以后当需要数据库提供相同的服务时，只需再次执行该存储过程。

10.1.2 存储过程的优缺点

1. 存储过程的优点

1）具有更好的性能

存储过程是预编译的，只在创建时进行编译，以后每次执行存储过程都不需要再重新编译，而一般 SQL 语句每执行一次就编译一次，因此使用存储过程可以提高数据库执行速度。

2）功能实现更加灵活

存储过程中可以应用条件判断和游标等语句，有很强的灵活性，可以直接调用数据库的一些内置函数，完成复杂的判断和较复杂的运算。

3）减少网络传输

复杂的业务逻辑需要多条 SQL 语句，当客户机和服务器之间的操作很多时，将产生大量的网络传输。如果将这些操作放在一个存储过程中，那么客户机和服务器之间的网络传输就会减少，降低了网络负载。

4）具有更好的安全性

数据库管理人员可以更好地进行权限控制，存储过程可以屏蔽对底层数据库对象的直接访问，使用 EXECUTE 权限调用存储过程，无须拥有访问底层数据库对象的显式权限。在通过网络调用过程时，只有对执行过程的调用是可见的。无法看到表和数据库对象名称，不能嵌入SQL语句，有助于避免 SQL 注入攻击。

2. 存储过程的弊端

1）架构不清晰，不够面向对象

存储过程不太适合面向对象的设计，无法采用面向对象的方式将业务逻辑进行封装，业务逻辑在存储层实现，增加了业务和存储的耦合，代码的可读性也会降低。

2）开发和维护要求比较高

存储过程的编写直接依赖于开发人员，如果业务逻辑改动较多，需要频繁地直接操作数据库，大量业务降维到数据库，很多异常不能在代码中捕获，出现问题较难排查，需要数据库管理人员的帮助。

3）可移植性差

过多地使用存储过程会降低系统的移植性。在对存储进行相关扩展时，可能会增加一些额外的工作。

10.2　存储过程的基本操作

存储过程是数据库中的一种对象，可以通过CREATE语句创建。

10.2.1　创建存储过程

1. 基本语法格式

```
CREATE PROCEDURE <过程名> ( [过程参数[,…] ] ) <过程体>
[过程参数[,…] ] 格式
[ IN | OUT | INOUT ] <参数名> <类型>
```

2. 说明

1）过程名

存储过程的名称，默认在当前数据库中创建。若需要在特定数据库中创建存储过程，则要在名称前面加上数据库的名称，即 db_name.sp_name。

需要注意的是，名称应当尽量避免选取与 MySQL 内置函数相同的名称，否则会发生错误。

2）过程参数

存储过程的参数列表。其中，<参数名>为参数名，<类型>为参数的类型（可以是任何有效的 MySQL 数据类型）。当有多个参数时，参数列表中彼此间用逗号分隔。存储过程可以没有参数（此时存储过程的名称后仍需加上一对括号），也可以有 1 个或多个参数。

MySQL 存储过程支持三种类型的参数，即输入参数、输出参数和输入/输出参数，分别用 IN、OUT 和 INOUT 三个关键字标识。其中，输入参数可以传递给一个存储过程，输出参数用于存储过程需要返回一个操作结果的情形，而输入/输出参数既可以充当输入参数也可以充当输出参数。

注意：参数的命名不要与数据表的列名相同，否则尽管不会返回出错信息，但是存储过程的 SQL 语句会将参数名看作列名，从而引发不可预知的结果。

3）过程体

存储过程的主体部分也称为存储过程体，包含在过程调用的时候必须执行的 SQL 语句。这个部分以关键字 BEGIN 开始，以关键字 END 结束。若存储过程体中只有一条 SQL 语句，则可以省略 BEGIN-END 标志。

在存储过程的创建中，经常会用到一个十分重要的MySQL命令，即DELIMITER命令，特别是对于通过命令行的方式来操作MySQL数据库的使用者，更是要学会使用该命令。

在MySQL中，服务器处理SQL语句默认是以分号作为语句结束标志的。然而，在创建存储过程时，存储过程体可能包含有多条SQL语句，这些SQL语句如果仍以分号作为语句结束符，那么MySQL服务器在处理时会以遇到的第一条SQL语句结尾处的分号作为整个程序的结束符，而不再去处理存储过程体中后面的SQL语句，这样显然不可行。

为解决以上问题，通常使用DELIMITER命令将结束命令修改为其他字符。语法格式如下：

DELIMITER $$

注意：$$是用户定义的结束符，通常这个符号可以是一些特殊的符号，如两个“?”或两个“￥”等；当使用DELIMITER命令时，应该避免使用反斜杠“\”字符，因为它是MySQL的转义字符。

若希望换回默认的分号“;”作为结束标志，则在MySQL命令行客户端输入下列语句即可：

```
mysql > DELIMITER ;
```

注意：DELIMITER和分号“;”之间一定要有一个空格。在创建存储过程时，必须具有CREATE ROUTINE权限。

扫一扫

10-1 创建存储过程

例10-1 在book数据库中，创建存储过程p_sno，用于查询指定编号的学生借阅记录。

```
DELIMITER $$
CREATE PROCEDURE p_sno (in sid VARCHAR(12))
BEGIN
SELECT *
FROM 借还记录
WHERE 学号=sid;
END
$$
DELIMITER;
```

创建存储过程的流程：

(1) 定义新结束符为$$。

(2) 创建存储过程。

(3) 重新定义结束符为分号。

执行结果如图10-1所示，出现此提示语言表示视图创建成功。

```
mysql> delimiter $$
mysql> create procedure p_sno (in sid varchar(12))
    -> begin
    -> select * from 借还记录
    -> where 学号=sid;
    -> end
    -> $$
Query OK, 0 rows affected (0.00 sec)
```

图10-1 例10-1执行结果

10.2.2 查看存储过程

1. 查看存储过程的定义

扫一扫

10-2 查看存储过程创建语句

(1) 基本语法格式：

```
SHOW CREATE PROCEDURE <过程名>
```

(2) 说明：此语句用于查看存储过程的定义。

例10-2 在book数据库中，查看存储过程p_sno的创建语句。

```
SHOW CREATE PROCEDURE p_sno;
```

执行结果如图10-2所示。

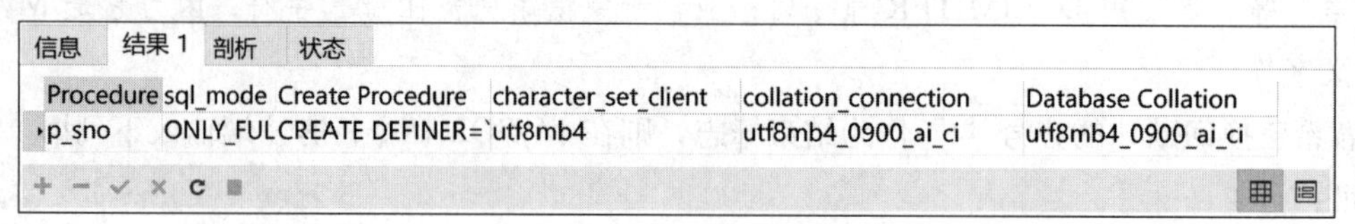

信息 结果 1 剖析 状态

Procedure	sql_mode	Create Procedure	character_set_client	collation_connection	Database Collation
p_sno	ONLY_FUL	CREATE DEFINER=`	utf8mb4	utf8mb4_0900_ai_ci	utf8mb4_0900_ai_ci

图 10-2 例 10-2 执行结果

2. 查看存储过程状态

扫一扫

10-3 查看存储过程状态

(1) 基本语法格式：

```
SHOW PROCEDURE STATUS LIKE 存储过程名;
```

(2) 说明：LIKE存储过程名用来匹配存储过程的名称，LIKE 不能省略。

例10-3 在book数据库中，查看存储过程p_sno的状态。

```
SHOW PROCEDURE STATUS LIKE 'p_sno' \g;
```

执行结果如图10-3所示。

```
mysql> show procedure status like 'p_sno' \G;
*************************** 1. row ***************************
                  Db: book
                Name: P_SNO
                Type: PROCEDURE
             Definer: root@localhost
            Modified: 2021-09-14 09:39:19
             Created: 2021-09-14 09:39:19
       Security_type: DEFINER
             Comment:
character_set_client: utf8mb4
collation_connection: utf8mb4_0900_ai_ci
  Database Collation: utf8mb4_0900_ai_ci
1 row in set (0.00 sec)
```

图 10-3 例 10-3 执行结果

10.2.3 调用存储过程

1. 基本语法格式

```
CALL sp_name([parameter[...]]);
```

2. 说明

sp_name 表示存储过程的名称；parameter 表示存储过程的参数。

扫一扫

10-4 调用存储过程

例10-4 在book数据库中，调用存储过程p_sno，查询学号为“19020337”的图书的借阅情况。

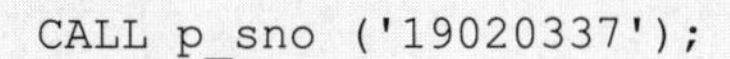

```
CALL p_sno ('19020337');
```

执行结果如图10-4所示。

信息 结果1 剖析 状态

学号	图书编号	借阅日期	归还日期	备注
19020337	00000001	2021-10-01	2021-10-02	有损坏,罚款
19020337	00000001	2021-12-21	2022-01-02	(Null)
19020337	00000002	2021-10-01	2021-10-02	(Null)
19020337	00000002	2021-11-05	(Null)	(Null)
19020337	00000003	2021-10-01	(Null)	(Null)

图 10-4 例 10-4 执行结果

10.2.4 修改存储过程

1. 基本语法格式

```
ALTER PROCEDURE 存储过程名 [ 特征 ... ]
```

2. 说明

特征指定了存储过程的特性，可能的取值有：

（1）CONTAINS SQL，表示子程序包含 SQL 语句，但不包含读或写数据的语句。

（2）NO SQL，表示子程序中不包含 SQL 语句。

（3）READS SQL DATA，表示子程序中包含读数据的语句。

（4）MODIFIES SQL DATA，表示子程序中包含写数据的语句。

（5）SQL SECURITY { DEFINER |INVOKER }，指明谁有权限来执行。

（6）DEFINER，表示只有定义者自己才能够执行。

（7）INVOKER，表示调用者可以执行。

（8）COMMENT 'string'，表示注释信息。

扫一扫

10-5 修改存储过程

例10-5 在book数据库中，修改存储过程p_sno的定义，将读写权限改为 MODIFIES SQL DATA，并指明调用者可以执行。

```
ALTER PROCEDURE p_sno MODIFIES SQL DATA SQL SECURITY INVOKER;
```

结果显示，存储过程修改成功。从运行结果可以看到，访问数据的权限已经变成了 MODIFIES SQL DATA，安全类型也变成了 INVOKE。

注意：ALTER PROCEDURE 语句用于修改存储过程的某些特征。如果要修改存储过程的内容，可以先删除原存储过程，再以相同的命名创建新的存储过程；如果要修改存储过程的名称，可以先删除原存储过程，再以不同的命名创建新的存储过程。

执行与结果验证如图10-5所示，对比图10-3中该存储过程的状态，可以看出变化。

```
mysql> show procedure status like 'p_sno' \G
*************************** 1. row ***************************
                  Db: book
                Name: p_sno
                Type: PROCEDURE
             Definer: root@localhost
            Modified: 2021-09-14 09:28:45
             Created: 2021-09-14 09:17:20
       Security_type: INVOKER
             Comment:
character_set_client: utf8mb4
collation_connection: utf8mb4_0900_ai_ci
  Database Collation: utf8mb4_0900_ai_ci
1 row in set (0.00 sec)
```

图 10-5 例 10-5 执行与结果验证

10.2.5 删除存储过程

1. 基本语法格式

```
DROP PROCEDURE [ IF EXISTS ] <过程名>
```

2. 说明

(1) 过程名：指定要删除的存储过程的名称。

(2) IF EXISTS：指定这个关键字，用于防止因删除不存在的存储过程而引发的错误。

3. 注意

存储过程名称后面没有参数列表，也没有括号，在删除之前，必须确认该存储过程没有任何依赖关系，否则会导致其他与之关联的存储过程无法运行。

扫一扫

10-6 删除存储过程

例10-6 在book数据库中，删除存储过程p_sno。

```
DROP PROCEDURE  p_sno;
```

执行与结果验证如图10-6所示。

```
mysql> drop procedure p_sno;
Query OK, 0 rows affected (0.00 sec)

mysql> show procedure status like 'p_sno' \G
Empty set (0.00 sec)
```

图 10-6 例 10-6 执行与结果验证

扫一扫

10-7 创建查询类存储过程1：输入图书编号查询借阅记录

10.3 存储过程的常用操作

10.3.1 使用存储过程查询表中记录

例10-7 在book数据库中，创建存储过程P_bno，用于输入图书编号，查询出借阅记录。并调用此存储过程。

```
USE book;
```

```
DELIMITER $$
CREATE PROCEDURE P_bno(in sid VARCHAR(12))
BEGIN
SELECT *
FROM 借还记录
WHERE 图书编号=sid;
END
$$
DELIMITER;
SHOW CREATE PROCEDURE P_bno;
CALL book.P_bno ('00000002');
```

执行与结果验证如图10-7所示。

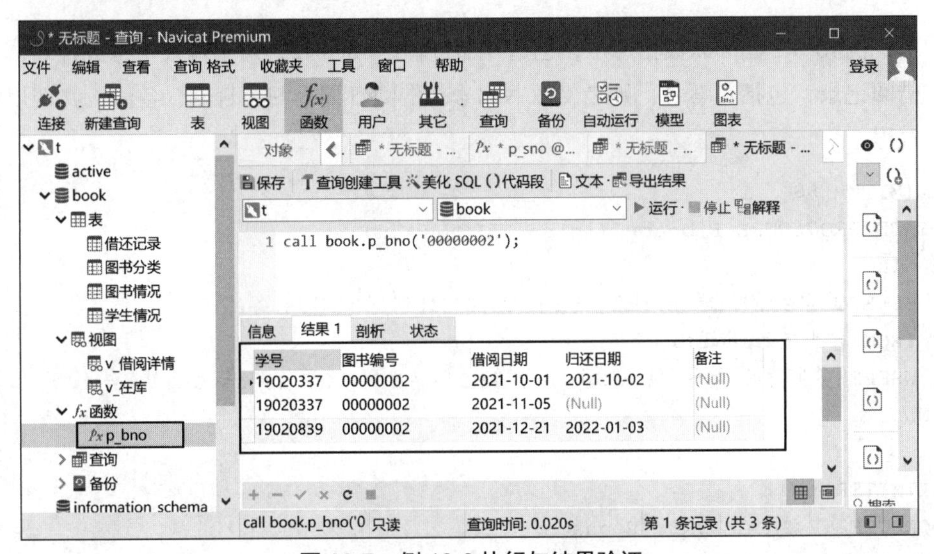

图 10-7　例 10-6 执行与结果验证

例10-8　在book数据库中，创建存储过程P_bname，用于根据输入的图书名称部分或全部信息，查询出图书信息，并调用此存储过程。

扫一扫

10-8　创建查询类存储过程2：按图书名模糊查询图书信息

```
DELIMITER $$
CREATE PROCEDURE P_bname(in cs VARCHAR(12))
 BEGIN
    SELECT *
    FROM 图书情况
    WHERE 图书名 LIKE CONCAT('%',CS,'%');
 END
$$
DELIMITER;
CALL P_bname('PHOTO');
WHERE 图书名 LIKE CONCAT('%',CS,'%');子句实现模糊查询
```

执行与结果验证如图10-8所示。

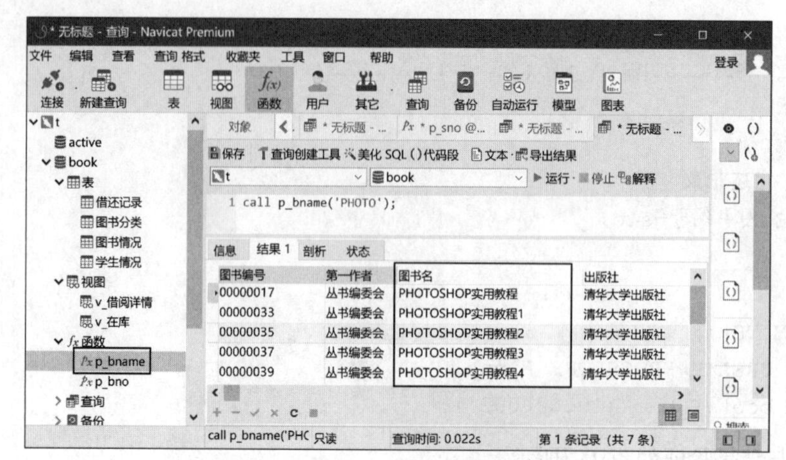

图 10-8　例 10-8 执行与结果验证

扫一扫

10-9创建查询类存储过程3：按学号或姓名查询借阅记录

例10-9　在book数据库中，创建存储过程P_bname2，用于输入学号或姓名，查询出借阅记录，包括：学号、姓名、图书编号、借阅日期、归还日期、备注。并调用此存储过程。

```
DELIMITER $$
CREATE PROCEDURE P_bname2(in ss VARCHAR(11))
 BEGIN
   SELECT 学生情况.学号,姓名,图书编号,借阅日期,归还日期,备注
   FROM 学生情况,借还记录
   WHERE 学生情况.学号=借还记录.学号 AND (学生情况.学号 =ss OR 姓名=ss);
 END
$$
DELIMITER ;
SHOW CREATE PROCEDURE  P_bname2;
CALL  p_bname2('李春明');
```

“学生情况.学号 =ss OR 姓名=ss”表达式用于实现参与学号或姓名匹配的运算。

执行与验证结果如图10-9所示。

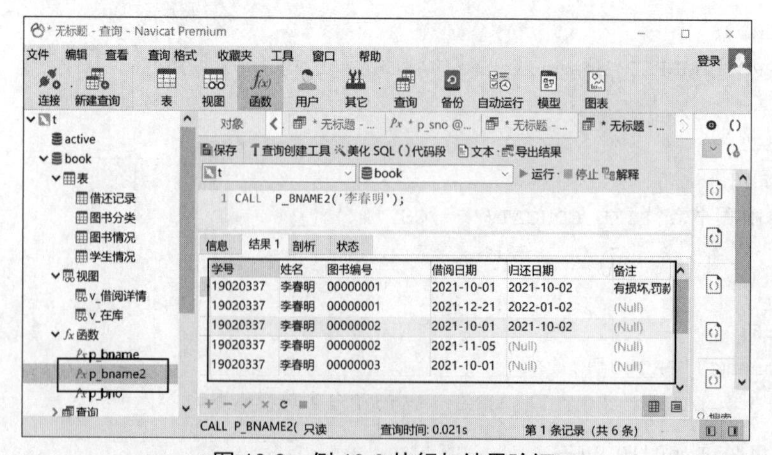

图 10-9　例 10-9 执行与结果验证

例10-10 在book数据库中，创建存储过程P_bname3，用于输入学号或图书编号，查询当前未归还的借阅记录，并调用此存储过程。

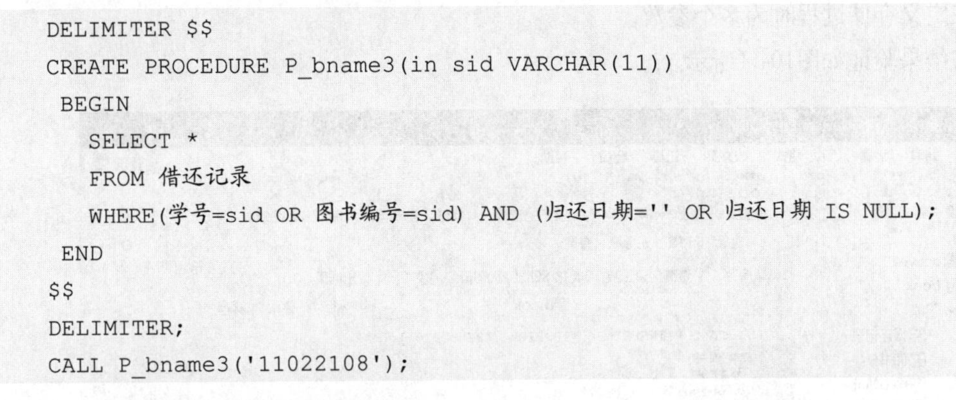

```
DELIMITER $$
CREATE PROCEDURE P_bname3(in sid VARCHAR(11))
 BEGIN
   SELECT *
   FROM 借还记录
   WHERE(学号=sid OR 图书编号=sid) AND (归还日期='' OR 归还日期 IS NULL);
 END
$$
DELIMITER;
CALL P_bname3('11022108');
```

扫一扫

10-10 创建查询类存储过程4：输入学号或图书编号查询当前未归还图书的借阅记录

执行与结果验证如图10-10所示。

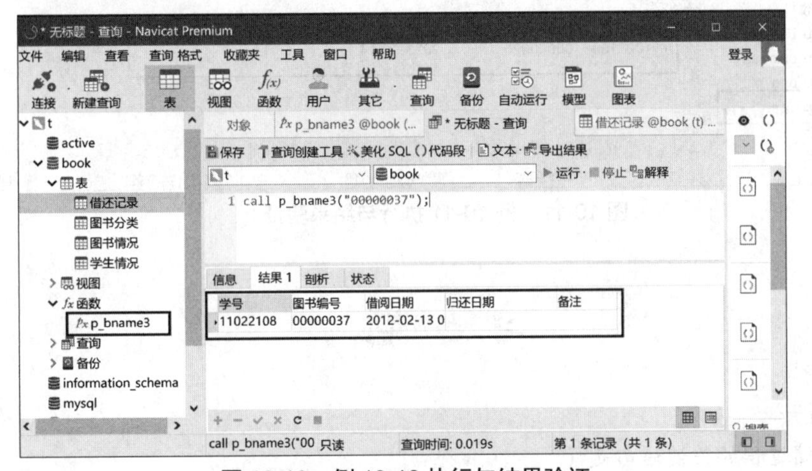

图 10-10 例 10-10 执行与结果验证

10.3.2 使用存储过程操作表中记录

例10-11 在book数据库中，创建存储过程P_insert_j，用于学生借书时，向借还记录表中添加一条记录。管理员会扫码获得学号、图书编号、借阅日期，归还日期自动为空、备注由管理员录入或为空。调用此存储过程。

扫一扫

10-11 创建数据操作类存储过程

```
DELIMITER $$
CREATE PROCEDURE P_insert_j(in sid VARCHAR(11), bid VARCHAR(11))
 BEGIN
   INSERT '借还记录'
   VALUES(sid,bid,NOW(),NULL,NULL);
 END
$$
DELIMITER;
CALL P_insert_j('11022108','00000020');
SELECT *
```

```
FROM 借还记录
WHERE 学号='11022108';
```

此题在定义存储过程时为多个参数。

执行与结果验证如图10-11所示。

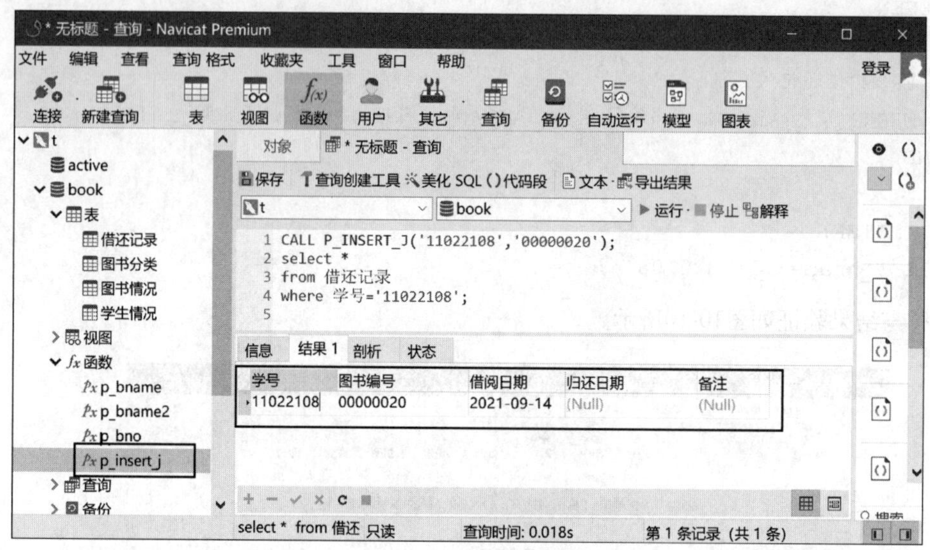

图 10-11　例 10-11 执行与结果验证

习　题

一、理论提升

1. 创建存储过程的关键语句是（　　）。

   A. CREATE VIEW　　　　B. CREATE PROCEDURE

   C. ALTER PROCEDURE　　D. ALTER VIEW

2. 存储过程可以指定参数来源，包括（　　）三种（多选）。

   A. AS　　B. INOUT　　C. OUT　　D. IN

3. 存储过程可以指定参数来源，默认为（　　）。

   A. AS　　B. INOUT　　C. OUT　　D. IN

4. 调用存储过程的关键语句是（　　）。

   A. AS　　B. INOUT　　C. CALL　　D. IN

5. 在定义存储时需要使用新结束符号，需要用（　　）语句来定义。

   A. DELIMITER　　B. DELETE

   C. AS　　D. END

二、实践应用

1. 在 stuscore 数据库中完成以下操作：

（1）创建存储 P_stu 过程，用于按学号查询学生信息。

（2）查看存储 P_stu 状态。

（3）查看存储过程 P_stu 的定义。

（4）调用存储 P_stu，以查询学号为“20010601”的学生信息。

（5）删除存储过程 P_stu。

（6）查看视图 v_ 选课详情中全部记录。

2. 在 active 数据库中完成以下操作：

（1）创建存储过程 p_class，用于按学号或学生姓名查询入党积极分子信息。

（2）调用存储过程 p_class。

（3）创建存储过程 p_z，用于向支部信息表中添加记录。

（4）调用存储过程 p_z。

答　案

1. B　2. BCD　3. D　4. C　5. A

关键语句

- CREATE PROCEDURE：创建存储过程。
- ALTER PROCEDURE：修改存储过程。
- DROP PROCEDURE：删除存储过程。
- SHOW CREATE PROCEDURE：查看存储过程的定义。
- SHOW PROCEDURE STATUS LIKE：查看存储过程状态。
- CALL：调用存储过程。

第11章 触发器操作

【英语角】

[1] trigger　　英 ['trɪgə(r)]　美 ['trɪgər]

专业应用：触发器，例如，“create trigger”为创建触发器。

n.（枪的）扳机；（尤指引发不良反应或发展的）起因，诱因；触发器；引爆器。

v. 发动；引起；触发；开动；起动。

[例句] The thieves must have deliberately triggered the alarm and hidden inside the house

盗贼肯定是故意触发了报警器，然后躲在房子里。

[其他] 第三人称单数：triggers 复数：triggers 现在分词：triggering 过去式：triggered 过去分词：triggered

[2] new　　英 [njuː]　美 [nuː]

专业应用：在 MySQL 触发器操作中表示临时存储数据新值的关键字。

adj. 刚出现的；新的；新近推出的；新东西；新事物；新买的。

[例句] She had come to see the problem in a new light.

她开始用新的角度来看待这个问题。

[其他] 比较级：newer 最高级：newest

[3] old　　英 [əʊld]　美 [oʊld]

专业应用：在 MySQL 触发器操作中表示临时存储数据旧值的关键字。

adj. 具体年龄；(多少）岁；年纪；老的；年纪大的；不年轻的；老年人。

[例句] The city is dissected by a network of old canals.

古老的运河网将这座城市分割开来。

[其他] 比较级：older 最高级：oldest。

11.1　初识触发器

生活中，我们按上电饭锅的预约开关后，电饭锅就会在指定的时间进行煮饭操作。这就像是一个触发器。触发的条件是一个固定的时间，触发的操作是电饭锅开始煮饭。在数据库当中我们也需要这种功能来使数据库实现固定的操作，它叫触发器。

11.1.1 触发器的概念

触发器：trigger，是指事先为某张表绑定一段代码，当表中的某些内容发生改变（增、删、改）的时候，系统会自动触发代码并执行。

也可以这样理解，触发器是一种特殊类型的存储过程，它不同于存储过程，主要是通过事件触发而被执行的，即不是主动调用而执行的；而存储过程则需要主动调用其名字执行。

11.1.2 触发器的优缺点

1. 触发器的优点

SQL触发器提供了检查数据完整性的替代方法。SQL触发器可以捕获数据库层中业务逻辑中的错误。SQL触发器提供了运行计划任务的另一种方法。通过使用SQL触发器，不必等待运行计划的任务，因为在对表中的数据进行更改之前或之后会自动调用触发器。SQL触发器对于审核表中数据的更改非常有用。

2. 触发器的缺点

SQL触发器只能提供扩展验证，并且无法替换所有验证。一些简单的验证必须在应用层完成。例如，可以使用JavaScript或服务器端使用服务器端脚本语言（如JSP，PHP，ASP.NET，Perl等）来验证客户端的用户输入。从客户端应用程序调用和执行SQL触发器不可见，因此很难弄清数据库层中发生的情况。SQL触发器可能会增加数据库服务器的开销。

11.1.3 触发器中 NEW 与 OLD 关键字

MySQL触发器中包含两个重要关键字：NEW关键字，NEW与OLD。用来表示触发器的所在表中，触发了触发器的那一行数据。

具体应用如下：

(1) 在 INSERT 型触发器中，NEW 用来表示将要（BEFORE）或已经（AFTER）插入的新数据。

(2) 在 UPDATE 型触发器中，OLD 用来表示将要或已经被修改的原数据，NEW 用来表示将要或已经修改为的新数据。

(3) 在 DELETE 型触发器中，OLD 用来表示将要或已经被删除的原数据。

(4) 使用方法：NEW.columnName（columnName 为相应数据表某一列名）。

(5) OLD 是只读的，而 NEW 则可以在触发器中使用 SET 赋值，这样不会再次触发触发器，造成循环调用。

11.2 触发器的基本操作

针对触发器这一数据库对象，会有哪些基本操作呢？

11.2.1 创建触发器

1. 基本语法格式

```
DELIMITER 新结束符
```

```
CREATE TRIGGER  触发器名字
触发时机 触发事件
ON 表
FOR EACH ROW 触发顺序
BEGIN
   操作内容
END;
新结束符
DELIMITER;
```

2. 说明

（1）DELIMITER是新结束符，用于定义新结束符。

（2）触发器名是触发器的名称，触发器在当前数据库中必须具有唯一的名称。如果要在某个特定数据库中创建，名称前面应该加上数据库的名称。

（3）触发时机是触发器被触发的时刻，包括：BEFORE、AFTER。表示触发器是在激活它的语句之前或之后触发。若希望验证新数据是否满足条件，则使用BEFORE选项；若希望在激活触发器的语句执行之后完成几个或更多的改变，则通常使用AFTER选项。

（4）触发事件包括INSERT、UPDATE、DELETE触发事件，用于指定激活触发器的语句的种类。

注意：三种触发器的执行时间如下。

INSERT：将新行插入表时激活触发器。例如，INSERT 的 BEFORE 触发器不仅能被 MySQL 的 INSERT 语句激活，也能被 LOAD DATA 语句激活。

DELETE：从表中删除某一行数据时激活触发器，如 DELETE 和 REPLACE 语句。

UPDATE：更改表中某一行数据时激活触发器，如 UPDATE 语句。

（5）表名是与触发器相关联的表名，此表必须是永久性表，不能将触发器与临时表或视图关联起来。在该表上触发事件发生时才会激活触发器。同一个表不能拥有两个具有相同触发时刻和事件的触发器。例如，对于一张数据表，不能同时有两个 BEFORE UPDATE 触发器，但可以有一个BEFORE UPDATE触发器和一个BEFORE INSERT触发器，或一个BEFORE UPDATE触发器和一个AFTER UPDATE触发器。

（6）FOR EACH ROW一般是指行级触发，对于受触发事件影响的每一行都要有激活触发器的动作。例如，使用 INSERT 语句向某个表中插入多行数据时，触发器会对每一行数据的插入都执行相应的触发器动作。

（7）触发器主体，即触发器动作主体，包含触发器激活时将要执行的 MySQL 语句。如果要执行多个语句，可使用 BEGIN…END 复合语句结构。

注意：每个表都支持 INSERT、UPDATE和DELETE的BEFORE与AFTER，因此每个表最多支持6个触发器。每个表的每个事件每次只允许有一个触发器。单一触发器不能与多个事件或多个表关联。

例11-1 在book数据库中，创建触发器t1，借还记录表中添加一条借阅记录时，自动将图书情况表的状态信息更改为“出库”。

扫一扫

11-1 创建触发器

```
USE BOOK;
DELIMITER $$
CREATE TRIGGER T1 AFTER INSERT
ON 借还记录
FOR EACH ROW
BEGIN
 UPDATE 图书情况
 SET 状态='出库'
 WHERE 图书编号=NEW.图书编号;
END;
$$
DELIMITER;
```

执行结果如图11-1所示。

```
mysql> delimiter $$
mysql> create trigger t1 after insert
    -> on 借还记录
    -> for each row
    -> begin
    -> update 图书情况
    -> set 状态='出库'
    -> where 图书编号=new.图书编号;
    -> end;
    -> $$
Query OK, 0 rows affected (0.01 sec)

mysql> delimiter ;
```

图 11-1 例 11-1 执行结果

11.2.2 查看触发器

1. 查看全部触发器

基本语法格式如下：

```
SHOW TRIGGERS;
```

扫一扫

11-2 查看全部触发器

例11-2 打开book数据库，查看全部触发器。

代码：

```
USE BOOK;
SHOW TRIGGERS;
```

执行结果如图11-2所示。

信息 结果 1 剖析 状态

Trigger	Event	Table	Statement	Timing	Created	sql_mode	Definer	character_set_client	collation_connection	Database
t1	INSERT	借还记录	beginupda	AFTER	2021-09-	ONLY_FUL	root@loc	utf8mb4	utf8mb4_0900_ai_ci	utf8mb4_C

图 11-2 例 11-2 执行结果

扫一扫

11-3 查看触发器的创建语句

2. 查看触发器的创建语句

基本语法格式如下：

```
SHOW CREATE TRIGGER 触发器名字;
```

例11-3　打开book数据库，查看触发器t1的创建语句。

```
USE BOOK;
SHOW CREATE TRIGGER t1;
```

执行结果如图11-3所示。

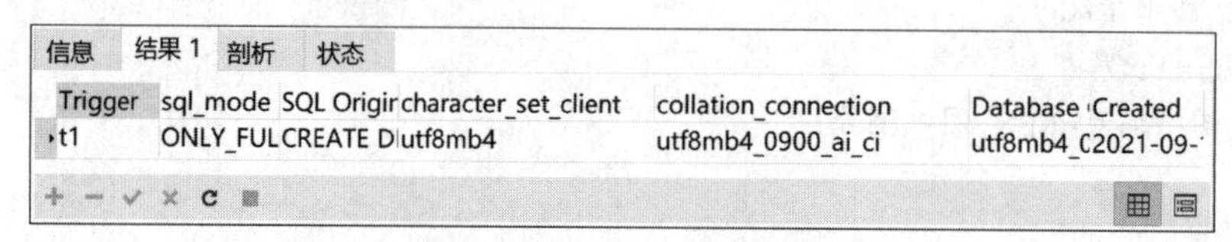

Trigger	sql_mode	SQL Origir	character_set_client	collation_connection	Database	Created
t1	ONLY_FUL	CREATE D	utf8mb4	utf8mb4_0900_ai_ci	utf8mb4_C	2021-09-'

图 11-3　例 11-3 执行结果

11.2.3　验证触发器

扫一扫

11-4 验证触发器使得图书借出自动更新为出库

触发器在设定触发条件下会自动执行。

例11-4　验证触发器t1。

触发条件：向借还记录表中添加一条记录。

```
INSERT INTO '借还记录'
VALUES('11021843','00000004',now(),null,null);
```

查看借还记录：

```
SELECT * FROM 借还记录;
```

执行与结果验证如图11-4所示。

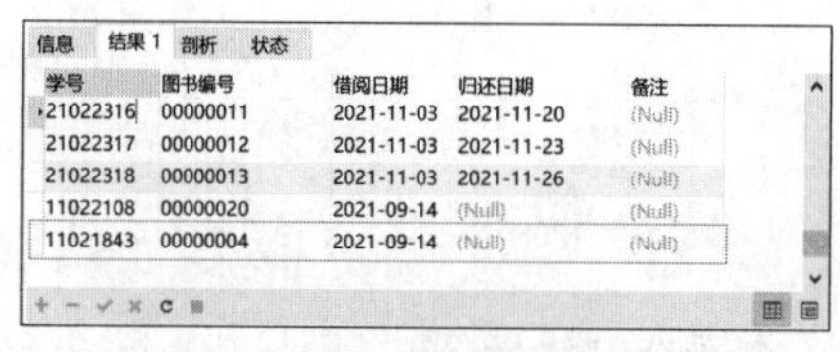

学号	图书编号	借阅日期	归还日期	备注
21022316	00000011	2021-11-03	2021-11-20	(Null)
21022317	00000012	2021-11-03	2021-11-23	(Null)
21022318	00000013	2021-11-03	2021-11-26	(Null)
11022108	00000020	2021-09-14	(Null)	(Null)
11021843	00000004	2021-09-14	(Null)	(Null)

图 11-4　例 11-4 执行与结果验证 1

可见借还记录表中完成了以上记录的添加。

查看图书情况表：

```
SELECT * FROM 图书情况;
```

执行与结果验证如图11-5所示。

图书编号	图书名	第一作者	出版社	出版日期	类别	定价	ISBN号	简介	状态
00000001	数据库ACCESS	李云龙	人民出版社	2017-01-01	T	50	1234443333343	是一本ESS的	在库
00000002	经济史分析	赵小云	经济出版社	2017-09-09	F	89	2332323232333	一本介绍经济	出库
00000003	音乐的力量	李建	人民出版社	2019-09-08	J	45	3333333333333	音乐使我们	出库
00000004	步步惊心	桐	人民出版社	2017-09-08	I	67	3454777777777	现代人回到古	出库
00000005	数学的思考	李数	电子工业出版社	2018-09-09	O	56	5657745353432	数学的重要性,	在库

图 11-5　例 11-4 执行与结果验证 2

可见图书情况表中图书编号为“00000004”的被借出的图书，其状态已经更新为“出库”，说明触发器被触发后执行了更新操作，验证成功。

11.2.4 删除触发器

扫一扫

11-5 删除触发器

删除触发器的基本语法如下：

```
DROP TRIGGER 触发器名字
```

例11-5 打开book数据库，删除触发器t1，并验证。

```
USE BOOK;
DROP TRIGGER t1;
SHOW TRIGGERS;
```

执行与结果验证如图11-6所示。

```
mysql> drop trigger t1;
Query OK, 0 rows affected (0.01 sec)

mysql> show triggers;
Empty set (0.00 sec)
```

图 11-6 例 11-5 执行与结果验证

11.3 触发器的常用操作

扫一扫

11-6 触发器实现级联操作还书

11.3.1 使用触发器实现级联操作

级联操作，即一个操作的发生必然引起另一操作的发生。在此种情况下设置触发器，可以实现自动执行的功能。

例11-6 打开book数据库，创建触发器t2，当借还记录表中有图书归还时，自动将图书情况表的状态信息更改为“在库”，并进行验证。

```
DROP TRIGGER T2;
DELIMITER $$
CREATE TRIGGER T2
AFTER UPDATE
ON 借还记录
FOR EACH ROW
BEGIN
   IF ((old.归还日期 is null or old.归还日期='')AND new.归还日期 is not null)
   THEN
       UPDATE 图书情况
       SET  状态='在库'
       WHERE 图书编号=old.图书编号;
   END IF;
END;
```

```
$$
DELIMITER;
```

以上代码实现触发器创建工作。其中IF语句后的条件用于判断借还记录表被修改的是否是归还日期字段。只有归还日期修改前为空值或空串，而修改后有值，则认为符合触发条件。

用如下代码查看当前数据库的触发器，执行与结果验证如图11-7所示。

```
SHOW TRIGGERS;
```

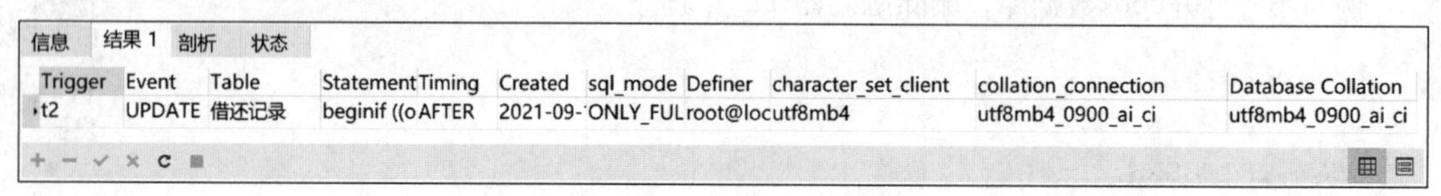

信息 结果 1 剖析 状态

Trigger	Event	Table	Statement	Timing	Created	sql_mode	Definer	character_set_client	collation_connection	Database Collation
t2	UPDATE	借还记录	beginif ((o	AFTER	2021-09-	ONLY_FUL	root@loc	utf8mb4	utf8mb4_0900_ai_ci	utf8mb4_0900_ai_ci

图 11-7 例 11-6 执行与结果验证 1

验证工作：

(1) 向借还记录表中添加一条借阅记录，完成对图书编号为“00000005”的图书的借阅。

```
INSERT INTO '借还记录'
VALUES('11022115','00000005',now(),null,null);
```

(2) 查看图书情况表中“00000005”图书的状态字段值为“出库”。(前面例题中已完成t1触发器的创建，所以此处可以看到图书的状态字段自动更改为出库。)

```
SELECT * FROM 图书情况;
```

(3) 图书归还操作：将学号为“11022115”且图书编号为“00000005”的图书归还日期添加为系统当前时间。

```
UPDATE '借还记录'
SET 归还日期=now()
WHERE 学号='11022115' AND 图书编号='00000005';
```

(4) 查看图书情况表中“00000005”图书的状态字段值为“在库”。

```
SELECT * FROM 图书情况;
```

用如下代码查看当前数据的触发器，执行与结果验证如图11-8所示。

信息 结果 1 剖析 状态

图书编号	图书名	第一作者	出版社	出版日期	类	定价	ISBN号	简介	状态
00000001	数据库ACCESS	李云龙	人民出版社	2017-01-01	T	50	1234443333343	是一本ESS的	在库
00000002	经济史分析	赵小云	经济出版社	2017-09-09	F	89	2332323232333	一本介绍经济	出库
00000003	音乐的力量	李建	人民出版社	2019-09-08	J	45	3333333333333	音乐使我们充	出库
00000004	步步惊心	桐	人民出版社	2017-09-08	I	67	3454777777777	现代人回到古	出库
00000005	数学的思考	李数	电子工业出版社	2018-09-09	O	56	5657745353432	数学的重要性,	在库
00000006	VB实用教程	丛书编委会	清华大学出版社	2021-01-01	T	30	5657745353423	(Null)	在库
00000007	VC实用教程	丛书编委会	清华大学出版社	2021-01-02	T	31	5657745353424	(Null)	在库

图 11-8 例 11-6 执行与结果验证 2

11.3.2 使用触发器实现数据备份

扫一扫

11-7 触发器实现数据保存

对于数据库操作而言，通常不会将数据做删除操作，但是大量数据在经常运行的数据库中存在会降低效率。因此，针对于需要删除的数据，可以将其转移到其他数据表中。

例11-7 打开book数据库，创建“old_图书情况”表，其表结构与图书情况相同，无记录。创建触发器t3，当图书情况表中有记录删除时，将记录移到“old_图书情况”表中。

(1) 创建触发器代码如下：

```
USE BOOK;
DELIMITER $$
CREATE TRIGGER T3
AFTER DELETE
ON 图书情况
FOR EACH ROW
BEGIN
  INSERT old_图书情况
  VALUES(old.图书编号,old.图书名,old.第一作者,old.出版社,old.出版日期,old.类别编
码,old.定价,old.ISBN号,old.简介,old.状态);
END;
$$
DELIMITER ;
```

(2) 在图书情况表中删除图书编号为“00000041”的图书。

```
DELETE FROM 图书情况
WHERE 图书编号='00000041';
```

(3) 查看图书情况表中全部信息。

```
SELECT * FROM 图书情况;
```

(4) 查看“old_图书情况表”中全部信息。

```
SELECT * FROM old_图书情况;
```

执行与验证结果如果11-9所示。

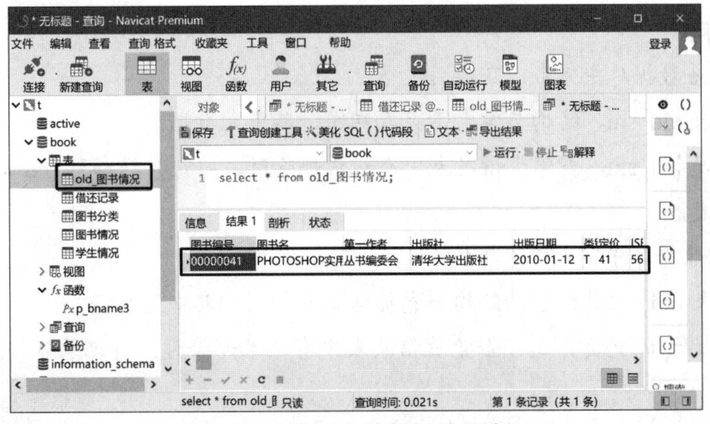

图 11-9 例 11-7 执行与结果验证

习　题

一、理论提升

1. 创建触发器的关键语句是（　　）。

A. CREATE TRIGGER　　B. ALTER TRIGGER

C. DROP TRIGGER　　D. CREATE FUNCTION

2. 删除触发器的关键语句是（　　）。

A. CREATE TRIGGER　　B. ALTER TRIGGER

C. DROP TRIGGER　　D. DROP FUNCTION

3. 查看全部触发器的关键语句是（　　）。

A. SHOW TRIGGER　　B. SHOW TRIGGERS

C. DROP TRIGGER　　D. SHOW FUNCTION

4. 查看触发器创建的关键语句是（　　）。

A. SHOW TRIGGER　　B. SHOW TRIGGERS

C. SHOW CREATE TRIGGER　　D. DROP TRIGGER

5.（　　）可以看作一种特殊类型的存储过程，在预先定义好的事件（如 INSERT、DELETE 等操作）发生时，才会被 MySQL 自动调用。

A. 触发器　　B. 函数　　C. 表　　D. 视图

6. 触发器的触发事件包括（　　）。（多选）

A. INSERT　　B. UPDATE　　C. DELETE　　D. SELECT

7. 触发时机包括（　　）。（多选）

A. BEFORE　　B. AFTER　　C. BEGIN　　D. END

8. 触发器的两个重要关键字是（　　）。（多选）

A. OLD　　B. NEW　　C. BEGIN　　D. END

9. 触发器的优点包括哪些？

10. 触发器的缺点包括哪些？

二、实践应用

1. 在 stuscore 数据库中完成以下操作：

（1）创建空表 old_stu，结构与学生情况表相同，其中无数据。

（2）创建触发器 t_stu，当学生情况表中有记录删除时，将记录转移到 old_stu 表中。

（3）验证触发器。

2. 在 active 数据库中完成以下操作：

（1）创建空表 old_党员信息，结构与党员信息表相同，其中无数据。

（2）创建触发器 t_党员信息，当党员信息表中有记录删除时，将记录转移到 old_党员信息表中。

（3）验证触发器。

答　案

1．A　2．C　3．B　4．C　5．A　6．ABC　7．AB　8．AB

9．触发器的优点包括哪些?

SQL触发器提供了检查数据完整性的替代方法。SQL触发器可以捕获数据库层中业务逻辑中的错误。SQL触发器提供了运行计划任务的另一种方法。通过使用SQL触发器，不必等待运行计划的任务，因为在对表中的数据进行更改之前或之后可自动调用触发器。SQL触发器对于审核表中数据的更改非常有用。

10．触发器的缺点包括哪些?

SQL触发器只能提供扩展验证，并且无法替换所有验证。一些简单的验证必须在应用层完成。例如，可以使用JavaScript或服务器端使用服务器端脚本语言（如JSP，PHP，ASP.NET，Perl等）来验证客户端的用户输入。从客户端应用程序调用和执行SQL触发器不可见，因此很难弄清数据库层中发生的情况。SQL触发器可能会增加数据库服务器的开销。

关键语句

- CREATE TRIGGER：创建触发器。
- DROP TRIGGER：删除触发器。
- SHOW TRIGGERS：查看全部触发器。
- SHOW CREATE TRIGGER：查看触发器创建语句。
- 适用于SQL程序的IF语句。

```
IF 条件表达式1 THEN 语句列表
[ELSE 条件表达式2 THEN 语句列表]……[ELSE 语句列表]
END IF
```

第12章 事务管理

【英语角】

[1] start　　英 [stɑːt]　美 [stɑːrt]

专业应用：开始。例如，“start transaction”为开启事务。

v. 开始；启动；着手（做或使用）；（使）发生；开动；发动。

n. 开头；开端；开始；起始优势；良好的基础条件。

[例句] Production of the new aircraft will start next year.

新飞机的生产将于明年开始。

[2] transaction　　英 [træn'zækʃn]　美 [træn'zækʃn]

专业应用：事务。例如，“start transaction”为开启事务。

n. 交易；处理；业务；买卖；办理。

[例句] They were uncertain of the total value of the transaction.

他们还不确定这笔交易的总价值是多少。

[3] commit　　英 [kə'mɪt]　美 [kə'mɪt]

专业应用：提交。例如，“commit transaction”为提交事务。

v. 犯罪；自杀；做出（错或非法的事）；犯（罪或错等）；承诺，保证（做某事、遵守协议或遵从安排等）。

[4] rollback　　英 ['rəʊlbæk]　美 ['roʊlbæk]

专业应用：回退，回滚。例如，“rollback transaction”为回滚事务。

n.（价格或工资等的）下跌，回落；（情形、法律等的）回复，恢复。

[例句] Silber says the tax rollback would decimate basic services for the needy.

西尔伯说税收的回落可能会大大减少为贫困人口提供的基本服务。

[5] isolation　　英 [ˌaɪsə'leɪʃn]　美 [ˌaɪsə'leɪʃn]

专业应用：隔离。例如，“select @@transaction_isolation”为查看事务隔离级别。

n. 隔离；隔离状态；孤独；孤立状态。

[例句] This patient needs to be in isolation for a week.

这个病人要隔离 1 周。

[6] session　　英 ['seʃn]　美 ['seʃn]

专业应用：会话。例如，“set session transaction isolation level”为修改事务隔离级别。

n. 一场；一节；一段时间；（法庭的）开庭，开庭期；（议会等的）会议，会期；学年。

[例句] However, OSA will consider to arrange another session if there is sufficient demand.

然而如有足够的需求，OSA 将考虑安排另一场会议。

[7] level　英 ['levl]　美 ['levl]

专业应用：级别。例如，"set session transaction isolation level" 为修改事务隔离级别。

n.（某时某情况下存在的）数量，程度，浓度；标准；水平；质量；品级；层次；级别。

adj. 平的；平坦的；等高的；地位相同的；价值相等的；得分相同。

v. 使平坦；使平整；摧毁，夷平（建筑物或树林）；使相等；使平等；使相似。

[例句] The figures show evidence that murders in the nation' s capital are beginning to level off

数据表明，该国首都谋杀案件的数量开始保持在稳定的水平。

[8] repeatable　英 [rɪ'piːtəbl]　美 [rɪ'piːtəbl]

专业应用：可重复。例如，"repeatable read" 为可重复读。

adj. 有礼貌；不冒犯人；可重复；

[例句] The function should match a set of repeatable business tasks.

功能应该与一组可重复的业务任务匹配。

[9] serializable　英 ['sɪərɪəlaɪzəbl]　美 ['sɪˌriəˌlaɪzəbl]

专业应用：串行化。例如，"set session transaction isolation level Serializable" 为设置事务隔离级别为串行化。

adj. 可串行化的。

[例句] The method parameters and return types must be serializable.

方法参数和返回类型必须是可序列化的。

12.1 初识事务

MySQL 事务主要用于处理操作量大，复杂度高的数据。例如，在人员管理系统中删除一个人员，既要删除人员的基本资料，也要删除和该人员相关的信息，如电子邮箱、文章等，这样，这些数据库操作语句就构成了一个事务。

12.1.1 事务的概念

事务指一个最小的不可再分的工作单元，通常一个事务对应一个完整的业务。例如，银行账户转账业务，该业务就是一个最小的工作单元。

一个完整的业务需要批量的DML（insert、update、delete）语句联合完成。

事务只和DML语句有关，或者说DML语句才有事务。这和业务逻辑有关，业务逻辑不同，DML语句的个数就不同。

12.1.2 事务的特性

一般来说，事务必须满足4个条件（ACID）：原子性（Atomicity，又称不可分割性）、一致性（Consistency）、隔离性（Isolation，又称独立性）、持久性（Durability）。

原子性：一个事务（transaction）中的所有操作，要么全部完成，要么全部不完成，不会结束在中间某个环节。事务在执行过程中发生错误，会被回滚（Rollback）到事务开始前的状态，就像这个事务从来没有执行过一样。

一致性：在事务开始之前和事务结束以后，数据库的完整性没有被破坏。这表示写入的资料必须完全符合所有的预设规则，这包含资料的精确度、串联性以及后续数据库可以自发性地完成预定的工作。

隔离性：数据库允许多个并发事务同时对其数据进行读写和修改的能力，隔离性可以防止多个事务并发执行时由于交叉执行而导致的数据不一致。事务隔离分为不同级别，包括读未提交（read uncommitted）、读提交（read committed）、可重复读（repeatable read）和串行化（serializable）。

持久性：事务处理结束后，对数据的修改就是永久的，即便系统故障也不会丢失。

12.2 事务控制语句

一般来说，MySQL默认开启了事务自动提交功能，每条sql执行都会提交事务。但是也可以对命令控制事物的提交进行滚退。

12.2.1 开启事务

1. 基本语法格式

```
START TRANSACTION
```

2. 说明

开启事务至事务提交或回滚结束。

12.2.2 提交事务

1. 基本语法格式

```
COMMIT TRANSACTION
```

扫一扫

12-1 事务提交

2. 说明

成功的结束。将事务开启后所有的DML语句操作历史记录与底层硬盘数据同步。

例12-1 在book数据库中，完成以下系统操作，观察事务提交前后数据是否有变化。

（1）开启事务。

```
START TRANSACTION;
```

（2）为借还记录表添加一条借阅记录：“11080103”号同学借了“00000038”编号的图书，借阅日期为当前时间。

```
INSERT 借还记录 VALUES('11080103','00000038',now(),null,null);
```

（3）查看图书借还记录表中学号为“11080103”的同学借阅记录。

```
SELECT * FROM 借还记录 WHERE 学号='11080103';
```

（4）修改图书情况表中“00000038”编号图书的信息，将状态改为“出库”。

```
UPDATE 图书情况 SET 状态='出库' WHERE 图书编号='00000038' ;
```

（5）查看图书情况表中图书编号为“00000038”的图书。

```
SELECT * FROM 图书情况 WHERE 图书编号='00000038';
```

（6）提交事务。

```
COMMIT;
```

（7）查看图书借还记录表中学号为“11080103”的同学借阅记录。

```
SELECT * FROM 借还记录 WHERE 学号='11080103';
```

（8）查看图书情况表中图书编号为“00000038”的图书。

```
SELECT * FROM 图书情况 WHERE 图书编号='00000038';
```

执行结果如图12-1所示。

```
mysql> start transaction;
Query OK, 0 rows affected (0.00 sec)

mysql> insert 借还记录 values('11080103','00000038',NOW(),NULL,NULL);
Query OK, 1 row affected, 1 warning (0.00 sec)

mysql> select * from 借还记录 where 学号='11080103';
+----------+----------+------------+----------+------+
| 学号     | 图书编号 | 借阅日期   | 归还日期 | 备注 |
+----------+----------+------------+----------+------+
| 11080103 | 00000038 | 2021-09-14 | NULL     | NULL |
+----------+----------+------------+----------+------+
1 row in set (0.00 sec)

mysql> update 图书情况 set 状态='出库' where 图书编号='00000038' ;
Query OK, 1 row affected (0.00 sec)
Rows matched: 1  Changed: 1  Warnings: 0

mysql> select * from 图书情况 where 图书编号='00000038' ;
+----------+---------------+------------+----------------+------------+----------+------+---------------+------+------+
| 图书编号 | 图书名        | 第一作者   | 出版社         | 出版日期   | 类别编码 | 定价 | ISBN号        | 简介 | 状态 |
+----------+---------------+------------+----------------+------------+----------+------+---------------+------+------+
| 00000038 | FLASH实用教程 | 丛书编委会 | 清华大学出版社 | 2021-01-11 | T        |   40 | 5657745353437 | NULL | 出库 |
+----------+---------------+------------+----------------+------------+----------+------+---------------+------+------+
1 row in set (0.00 sec)

mysql> commit;
Query OK, 0 rows affected (0.00 sec)

mysql> select * from 借还记录 where 学号='11080103';
+----------+----------+------------+----------+------+
| 学号     | 图书编号 | 借阅日期   | 归还日期 | 备注 |
+----------+----------+------------+----------+------+
| 11080103 | 00000038 | 2021-09-14 | NULL     | NULL |
+----------+----------+------------+----------+------+
1 row in set (0.00 sec)

mysql> select * from 图书情况 where 图书编号='00000038' ;
+----------+---------------+------------+----------------+------------+----------+------+---------------+------+------+
| 图书编号 | 图书名        | 第一作者   | 出版社         | 出版日期   | 类别编码 | 定价 | ISBN号        | 简介 | 状态 |
+----------+---------------+------------+----------------+------------+----------+------+---------------+------+------+
| 00000038 | FLASH实用教程 | 丛书编委会 | 清华大学出版社 | 2021-01-11 | T        |   40 | 5657745353437 | NULL | 出库 |
+----------+---------------+------------+----------------+------------+----------+------+---------------+------+------+
1 row in set (0.00 sec)
```

图 12-1　例 12-1 执行结果

12.2.3　回滚事务

1. 基本语法格式

```
ROLLBACK TRANSACTION
```

2. 说明

失败的结束。将所有的DML语句操作历史记录全部清空。

扫一扫

12-2 回滚事务

例12-2 在book数据库中，完成以下系列操作，观察事务提交前后数据是否有变化。

(1) 开启事务。

```
START TRANSACTION;
```

(2) 为借还记录表添加一条借阅记录：11080103号同学，借了00000039编号的图书，借阅日期为当前时间。

```
INSERT 借还记录 VALUES('11080103','00000039',now(),null,null);
```

(3) 查看图书借还记录表中学号为“11080103”的同学的借阅记录。

```
SELECT * FROM 借还记录 WHERE 学号='11080103';
```

(4) 修改图书情况表中“00000039”编号图书的信息，将状态改为“出库”。

```
UPDATE 图书情况 SET 状态='出库'  WHERE 图书编号='00000039';
```

(5) 查看图书情况表中图书编号为“00000039”的图书。

```
SELECT * FROM 图书情况 WHERE 图书编号='00000039';
```

(6) 回滚事务。

```
ROLLBACK;
```

(7) 查看图书借还记录表中学号为“11080103”的同学的借阅记录。

```
SELECT * FROM 借还记录 WHERE 学号='11080103';
```

(8) 查看图书情况表中图书编号为“00000039”的图书。

```
SELECT * FROM 图书情况 WHERE 图书编号='00000039';
```

从执行结果可以看出，在事务回滚前和回滚后所查询到的记录信息是不同的。回滚后记录信息恢复事务开始前的状态。执行结果如图12-2所示。

```
mysql> start transaction;
Query OK, 0 rows affected (0.00 sec)

mysql> insert 借还记录 values('11080103','00000039',NOW(),NULL,NULL);
Query OK, 1 row affected, 1 warning (0.00 sec)

mysql> select * from 借还记录 where 学号='11080103';
+----------+----------+------------+----------+------+
| 学号     | 图书编号 | 借阅日期   | 归还日期 | 备注 |
+----------+----------+------------+----------+------+
| 11080103 | 00000038 | 2021-09-14 | NULL     | NULL |
| 11080103 | 00000039 | 2021-09-14 | NULL     | NULL |
+----------+----------+------------+----------+------+
2 rows in set (0.00 sec)

mysql> update 图书情况 set 状态='出库' where 图书编号='00000039' ;
Query OK, 1 row affected (0.00 sec)
Rows matched: 1  Changed: 1  Warnings: 0

mysql> select * from  图书情况 where 图书编号='00000039' ;
+----------+-------------------+------------+--------------+------------+----------+------+---------------+------+------+
| 图书编号 | 图书名            | 第一作者   | 出版社       | 出版日期   | 类别编码 | 定价 | ISBN号        | 简介 | 状态 |
+----------+-------------------+------------+--------------+------------+----------+------+---------------+------+------+
| 00000039 | PHOTOSHOP实用教程4 | 丛书编委会 | 清华大学出版社 | 2021-01-12 | T        |   41 | 5657745353438 | NULL | 出库 |
+----------+-------------------+------------+--------------+------------+----------+------+---------------+------+------+
1 row in set (0.00 sec)

mysql> rollback;
Query OK, 0 rows affected (0.00 sec)

mysql> select * from 借还记录 where 学号='11080103';
+----------+----------+------------+----------+------+
| 学号     | 图书编号 | 借阅日期   | 归还日期 | 备注 |
+----------+----------+------------+----------+------+
| 11080103 | 00000038 | 2021-09-14 | NULL     | NULL |
+----------+----------+------------+----------+------+
1 row in set (0.00 sec)

mysql> select * from  图书情况 where 图书编号='00000039' ;
+----------+-------------------+------------+--------------+------------+----------+------+---------------+------+------+
| 图书编号 | 图书名            | 第一作者   | 出版社       | 出版日期   | 类别编码 | 定价 | ISBN号        | 简介 | 状态 |
+----------+-------------------+------------+--------------+------------+----------+------+---------------+------+------+
| 00000039 | PHOTOSHOP实用教程4 | 丛书编委会 | 清华大学出版社 | 2021-01-12 | T        |   41 | 5657745353438 | NULL | 在库 |
+----------+-------------------+------------+--------------+------------+----------+------+---------------+------+------+
1 row in set (0.00 sec)
```

图 12-2 例 12-2 执行结果

12.3 事务隔离级别

幻读和不可重复读都是在同一个事务中多次读取了其他事务已经提交的事务的数据导致每次读取的数据不一致，所不同的是“不可重复读”读取的是同一条数据，而“幻读”针对的是一批数据整体的统计（例如数据的个数）。解决这类问题可以运用事务隔离机制。

12.3.1 四种隔离级别

以MySQL数据库来分析四种隔离级别。

1. read uncommitted（读未提交）

如果一个事务已经开始写数据，则另外一个事务不允许同时进行写操作，但允许其他事务读此行数据，该隔离级别可以通过“排他写锁”，但是不排斥读线程实现。这样就避免了更新丢失，然而却可能出现脏读，也就是说事务B读取到了事务A未提交的数据。

本级别解决了更新丢失，但还是可能会出现脏读。

2. read committed（读提交）

如果是一个读事务（线程），则允许其他事务读写，如果是写事务将会禁止其他事务访问该行数据，该隔离级别避免了脏读，但是可能出现不可重复读。事务A事先读取了数据，事务B紧接着更新了数据，并提交了事务，而事务A再次读取该数据时，数据已经发生了改变。

本级别解决了更新丢失和脏读问题。

3. repeatable read（可重复读取）

可重复读取是指在一个事务内，多次读同一个数据，在这个事务还没结束时，其他事务不能访问该数据（包括读写），这样就可以做到在同一个事务内两次读到的数据是一样的，因此称为可重复读取隔离级别。读取数据的事务将会禁止写事务（但允许读事务），写事务则禁止任何其他事务（包括读写），这样避免了不可重复读和脏读，但是有时可能会出现幻读。读取数据的事务可以通过“共享读镜”和“排他写锁”实现。

本级别解决了更新丢失、脏读、不可重复读、但是还会出现幻读。

4. serializable（串行化）

它提供严格的事务隔离，要求事务序列化执行，事务只能一个接着一个地执行，但不能并发执行，如果仅仅通过“行级锁”是无法实现序列化的，必须通过其他机制保证新插入的数据不会被执行查询操作的事务访问到。序列化是最高的事务隔离级别，同时代价也是最高的，性能很低，一般很少使用，在该级别下，事务顺序执行，不仅可以避免脏读、不可重复读，还避免了幻读。

本级别解决了更新丢失、脏读、不可重复读、幻读（虚读）。

以上四种隔离级别最高的是serializable级别，最低的是read uncommitted级别，当然级别越高，执行效率就越低。像serializable这样的级别，就是以锁表的方式（类似于Java多线程中的锁）

使得其他线程只能在锁外等待，所以平时应该根据实际情况选用隔离级别，在MySQL数据库中默认的隔离级别是Repeatable read（可重复读）。

12.3.2 查看事务隔离级别

在MySQL数据库中，支持上面四种隔离级别，默认为repeatable read（可重复读）；而在Oracle数据库中，只支持serializable（串行化）级别和read committed（读已提交）这两种级别，其中默认的为Read committed级别。

1. 基本语法格式

```
SELECT @@TRANSACTION_ISOLATION;
```

扫一扫

12-3 查看系统当前事物隔离级别

2. 说明

以上语法适用于MySQL 8.0，但在较低版本中使用SELECT @@TX_ISOLATION;来查看事务隔离级别。

例12-3 查看系统当前事务隔离级别。

```
SELECT @@TRANSACTION_ISOLATION;
```

当前为MySQL默认的事务隔离级别：repeatable read（可重复读取），执行结果如图12-3所示。

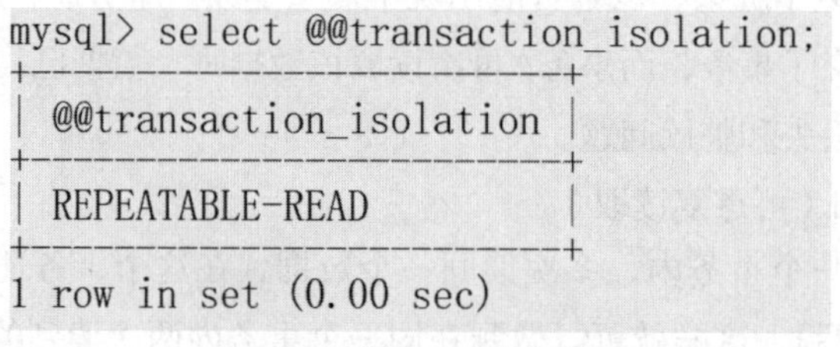

```
mysql> select @@transaction_isolation;
+-------------------------+
| @@transaction_isolation |
+-------------------------+
| REPEATABLE-READ         |
+-------------------------+
1 row in set (0.00 sec)
```

图 12-3 例 12-3 执行结果

12.3.3 修改事务隔离级别

1. 基本语法格式

```
set session transaction isolation level 事务隔离级别
```

2. 说明

不是事务隔离级别设置得越高越好，事务隔离级别设置得越高，意味着要加锁来保证事务的正确性，效率就会降低，因此实际开发中往往要在效率和并发正确性之间做一个取舍，一般情况下会设置为READ_COMMITED，这样既避免了脏读，对并发性的影响也很小，之后再去解决不可重复读和幻读的问题即可。

扫一扫

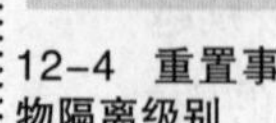

12-4 重置事物隔离级别

例12-4 将系统当前事务隔离级别设定为serializable，并查看。

```
SET SESSION TRANSACTION ISOLATION LEVEL SERIALIZABLE;
SELECT @@TRANSACTION_ISOLATION;
```

修改后可见系统当前事务隔离级为serializable (串行化)，执行结果如图12-4所示。

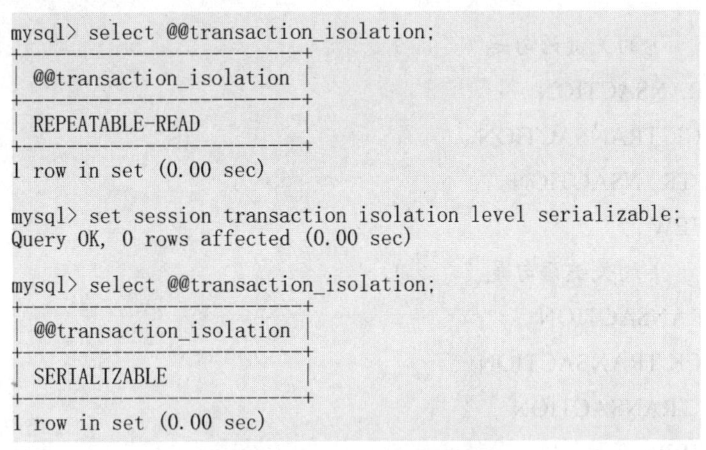

```
mysql> select @@transaction_isolation;
+-------------------------+
| @@transaction_isolation |
+-------------------------+
| REPEATABLE-READ         |
+-------------------------+
1 row in set (0.00 sec)

mysql> set session transaction isolation level serializable;
Query OK, 0 rows affected (0.00 sec)

mysql> select @@transaction_isolation;
+-------------------------+
| @@transaction_isolation |
+-------------------------+
| SERIALIZABLE            |
+-------------------------+
1 row in set (0.00 sec)
```

图 12-4　例 12-4 执行结果

扫一扫

12-5 重置事物隔离级别为默认值

例12-5　将系统当前事务隔离级别设定为repeatable read（可重复读），并查看。

```
SET SESSION TRANSACTION ISOLATION LEVEL REPEATABLE READ;
SELECT @@TRANSACTION_ISOLATION;
```

修改后可见系统当前事务隔离级别为repeatable read（可重复读），执行结果如图12-5所示。

```
mysql> set session transaction isolation level serializable;
Query OK, 0 rows affected (0.00 sec)

mysql> select @@transaction_isolation;
+-------------------------+
| @@transaction_isolation |
+-------------------------+
| SERIALIZABLE            |
+-------------------------+
1 row in set (0.00 sec)

mysql> set session transaction isolation level repeatable read;
Query OK, 0 rows affected (0.00 sec)

mysql> select @@transaction_isolation;
+-------------------------+
| @@transaction_isolation |
+-------------------------+
| REPEATABLE-READ         |
+-------------------------+
1 row in set (0.00 sec)
```

图 12-5　例 12-5 执行结果

习　　题

一、理论提升

1. 开启事务的关键语句是（　　）。

A. START TRANSACTION　　B. ROLLBACK TRANSACTION

C. COMMIT TRANSACTION　　D. ALTER VIEW

2. 回滚事务（　　）的关键语句是（　　）。

A. START TRANSACTION

B. ROLLBACK TRANSACTION

C. COMMIT TRANSACTION

D. ALTER VIEW

3. 提交事务（　　）的关键语句是（　　）。

A. START TRANSACTION

B. ROLLBACK TRANSACTION

C. COMMIT TRANSACTION

D. ALTER VIEW

4. 查看系统事务隔离级别所使用的变量是（　　）。

A. @@transaction_isolation　　B. @@VERSION

C. @@transaction　　D. @@isolation

5. MySQL 默认的事务隔离级别是（　　）。

A. serializable　　B. read committed

C. read uncommitted　　D. repeatable read

二、实践应用

1. 在 stuscore 数据库中完成以下操作，观察事务提交前后数据是否有变化。

（1）开启事务。

（2）在选课成绩表中删除学号为 20010603 的学生的记录。

（3）查看选课成绩表中学号为 20010603 的学生的记录。

（4）在学生信息表中删除学号为 20010604 的学生的记录。

（5）查看学生信息表中学号为 20010604 的学生的记录。

（6）提交事务。

（7）查看选课成绩表中学号为 20010605 的学生的记录。

（8）查看学生信息表中学号为 20010605 的学生的记录。

2. 在 active 数据库中完成以下操作：

（1）开启事务。

（2）在培养信息表中删除培养人编号为 47 的记录。

（3）查看培养信息表中培养人编号为 47 的记录。

（4）删除党员信息表中编号为 47 的记录

（5）查看党员信息表中编号为 47 的记录。

（6）回滚事务。

（7）查看培养信息表中培养人编号为 47 的记录。

（8）查看党员信息表中编号为 47 的记录。

答　案

1. A　2. B　3. C　4. A　5. D

关键语句

- START TRANSACTION：开启事务。
- COMMIT TRANSACTION：提交事务。
- ROLLBACK TRANSACTION：回滚事务。
- SELECT @@TRANSACTION_ISOLATION：查看事务隔离级别。
- SET SESSION TRANSACTION ISOLATION LEVEL：修改事务隔离级别。

第13章 用户与权限

【英语角】

[1] root　　英 [ruːt]　美 [ruːt]

专业应用：超级用户、超级权限等。例如，"mysql –uroot –p 123" 为以 root 用户身份登录 mysql。

n. 根；根茎；根部；根源；起因。

v.（使）生根；翻寻；（与某人）性交。

[例句] The square root of 64 is 8.

64 的算术平方根是 8。

[2] host　　英 [həʊst]　美 [hoʊst]

专业应用：主机。例如，"SELECT HOST,USER,FROM USER" 为查询所有用户的主机与用户名。

vt. 主办；主持（电视或广播节目等）；作为主人组织（聚会）；做东。

n. 主人；东道主；主办国（或城市、机构）；（电视或广播的）节目主持人。

[例句] Germany hosted the World Cup finals.

德国主办了世界杯决赛。

[3] user　　英 ['juːzə(r)]　美 ['juːzər]

专业应用：用户。例如，"drop user" 为删除用户。

n. 使用者；用户；瘾君子；吸毒者。

[例句] Computer users should make regular back-up copies of their work.

计算机使用者应该定期对自己的工作进行备份。

[4] authentication　　英 [ɔːˌθentɪ'keɪʃn]　美 [ɔːˌθentɪ'keɪʃn]

专业应用：身份验证。例如，"authentication_string" 为密码字符串。

n. 身份验证；认证；鉴定。

[例句] You should always use SSL when you use basic authentication.

使用基本身份验证时应始终使用 ssl。

[5] string　　英 [strɪŋ]　美 [strɪŋ]

专业应用：字符串。例如，"authentication_string" 为密码字符串。

n. 一串；线；细绳；带子；一系列；一连串；一批。

vt. 悬挂；系；扎；用线（或细绳等）串，把……连在一起；给……装弦。

adj. 由弦乐器组成的；弦乐器的；线织的；线的。

[例句] She wore a string of pearls around her neck.

她脖子上戴着一串珍珠。

[6] identified　英 [aɪ'dentɪfaɪd]　美 [aɪ'dentɪfaɪd]

专业应用：验证。例如，"CREATE USER 'TEST2'@'LOCALHOST' IDENTIFIED BY '123456'" 为创建用户 test2, 密码为 123456，可以该问本地服务器。

v. 确认；认出；鉴定；找到；发现；显示；说明身份。

[词典] identify 的过去分词和过去式。

[例句] Her attacker has now been positively identified by police.

袭击她的人现在已被警方确认。

[7] localhost　英 ['ləʊk(ə)l həʊst]　美 ['loʊkl hoʊst]

专业应用：本地服务器。例如，"CREATE USER 'TEST2'@'LOCALHOST' IDENTIFIED BY '123456'" 为创建用户 test2, 密码为 123456，可以该问本地服务器。

n. 本地主机；本地服务器；本地；主机名；主机；本地计算机。

[例句] I then used the Connect command to connect to localhost.

接着使用 Connect 命令连接到 localhost。

[8] grant　英 [grɑːnt]　美 [grænt]

专业应用：授予（权限）。例如，"grant all privileges on *.* to'test2'@'localhost' with grant option" 为授予用户 'test2'@'localhost'，除授权权限与代理权限的所有权限。

vt. 授予；（尤指正式地或法律上）同意，准予，允许；（勉强）承认，同意。

n.（政府、机构的）拨款。

[例句] The government has been granted emergency powers.

政府已被授予应急权力。

[9] revoke　英 [rɪ'vəʊk]　美 [rɪ'voʊk]

专业应用：取消（权限）。例如，"revoke update on *.* from 'TEST4'@'LOCALHOST'" 为回收 TEST4 对所有数据库的所有表的修改权限。

vt. 撤销；取消；废除；使无效。

[例句] The government revoked her husband's license to operate migrant labor crews.

政府撤销了她丈夫管理外来打工人群的许可证。

[10] flush　英 [flʌʃ]　美 [flʌʃ]

专业应用：刷新。例如：FLUSH PRIVILEGES: 重新加载权限表；更新权限。

v. 脸红；发红；冲（抽水马桶）；（用水）冲洗净，冲洗。

n. 潮红；脸红；一阵强烈情感；（流露出的）一阵激情；冲（抽水马桶）。

adj. 富有，很有钱（通常为短期的）；完全齐平。

[例句] She flushed to the ears.

她脸红到耳根。

[11] privileges　英 ['prɪvəlɪdʒɪz]　美 ['prɪvəlɪdʒɪz]

专业应用：权限。例如，"FLUSH PRIVILEGES" 为重新加载权限表；更新权限。

n. 特殊利益；优惠待遇；（有钱有势者的）特权，特殊待遇；荣幸；荣耀；光荣。

v. 给予特权；特别优待。

[词典] privilege 的第三人称单数和复数。

[例句] Officials of all member states receive certain privileges and immunities.

各成员国的官员均享有某些特权和豁免权。

13.1 与数据库权限相关的表

MySQL是一个多用户管理的数据库，可以为不同用户分配不同的权限，分为root用户和普通用户，root用户为超级管理员，拥有所有权限，而普通用户拥有指定的权限。

MySQL服务器通过权限表来控制用户对数据库的访问，权限表存放在mysql数据库里，由mysql_install_db脚本初始化。

主要的权限表包括：user、db、table_priv、columns_priv和host。

13.1.1 user 权限表

user权限表记录允许连接到服务器的用户账号信息，里面的权限是全局级的。user权限表包括的字段有很多，如图13-1所示。

mysql> desc user;

Field	Type	Null	Key	Default	Extra
Host	char(255)	NO	PRI		
User	char(32)	NO	PRI		
Select_priv	enum('N','Y')	NO		N	
Insert_priv	enum('N','Y')	NO		N	
Update_priv	enum('N','Y')	NO		N	
Delete_priv	enum('N','Y')	NO		N	
Create_priv	enum('N','Y')	NO		N	
Drop_priv	enum('N','Y')	NO		N	
Reload_priv	enum('N','Y')	NO		N	
Shutdown_priv	enum('N','Y')	NO		N	
Process_priv	enum('N','Y')	NO		N	
File_priv	enum('N','Y')	NO		N	
Grant_priv	enum('N','Y')	NO		N	
References_priv	enum('N','Y')	NO		N	
Index_priv	enum('N','Y')	NO		N	
Alter_priv	enum('N','Y')	NO		N	
Show_db_priv	enum('N','Y')	NO		N	
Super_priv	enum('N','Y')	NO		N	
Create_tmp_table_priv	enum('N','Y')	NO		N	
Lock_tables_priv	enum('N','Y')	NO		N	
Execute_priv	enum('N','Y')	NO		N	
Repl_slave_priv	enum('N','Y')	NO		N	
Repl_client_priv	enum('N','Y')	NO		N	
Create_view_priv	enum('N','Y')	NO		N	
Show_view_priv	enum('N','Y')	NO		N	
Create_routine_priv	enum('N','Y')	NO		N	
Alter_routine_priv	enum('N','Y')	NO		N	
Create_user_priv	enum('N','Y')	NO		N	
Event_priv	enum('N','Y')	NO		N	
Trigger_priv	enum('N','Y')	NO		N	
Create_tablespace_priv	enum('N','Y')	NO		N	
ssl_type	enum('','ANY','X509','SPECIFIED')	NO			
ssl_cipher	blob	NO		NULL	
x509_issuer	blob	NO		NULL	
x509_subject	blob	NO		NULL	
max_questions	int unsigned	NO		0	
max_updates	int unsigned	NO		0	
max_connections	int unsigned	NO		0	
max_user_connections	int unsigned	NO		0	
plugin	char(64)	NO		caching_sha2_password	
authentication_string	text	YES		NULL	
password_expired	enum('N','Y')	NO		N	
password_last_changed	timestamp	YES		NULL	
password_lifetime	smallint unsigned	YES		NULL	
account_locked	enum('N','Y')	NO		N	
Create_role_priv	enum('N','Y')	NO		N	
Drop_role_priv	enum('N','Y')	NO		N	
Password_reuse_history	smallint unsigned	YES		NULL	
Password_reuse_time	smallint unsigned	YES		NULL	
Password_require_current	enum('N','Y')	YES		NULL	
User_attributes	json	YES		NULL	

图 13-1 user 权限表字段列表

1. 用户列

用户列存储了用户连接MySQL数据库时需要输入的信息。

Host：主机名，双主键之一，值为%时表示匹配所有主机。

User：用户名，双主键之一。

authentication_string：密码名。

注意：MySQL 5.7以前的版本使用Password作为密码的字段，5.7以后的版本改成了authentication_string。

user表用户列字段详情见表13-1。

表 13-1 user 表用户列字段详情

字 段 名	字段类型	是否为空	默 认 值	说 明
Host	char(60)	NO	无	主机名
User	char(32)	NO	无	用户名
authentication_string	text	YES	无	密码

用户登录时，如果这3个字段同时匹配，MySQL数据库系统才会允许其登录。创建新用户时，也是设置这3个字段的值。修改用户密码时，实际就是修改user表的authentication_string字段的值。因此，这3个字段决定了用户能否登录。

为了更好地理解用户列。下面列出（User，Host）值对应的具体含义。

- (root,%)，表示可以远程登录，并且是除服务器外的其他任何终端，%表示任意IP都可登录。
- (root,localhost)，表示可以本地登录，即可以在服务器上登录，localhost则只允许本地登录。
- (root,127.0.0.1)，表示可以本机登录，即可以在服务器上登录。
- (root,ts01)，表示主机名为ts01可以登录。
- (root,::1)，表示本机可以登录。
- (root,192.168.2.3)，表示IP地址为192.168.2.3的主机可以登录。

2. 权限列

权限列决定了用户的权限，描述了用户在全局范围内允许对数据库和数据库表进行的操作，字段类型都是枚举Enum，值只能是Y或N，Y表示有权限，N表示没有权限。

权限大致分为两大类，分别是高级管理权限和普通权限：

高级管理权限主要对数据库进行管理，例如关闭服务的权限、超级权限和加载用户等；

普通权限主要操作数据库，例如查询权限、修改权限等。

user表的权限列包括Select_priv、Insert_ priv等以priv结尾的字段，这些字段值的数据类型为ENUM，可取的值只有Y和N：Y表示该用户有对应的权限，N表示该用户没有对应的权限。从安全角度考虑，这些字段的默认值都为N。

user表权限列字段详情见表13-2。

表 13-2　user 表权限列字段详情

字　段　名	字段类型	是否为空	默认值	说　　明
Select_priv	enum('N', 'Y')	NO	N	是否可以通过 SELECT 命令查询数据
Insert_priv	enum('N', 'Y')	NO	N	是否可以通过 INSERT 命令插入数据
Update_priv	enum('N', 'Y')	NO	N	是否可以通过 UPDATE 命令修改现有数据
Delete_priv	enum('N', 'Y')	NO	N	是否可以通过 DELETE 命令删除现有数据
Create_priv	enum('N', 'Y')	NO	N	是否可以创建新的数据库和表
Drop_priv	enum('N', 'Y')	NO	N	是否可以删除现有数据库和表
Reload_priv	enum('N', 'Y')	NO	N	是否可以执行刷新和重新加载 MySQL 所用的各种内部缓存的特定命令，包括日志、权限、主机、查询和表
Shutdown_priv	enum('N', 'Y')	NO	N	是否可以关闭 MySQL 服务器。将此权限提供给 root 账户之外的任何用户时，都应当非常谨慎
Process_priv	enum('N', 'Y')	NO	N	是否可以通过 SHOW PROCESSLIST 命令查看其他用户的进程
File_priv	enum('N', 'Y')	NO	N	是否可以执行 SELECT INTO OUTFILE 和 LOAD DATA INFILE 命令
Grant_priv	enum('N', 'Y')	NO	N	是否可以将自己的权限再授予其他用户
References_priv	enum('N', 'Y')	NO	N	是否可以创建外键约束
Index_priv	enum('N', 'Y')	NO	N	是否可以对索引进行增删查
Alter_priv	enum('N', 'Y')	NO	N	是否可以重命名和修改表结构
Show_db_priv	enum('N', 'Y')	NO	N	是否可以查看服务器上所有数据库的名字，包括用户拥有足够访问权限的数据库
Super_priv	enum('N', 'Y')	NO	N	是否可以执行某些强大的管理功能，例如通过 KILL 命令删除用户进程；使用 SET GLOBAL 命令修改全局 MySQL 变量，执行关于复制和日志的各种命令。(超级权限)
Create_tmp_table_priv	enum('N', 'Y')	NO	N	是否可以创建临时表
Lock_tables_priv	enum('N', 'Y')	NO	N	是否可以使用 LOCK TABLES 命令阻止对表的访问 / 修改
Execute_priv	enum('N', 'Y')	NO	N	是否可以执行存储过程
Repl_slave_priv	enum('N', 'Y')	NO	N	是否可以读取用于维护复制数据库环境的二进制日志文件
Repl_client_priv	enum('N', 'Y')	NO	N	是否可以确定复制从服务器和主服务器的位置
Create_view_priv	enum('N', 'Y')	NO	N	是否可以创建视图
Show_view_priv	enum('N', 'Y')	NO	N	是否可以查看视图
Create_routine_priv	enum('N', 'Y')	NO	N	是否可以更改或放弃存储过程和函数
Alter_routine_priv	enum('N', 'Y')	NO	N	是否可以修改或删除存储函数及函数
Create_user_priv	enum('N', 'Y')	NO	N	是否可以执行 CREATE USER 命令，这个命令用于创建新的 MySQL 账户
Event_priv	enum('N', 'Y')	NO	N	是否可以创建、修改和删除事件
Trigger_priv	enum('N', 'Y')	NO	N	是否可以创建和删除触发器
Create_tablespace_priv	enum('N', 'Y')	NO	N	是否可以创建表空间

3. 安全列

安全列主要用来判断用户是否能够登录成功。

user表安全列字段详情见表13-3。

表 13-3 user 表安全列字段详情

字 段 名	字段类型	是否为空	默认值	说 明
ssl_type	enum('','ANY','X509', 'SPECIFIED')	NO		支持 ssl 标准加密安全字段
ssl_cipher	blob	NO		支持 ssl 标准加密安全字段
x509_issuer	blob	NO		支持 x509 标准字段
x509_subject	blob	NO		支持 x509 标准字段
plugin	char(64)	NO	mysql_native_password	引入 plugins 以进行用户连接时的密码验证，plugin 创建外部 / 代理用户
password_expired	enum('N', 'Y')	NO	N	密码是否过期（N 未过期，y 已过期）
password_last_changed	timestamp	YES		记录密码最近修改的时间
password_lifetime	smallint(5) unsigned	YES		设置密码的有效时间，单位为天数
account_locked	enum('N', 'Y')	NO	N	用户是否被锁定（Y 锁定,N 未锁定）

注意：即使 password_expired 为“Y”，用户也可以使用密码登录 MySQL，但是不允许做任何操作。

4. 资源控制列

资源控制列的字段用来限制用户使用的资源。

user表资源控制列字段详情见表13-4。

表 13-4 user 表资源控制列字段详情

字 段 名	字段类型	是否为空	默认值	说 明
max_questions	int(11) unsigned	NO	0	规定每小时允许执行查询的操作次数
max_updates	int(11) unsigned	NO	0	规定每小时允许执行更新的操作次数
max_connections	int(11) unsigned	NO	0	规定每小时允许执行的连接操作次数
max_user_connections	int(11) unsigned	NO	0	规定允许同时建立的连接次数

以上字段的默认值为 0，表示没有限制。一个小时内用户查询或者连接数量超过资源控制限制，用户将被锁定，直到下一个小时才可以再次执行对应的操作。可以使用 GRANT 语句更新这些字段的值。

13.1.2 db 表

db 表比较常用，是 MySQL 数据库中非常重要的权限表，表中存储了用户对某个数据库的操作权限。

db表包括的字段有很多，如图13-2所示。

```
mysql> select * from db;
+-----------+--------------------+---------------+-------------+-------------+-------------+-------------+-------------+-----------+------------+-----------------+------------+------------+
| Host      | Db                 | User          | Select_priv | Insert_priv | Update_priv | Delete_priv | Create_priv | Drop_priv | Grant_priv | References_priv | Index_priv | Alter_priv |
 Create_tmp_table_priv | Lock_tables_priv | Create_view_priv | Show_view_priv | Create_routine_priv | Alter_routine_priv | Execute_priv | Event_priv | Trigger_priv |
+-----------+--------------------+---------------+-------------+-------------+-------------+-------------+-------------+-----------+------------+-----------------+------------+------------+
| localhost | performance_schema | mysql.session | Y           | N           | N           | N           | N           | N         | N          | N               | N          | N          |
 N                     | N                | N                | N              | N                   | N                  | N            | N          | N            |
| localhost | sys                | mysql.sys     | N           | N           | N           | N           | N           | N         | N          | N               | N          | N          |
 N                     | N                | N                | N              | N                   | N                  | N            | N          | Y            |
+-----------+--------------------+---------------+-------------+-------------+-------------+-------------+-------------+-----------+------------+-----------------+------------+------------+
2 rows in set (0.00 sec)
```

图 13-2　db 表字段列表

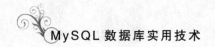

表中的字段大致可以分为两类，分别是用户列和权限列。

1．用户列

db 表用户列有 3 个字段，分别是 Host、User、Db，标识从某个主机连接某个用户对某个数据库的操作权限，这 3 个字段的组合构成了 db 表的主键。

db表用户列字段详情见表13-5。

表 13-5　db 表用户列字段详情

字段名	字段类型	是否为空	默认值	说明
Host	char(60)	NO	无	主机名
Db	char(64)	NO	无	数据库名
User	char(32)	NO	无	用户名

2．权限列

db 表中的权限列和 user 表中的权限列大致相同，只是user 表中的权限是针对所有数据库的，而 db 表中的权限只针对指定的数据库。如果希望用户只对某个数据库有操作权限，可以先将 user 表中对应的权限设置为 N，然后在 db 表中设置对应数据库的操作权限。

13.1.3 tables_priv 表

tables_priv 表用来对单个表进行权限设置。

tables_priv表字段，如图13-3所示。

```
mysql> select * from tables_priv;
+-----------+-------+---------------+------------+----------------+---------------------+------------+-------------+
| Host      | Db    | User          | Table_name | Grantor        | Timestamp           | Table_priv | Column_priv |
+-----------+-------+---------------+------------+----------------+---------------------+------------+-------------+
| localhost | mysql | mysql.session | user       | boot@          | 0000-00-00 00:00:00 | Select     |             |
| localhost | sys   | mysql.sys     | sys_config | root@localhost | 2021-09-01 20:26:36 | Select     |             |
+-----------+-------+---------------+------------+----------------+---------------------+------------+-------------+
2 rows in set (0.00 sec)
```

图 13-3　tables_priv 表字段列表

tables_priv表用户列字段详情见表13-6。

表 13-6　tables_priv 表用户列字段详情

字　段　名	字段类型	是否为空	默　认　值	说　　明
Host	char(60)	NO	无	主机名
Db	char(64)	NO	无	数据库名
User	char(32)	NO	无	用户名
Table_name	char(64)	NO	无	表名
Grantor	char(93)	NO	无	修改该记录的用户
Timestamp	timestamp	NO	CURRENT_TIMESTAMP	修改该记录的时间
Table_priv	set('Select', 'Insert', 'Update', 'Delete', 'Create', 'Drop', 'Grant', 'References', 'Index', 'Alter', 'Create View', 'Show view', 'Trigger')	NO	无	表示对表的操作权限，包括 Select、Insert、Update、Delete、Create、Drop、Grant、References、Index 和 Alter 等
Column_priv	set('Select', 'Insert', 'Update', 'References')	NO	无	表示对表中的列的操作权限，包括 Select、Insert、Update 和 References

13.1.4　columns_priv 表

columns_priv 表用来对单个数据列进行权限设置。

db表字段如图13-4所示。

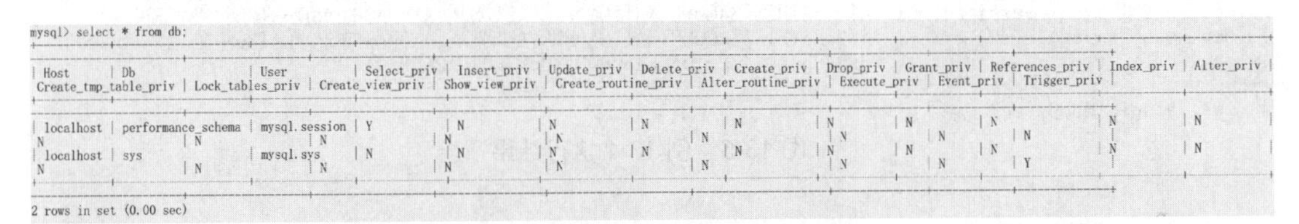

mysql> select * from db;

Host	Db	User	Select_priv	Insert_priv	Update_priv	Delete_priv	Create_priv	Drop_priv	Grant_priv	References_priv	Index_priv	Alter_priv	Create_tmp_table_priv	Lock_tables_priv	Create_view_priv	Show_view_priv	Create_routine_priv	Alter_routine_priv	Execute_priv	Event_priv	Trigger_priv
localhost	performance_schema	mysql.session	Y	N	N	N	N	N	N	N	N	N	N	N	N	N	N	N	N	N	N
localhost	sys	mysql.sys	N	N	N	N	N	N	N	N	N	N	N	N	N	N	N	N	N	N	Y

2 rows in set (0.00 sec)

图 13-4　columns_priv 表字段列表

columns_priv表用户列字段详情见表13-7。

表 13-7　columns_priv 表用户列字段详情

字　段　名	字段类型	是否为空	默　认　值	说　　明
Host	char(60)	NO	无	主机名
Db	char(64)	NO	无	数据库名
User	char(32)	NO	无	用户名
Table_name	char(64)	NO	无	表名
Coulumn_name	char(64)	NO	无	数据列名称，用来指定对哪些数据列具有操作权限
Timestamp	timestamp	NO	CURRENT_TIMESTAMP	修改该记录的时间
Column_priv	set('Select', 'Insert', 'Update', 'References')	NO	无	表示对表中的列的操作权限，包括 Select、Insert、Update 和 References

13.2 用户管理

对于数据库基本操作而言，经常会遇到添加用户并设置权限等操作。

13.2.1 查看用户

（1）基本语法格式：

```
USE MYSQL;
SELECT <字段名>...... FROM user;
```

扫一扫

13-1 查看当前用户

（2）说明：针对查看用户的需求，列出相应字段名。

例13-1 查看当前所有用户的主机名、用户名、密码。

```
USE MYSQL;
SELECT host,user, authentication_string
FROM user;
```

执行结果如图13-5所示，所查询密码并非明文，而是加密文，是密码的哈希值。

```
mysql> select host ,user,authentication_string from user;
+-----------+------------------+------------------------------------------------------------------------+
| host      | user             | authentication_string                                                  |
+-----------+------------------+------------------------------------------------------------------------+
| localhost | mysql.infoschema | $A$005$THISISACOMBINATIONOFINVALIDSALTANDPASSWORDTHATMUSTNEVERBRBEUSED |
| localhost | mysql.session    | $A$005$THISISACOMBINATIONOFINVALIDSALTANDPASSWORDTHATMUSTNEVERBRBEUSED |
| localhost | mysql.sys        | $A$005$THISISACOMBINATIONOFINVALIDSALTANDPASSWORDTHATMUSTNEVERBRBEUSED |
| localhost | root             | *6BB4837EB74329105EE4568DDA7DC67ED2CA2AD9                              |
+-----------+------------------+------------------------------------------------------------------------+
4 rows in set (0.00 sec)
```

图 13-5 例 13-1 执行结果

13.2.2 创建普通用户

（1）基本语法格式：

```
CREATE USER <用户> [ IDENTIFIED BY [ PASSWORD ]'password' ] [ ,用户 [
IDENTIFIED BY [ PASSWORD ]'password']]
```

（2）说明：

① 用户。指定创建用户账号，格式为 'user_name'@'host_name'。这里的user_name是用户名，host_name为主机名，即用户连接 MySQL 时所用主机的名字。如果在创建的过程中，只给出了用户名，而没指定主机名，那么主机名默认为“%”，表示一组主机，即对所有主机开放权限。

② IDENTIFIED BY子句。用于指定用户密码。新用户可以没有初始密码，若该用户不设密码，可省略此子句。

③ PASSWORD 'password'。PASSWORD 表示使用哈希值设置密码，该参数可选。如果密码是一个普通的字符串，则不需要使用 PASSWORD 关键字。'password' 表示用户登录时使用的密码，需要用单引号括起来。

注意：

（1）CREATE USER 语句可以不指定初始密码。但是从安全的角度来说，不推荐这种做法。

（2）使用 CREATE USER 语句必须拥有 mysql 数据库的 INSERT 权限或全局 CREATE USER 权限。

（3）使用 CREATE USER 语句创建一个用户后，MySQL 会在 mysql 数据库的 user 表中添加一条新记录。

（4）CREATE USER 语句可以同时创建多个用户，多个用户用逗号隔开。

（5）新创建的用户拥有的权限很少，它们只能执行不需要权限的操作。如登录 MySQL、使用 SHOW 语句查询所有存储引擎和字符集的列表等。

（6）如果两个用户的用户名相同，但主机名不同，MySQL 会将它们视为两个用户，并允许为这两个用户分配不同的权限集合。

例13-2 创建用户名为test1，并查看当前用户。

扫一扫

13-2 创建无密码用户

```
CREATE USER'test1';
SELECT host,user ,authentication_string
FROM user;
```

当未指定HOST值时默认为%，未指定密码值，默认为空。执行结果如图13-6所示。

```
mysql> create user 'test1';
Query OK, 0 rows affected (0.01 sec)

mysql> select host,user ,authentication_string  from user;
+-----------+------------------+------------------------------------------------------------------------+
| host      | user             | authentication_string                                                  |
+-----------+------------------+------------------------------------------------------------------------+
| %         | test1            |                                                                        |
| localhost | mysql.infoschema | $A$005$THISISACOMBINATIONOFINVALIDSALTANDPASSWORDTHATMUSTNEVERBRBEUSED |
| localhost | mysql.session    | $A$005$THISISACOMBINATIONOFINVALIDSALTANDPASSWORDTHATMUSTNEVERBRBEUSED |
| localhost | mysql.sys        | $A$005$THISISACOMBINATIONOFINVALIDSALTANDPASSWORDTHATMUSTNEVERBRBEUSED |
| localhost | root             | *6BB4837EB74329105EE4568DDA7DC67ED2CA2AD9                              |
+-----------+------------------+------------------------------------------------------------------------+
5 rows in set (0.00 sec)
```

图 13-6 例 13-2 执行结果

扫一扫

13-3 创建带密码用户

例13-3 创建用户名为test2,可以访问本地主机，初始密码为123456。

```
CREATE USER 'test2'@'localhost' IDENTIFIED BY'123456';
SELECT host,user,authentication_string  FROM user;
```

执行结果如图13-7所示。

```
mysql> create user 'test2'@'localhost' identified by '123456';
Query OK, 0 rows affected (0.01 sec)

mysql> select host,user ,authentication_string  from user;
+-----------+------------------+------------------------------------------------------------------------+
| host      | user             | authentication_string                                                  |
+-----------+------------------+------------------------------------------------------------------------+
| %         | test1            |                                                                        |
| localhost | mysql.infoschema | $A$005$THISISACOMBINATIONOFINVALIDSALTANDPASSWORDTHATMUSTNEVERBRBEUSED |
| localhost | mysql.session    | $A$005$THISISACOMBINATIONOFINVALIDSALTANDPASSWORDTHATMUSTNEVERBRBEUSED |
| localhost | mysql.sys        | $A$005$THISISACOMBINATIONOFINVALIDSALTANDPASSWORDTHATMUSTNEVERBRBEUSED |
| localhost | root             | *6BB4837EB74329105EE4568DDA7DC67ED2CA2AD9                              |
| localhost | test2            | $A$005$4XM□=Uoi[ o3~□_
7wbSu7hv1e6awwOYfDLFmkTojVr6rAX46C.e3VLAC25 |
+-----------+------------------+------------------------------------------------------------------------+
6 rows in set (0.00 sec)
```

图 13-7 例 13-3 执行结果

例13-4　创建用户名为test3，可以访问IP地址为192.168.100.1的主机，初始密码为123456。

扫一扫

13-4　创建用户可该问某IP

```
CREATE USER'test3'@'192.168.100.1' IDENTIFIED BY'123456';
SELECT host,user,authentication_string  FROM user;
```

执行结果如图13-8所示。

```
mysql> create user 'test3'@'192.168.100.1' identified by '123456';
Query OK, 0 rows affected (0.01 sec)

mysql> select host,user ,authentication_string  from user;
+---------------+------------------+---------------------------------------------------------------------+
| host          | user             | authentication_string                                               |
+---------------+------------------+---------------------------------------------------------------------+
| %             | test1            |                                                                     |
| 192.168.100.1 | test3            | $A$005$EQ,□        48□□f□cM□goZqoPLiS659Va0bLAvLXo9z5lELuGSoG1A5MP8KdjU
| localhost     | mysql.infoschema | $A$005$THISISACOMBINATIONOFINVALIDSALTANDPASSWORDTHATMUSTNEVERBRBEUSED |
| localhost     | mysql.session    | $A$005$THISISACOMBINATIONOFINVALIDSALTANDPASSWORDTHATMUSTNEVERBRBEUSED |
| localhost     | mysql.sys        | $A$005$THISISACOMBINATIONOFINVALIDSALTANDPASSWORDTHATMUSTNEVERBRBEUSED |
| localhost     | root             | *6BB4837EB74329105EE4568DDA7DC67ED2CA2AD9                           |
| localhost     | test2            | $A$005$4XM□=Uoi[ o3`□_
7wbSu7hv1e6awwOYfDLFmkTojVr6rAX46C.e3VLAC25 |
+---------------+------------------+---------------------------------------------------------------------+
7 rows in set (0.00 sec)
```

图 13-8　例 13-4 执行结果

13.2.3　修改密码

（1）基本语法格式：

```
ALTER USER <用户> [ IDENTIFIED BY [ PASSWORD ]'password'] [ ,用户 [
IDENTIFIED BY [ PASSWORD ]'password']]
```

（2）说明：

使用 ALTER USER 语句必须拥有 mysql 数据库的 INSERT 权限或全局 ALTER USER 权限。

例13-5　修改用户'TEST2'@'LOCALHOST'，设置密码为123。

扫一扫

13-5　修改用户密码

```
ALTER USER'TEST2'@'LOCALHOST' IDENTIFIED BY'123';
SELECT host,user,authentication_string  FROM user;
```

执行结果如图13-9所示。

```
mysql> select host,user ,authentication_string  from user;
+---------------+------------------+---------------------------------------------------------------------+
| host          | user             | authentication_string                                               |
+---------------+------------------+---------------------------------------------------------------------+
| 192.168.100.1 | test3            | $A$005$EQ,□        48□□f□cM□goZqoPLiS659Va0bLAvLXo9z5lELuGSoG1A5MP8KdjUNx7 |
| localhost     | mysql.infoschema | $A$005$THISISACOMBINATIONOFINVALIDSALTANDPASSWORDTHATMUSTNEVERBRBEUSED |
| localhost     | mysql.session    | $A$005$THISISACOMBINATIONOFINVALIDSALTANDPASSWORDTHATMUSTNEVERBRBEUSED |
| localhost     | mysql.sys        | $A$005$THISISACOMBINATIONOFINVALIDSALTANDPASSWORDTHATMUSTNEVERBRBEUSED |
| localhost     | root             | *6BB4837EB74329105EE4568DDA7DC67ED2CA2AD9                           |
| localhost     | t1               |                                                                     |
| localhost     | test2            | $A$005$4XM□=Uoi[ o3`□_
7wbSu7hv1e6awwOYfDLFmkTojVr6rAX46C.e3VLAC25 |
+---------------+------------------+---------------------------------------------------------------------+
7 rows in set (0.00 sec)

mysql> ALTER USER 'test2'@'localhost' identified by '123'
    -> ;
Query OK, 0 rows affected (0.01 sec)

mysql> select host,user ,authentication_string  from user;
+---------------+------------------+---------------------------------------------------------------------+
| host          | user             | authentication_string                                               |
+---------------+------------------+---------------------------------------------------------------------+
| 192.168.100.1 | test3            | $A$005$EQ,□        48□□f□cM□goZqoPLiS659Va0bLAvLXo9z5lELuGSoG1A5MP8KdjUNx7 |
| localhost     | mysql.infoschema | $A$005$THISISACOMBINATIONOFINVALIDSALTANDPASSWORDTHATMUSTNEVERBRBEUSED |
| localhost     | mysql.session    | $A$005$THISISACOMBINATIONOFINVALIDSALTANDPASSWORDTHATMUSTNEVERBRBEUSED |
| localhost     | mysql.sys        | $A$005$THISISACOMBINATIONOFINVALIDSALTANDPASSWORDTHATMUSTNEVERBRBEUSED |
| localhost     | root             | *6BB4837EB74329105EE4568DDA7DC67ED2CA2AD9                           |
| localhost     | t1               |                                                                     |
| localhost     | test2            | $A$005$jaB/Q+□C□x□A\%zf{Uqag2mRCHT.CuntYoBQHdIBcWrkrKo4qeRMjL.zHqID9 |
+---------------+------------------+---------------------------------------------------------------------+
7 rows in set (0.00 sec)
```

图 13-9　例 13-5 执行结果

13.2.4 重命名普通用户

（1）基本语法格式：

```
RENAME USER <旧用户> TO <新用户>
```

（2）说明：

① <旧用户>：系统中已经存在的MySQL用户账号。

② <新用户>：新的MySQL用户账号。

> **注意：**
>
> （1）RENAME USER语句用于对原有的MySQL用户进行重命名。
>
> （2）若系统中旧账户不存在或者新账户已存在，该语句执行时会出现错误。
>
> （3）使用RENAME USER语句，必须拥有mysql数据库的UPDATE权限或全局CREATE USER权限。

扫一扫

13-6 修改用户

例13-6 将用户'test1'@'%'的用户名修改为t1，主机修改为localhost。

```
RENAME USER'test1'@'%'  TO 't1'@'localhost';
SELECT host,user ,authentication_string  FROM user;
```

执行结果如图13-10所示。

```
mysql> rename user 'test1'@'%' to 't1'@'localhost';
Query OK, 0 rows affected (0.00 sec)

mysql> select host,user ,authentication_string  from user;
+---------------+------------------+------------------------------------------------------------------------+
| host          | user             | authentication_string                                                  |
+---------------+------------------+------------------------------------------------------------------------+
| 192.168.100.1 | test3            | $A$005$EQ,□        48□f□cM□goZqoPLiS659Va0bLAvLXo9z51ELuGSoG1A5MP8KdjUN
| localhost     | mysql.infoschema | $A$005$THISISACOMBINATIONOFINVALIDSALTANDPASSWORDTHATMUSTNEVERBRBEUSED |
| localhost     | mysql.session    | $A$005$THISISACOMBINATIONOFINVALIDSALTANDPASSWORDTHATMUSTNEVERBRBEUSED |
| localhost     | mysql.sys        | $A$005$THISISACOMBINATIONOFINVALIDSALTANDPASSWORDTHATMUSTNEVERBRBEUSED |
| localhost     | root             | *6BB4837EB74329105EE4568DDA7DC67ED2CA2AD9                              |
| localhost     | t1               |                                                                        |
| localhost     | test2            | $A$005$4XM□=Uoi[ o3 □_
7wbSu7hv1e6aww0YfDLFmkTojVr6rAX46C.e3VLAC25 |
+---------------+------------------+------------------------------------------------------------------------+
7 rows in set (0.00 sec)
```

图13-10 例13-6执行结果

13.2.5 删除普通用户

（1）基本语法格式：

```
DROP USER <用户1> [ , <用户2> ]…
```

（2）说明：用户用来指定需要删除的用户账号。

> **注意：**
>
> （1）DROP USER语句可用于删除一个或多个用户，并撤销其权限。

（2）使用 DROP USER 语句必须拥有 mysql 数据库的 DELETE 权限或全局 CREATE USER 权限。

（3）在 DROP USER 语句的使用过程中，若没有明确地给出账户的主机名，则该主机名默认为“%”。

（4）用户的删除不会影响他们之前所创建的表、索引或其他数据库对象，因为 MySQL 并不会记录是谁创建了这些对象。

扫一扫

13-7 删除用户

例13-7 将用户'test3'@'192.168.100.1'删除。

```
DROP USER'test3'@'192.168.100.1';
SELECT host,user,authentication_string  FROM user;
```

执行结果如图13-11所示。

```
mysql> select host,user ,authentication_string  from user;
+---------------+------------------+------------------------------------------------------------------------+
| host          | user             | authentication_string                                                  |
+---------------+------------------+------------------------------------------------------------------------+
| 192.168.100.1 | test3            | $A$005$EQ,□1      48□f□cM□goZqoPLiS659Va0bLAvLXo9z5lELuGSoG1A5MP8KdjUNx7 |
| localhost     | mysql.infoschema | $A$005$THISISACOMBINATIONOFINVALIDSALTANDPASSWORDTHATMUSTNEVERBRBEUSED |
| localhost     | mysql.session    | $A$005$THISISACOMBINATIONOFINVALIDSALTANDPASSWORDTHATMUSTNEVERBRBEUSED |
| localhost     | mysql.sys        | $A$005$THISISACOMBINATIONOFINVALIDSALTANDPASSWORDTHATMUSTNEVERBRBEUSED |
| localhost     | root             | *6BB4837EB74329105EE4568DDA7DC67ED2CA2AD9                              |
| localhost     | t1               |                                                                        |
| localhost     | test2            | $A$005$jaB/Q+□sC□x□A\%zf{Uqag2mRCHT.CuntYoBQHdIBcWrkrKo4qeRMjL.zHqID9 |
+---------------+------------------+------------------------------------------------------------------------+
7 rows in set (0.00 sec)

mysql> drop 'test3'@'192.168.100.1';
ERROR 1064 (42000): You have an error in your SQL syntax; check the manual that corresponds to your MySQL server v

mysql> drop user 'test3'@'192.168.100.1';
Query OK, 0 rows affected (0.00 sec)

mysql> select host,user ,authentication_string  from user;
+-----------+------------------+------------------------------------------------------------------------+
| host      | user             | authentication_string                                                  |
+-----------+------------------+------------------------------------------------------------------------+
| localhost | mysql.infoschema | $A$005$THISISACOMBINATIONOFINVALIDSALTANDPASSWORDTHATMUSTNEVERBRBEUSED |
| localhost | mysql.session    | $A$005$THISISACOMBINATIONOFINVALIDSALTANDPASSWORDTHATMUSTNEVERBRBEUSED |
| localhost | mysql.sys        | $A$005$THISISACOMBINATIONOFINVALIDSALTANDPASSWORDTHATMUSTNEVERBRBEUSED |
| localhost | root             | *6BB4837EB74329105EE4568DDA7DC67ED2CA2AD9                              |
| localhost | t1               |                                                                        |
| localhost | test2            | $A$005$jaB/Q+□sC□x□A\%zf{Uqag2mRCHT.CuntYoBQHdIBcWrkrKo4qeRMjL.zHqID9 |
+-----------+------------------+------------------------------------------------------------------------+
6 rows in set (0.00 sec)
```

图 13-11 例 13-7 执行结果

13.3 权 限 管 理

授权就是为某个用户赋予某些权限。例如，可以为新建的用户赋予查询所有数据库和表的权限。

权限类型说明：

（1）授予数据库权限时，<权限类型>可以指定值，见表13-8所示。

表 13-8 数据库权限列表

权限名称	对应 user 表中的字段	说 明
SELECT	Select_priv	表示授予用户使用 SELECT 语句访问特定数据库中所有表和视图的权限
INSERT	Insert_priv	表示授予用户使用 INSERT 语句向特定数据库中所有表添加数据行的权限
DELETE	Delete_priv	表示授予用户使用 DELETE 语句删除特定数据库中所有表的数据行的权限
UPDATE	Update_priv	表示授予用户使用 UPDATE 语句更新特定数据库中所有数据表的值的权限
REFERENCES	References_priv	表示授予用户创建指向特定的数据库中的表外键的权限
CREATE	Create_priv	表示授权用户使用 CREATE TABLE 语句在特定数据库中创建新表的权限
ALTER	Alter_priv	表示授予用户使用 ALTER TABLE 语句修改特定数据库中所有数据表的权限
SHOW VIEW	Show_view_priv	表示授予用户查看特定数据库中已有视图的视图定义的权限
CREATE ROUTINE	Create_routine_priv	表示授予用户为特定的数据库创建存储过程和存储函数的权限
ALTER ROUTINE	Alter_routine_priv	表示授予用户更新和删除数据库中已有的存储过程和存储函数的权限
INDEX	Index_priv	表示授予用户在特定数据库中的所有数据表上定义和删除索引的权限
DROP	Drop_priv	表示授予用户删除特定数据库中所有表和视图的权限
CREATE TEMPORARY TABLES	Create_tmp_table_priv	表示授予用户在特定数据库中创建临时表的权限
CREATE VIEW	Create_view_priv	表示授予用户在特定数据库中创建新的视图的权限
EXECUTE ROUTINE	Execute_priv	表示授予用户调用特定数据库的存储过程和存储函数的权限
LOCK TABLES	Lock_tables_priv	表示授予用户锁定特定数据库已有数据表的权限
ALL 或 ALL PRIVILEGES 或 SUPER	Super_priv	表示以上所有权限 / 超级权限

（2）授予表权限时，<权限类型>可以指定值，见表13-9所示。

表 13-9 数据表权限列表

权限名称	对应 user 表中的字段	说 明
SELECT	Select_priv	授予用户使用 SELECT 语句进行访问特定表的权限
INSERT	Insert_priv	授予用户使用 INSERT 语句向一个特定表中添加数据行的权限
DELETE	Delete_priv	授予用户使用 DELETE 语句从一个特定表中删除数据行的权限
DROP	Drop_priv	授予用户删除数据表的权限
UPDATE	Update_priv	授予用户使用 UPDATE 语句更新特定数据表的权限
ALTER	Alter_priv	授予用户使用 ALTER TABLE 语句修改数据表的权限
REFERENCES	References_priv	授予用户创建一个外键来参照特定数据表的权限
CREATE	Create_priv	授予用户使用特定的名字创建一个数据表的权限
INDEX	Index_priv	授予用户在表上定义索引的权限
ALL 或 ALL PRIVILEGES 或 SUPER	Super_priv	所有的权限名

（3）授予列权限时，<权限类型>的值只能指定为 SELECT、INSERT 和 UPDATE，同时权限的后面需要加上列名列表 column-list。

（4）最有效率的权限是用户权限。授予用户权限时，<权限类型>除了可以指定为授予数据库权限时的所有值之外，还可以是下面这些值：

① CREATE USER：表示授予用户可以创建和删除新用户的权限。

② SHOW DATABASES：表示授予用户可以使用 SHOW DATABASES 语句查看所有已有的数据库的定义的权限。

13.3.1 查看权限

授予用户的权限分为全局层级权限、数据库层级权限、表层级权限、列层级权限、子程序层级权限。具体分类如下：

（1）全局层级。全局层级权限适用于一个给定服务器中的所有数据库。这些权限存储在mysql.user表中。GRANT ALL ON *.*和REVOKE ALL ON *.*只授予和撤销全局权限。

（2）数据库层级。数据库层级权限适用于一个给定数据库中的所有目标。这些权限存储在mysql.db和mysql.host表中。GRANT ALL ON db_name.*和REVOKE ALL ON db_name.*只授予和撤销数据库权限。

（3）表层级。表层级权限适用于一个给定表中的所有列。这些权限存储在mysql.tables_priv表中。GRANT ALL ON db_name.tbl_name和REVOKE ALL ON db_name.tbl_name只授予和撤销表权限。

（4）列层级。列层级权限适用于一个给定表中的单一列。这些权限存储在mysql.columns_priv表中。当使用REVOKE时，必须指定与被授权列相同的列。

（5）子程序层级。CREATE ROUTINE、ALTER ROUTINE、EXECUTE和GRANT权限适用于已存储的子程序。这些权限可以被授予为全局层级和数据库层级。而且，除了CREATE ROUTINE外，这些权限均可被授予为子程序层级，并存储在mysql.procs_priv表中。

1. 查看全局层级权限

（1）基本语法格式：

```
SHOW GRANTS FOR <用户> 'testUser'@'localhost';
```

（2）说明：

用户账号，格式为 'user_name'@'host_name'。

扫一扫

13-8 lshow命令查看用户全局权限

例13-8 查看用户'test2'@'localhost'的全局级权限。

```
SHOW GRANTS FOR'test2'@'localhost';
```

执行结果如图13-12所示。

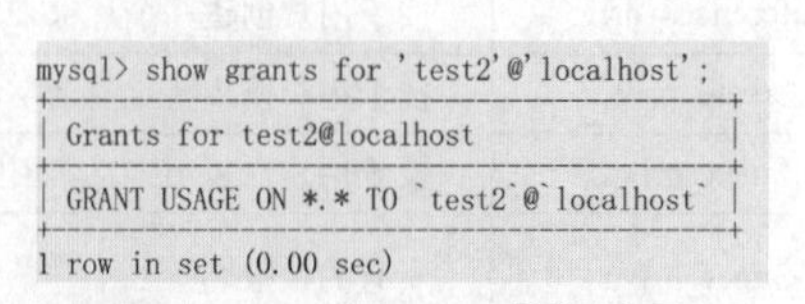

图 13-12 例 13-8 执行结果

2. 通过查询权限表查看权限

（1）基本语法格式：

```
SELECT * FROM 权限表[WHERE 查询条件];
```

（2）说明：权限表包括mysql.db、mysql.user、mysql.tables等。

扫一扫

13-9 select查看用户权限

例 13-9 查看用户'test2'@'localhost'的数据库层级权限、全局层级权限、表层级权限、列层级权限、子程序层级权限。

```
select * from mysql.db where user='test2';                    //数据库层级权限
select * from mysql.user where user='test2';                  //全局层级权限
select * from mysql.tables_priv where user='test2';           //表层级权限
select * from mysql.columns_priv where user='test2';          //列层级权限
select * from mysql.procs_priv where user='test2';            //子程序层级权限
```

执行后部分权限因未设置，因此显示权限为空值。执行结果如图13-13所示。

```
mysql> select * from mysql.user where user='test2' \G
*************************** 1. row ***************************
                    Host: localhost
                    User: test2
             Select_priv: N
             Insert_priv: N
             Update_priv: N
             Delete_priv: N
             Create_priv: N
               Drop_priv: N
             Reload_priv: N
           Shutdown_priv: N
            Process_priv: N
               File_priv: N
              Grant_priv: N
         References_priv: N
              Index_priv: N
              Alter_priv: N
            Show_db_priv: N
              Super_priv: N
   Create_tmp_table_priv: N
        Lock_tables_priv: N
            Execute_priv: N
         Repl_slave_priv: N
        Repl_client_priv: N
        Create_view_priv: N
          Show_view_priv: N
     Create_routine_priv: N
      Alter_routine_priv: N
        Create_user_priv: N
              Event_priv: N
            Trigger_priv: N
  Create_tablespace_priv: N
                ssl_type: 
              ssl_cipher: 0x
             x509_issuer: 0x
            x509_subject: 0x
           max_questions: 0
             max_updates: 0
         max_connections: 0
    max_user_connections: 0
                  plugin: caching_sha2_password
   authentication_string: $A$005$jaB/Q+□3C□□x□A\%zf{Uqag2mRCHT.CuntYoBQHdIBcWrkrKo4qeRMjL.zHqID9
        password_expired: N
   password_last_changed: 2021-09-19 20:49:19
       password_lifetime: NULL
          account_locked: N
        Create_role_priv: N
          Drop_role_priv: N
  Password_reuse_history: NULL
     Password_reuse_time: NULL
Password_require_current: NULL
         User_attributes: NULL
1 row in set (0.00 sec)
```

图 13-13　例 13-9 执行结果

扫一扫

13-10 查看root用户权限

例13-10 查看'root'@'localhost'用户的权限。

```
show grants for'root'@'localhost' \G;
```

执行后可以看到'root'@'localhost'用户拥有的全部权限。执行结果如图13-14所示。

```
*********************** 1. row ***************************
ts for root@localhost: GRANT SELECT, INSERT, UPDATE, DELETE, CREATE, DROP, RELOAD, SH
PROCESS, FILE, REFERENCES, INDEX, ALTER, SHOW DATABASES, SUPER, CREATE TEMPORARY TABL
 TABLES, EXECUTE, REPLICATION SLAVE, REPLICATION CLIENT, CREATE VIEW, SHOW VIEW, CREA
NE, ALTER ROUTINE, CREATE USER, EVENT, TRIGGER, CREATE TABLESPACE, CREATE ROLE, DROP
*.* TO `root`@`localhost` WITH GRANT OPTION
*********************** 2. row ***************************
ts for root@localhost: GRANT APPLICATION_PASSWORD_ADMIN,AUDIT_ADMIN,BACKUP_ADMIN,BINL
,BINLOG_ENCRYPTION_ADMIN,CLONE_ADMIN,CONNECTION_ADMIN,ENCRYPTION_KEY_ADMIN,GROUP_REPL
ADMIN,INNODB_REDO_LOG_ARCHIVE,PERSIST_RO_VARIABLES_ADMIN,REPLICATION_APPLIER,REPLICAT
E_ADMIN,RESOURCE_GROUP_ADMIN,RESOURCE_GROUP_USER,ROLE_ADMIN,SERVICE_CONNECTION_ADMIN,
VARIABLES_ADMIN,SET_USER_ID,SYSTEM_USER,SYSTEM_VARIABLES_ADMIN,TABLE_ENCRYPTION_ADMIN
VER_ADMIN ON *.* TO `root`@`localhost` WITH GRANT OPTION
*********************** 3. row ***************************
ts for root@localhost: GRANT PROXY ON ''@'' TO 'root'@'localhost' WITH GRANT OPTION
ws in set (0.00 sec)
```

图 13-14 例 13-10 执行结果

13.3.2 分配权限

（1）基本语法格式：

```
GRANT priv_type [(column_list)] ON database.table
TO user [IDENTIFIED BY [PASSWORD]'password']
[, user[IDENTIFIED BY [PASSWORD]'password']] ...
[WITH with_option [with_option]...]
```

（2）说明：

① priv_type 参数表示权限类型。

② columns_list 参数表示权限作用于哪些列上，省略该参数时，表示作用于整个表。

③ database.table 用于指定权限的级别。

④ user 参数表示用户账户，由用户名和主机名构成，格式是“'username'@'hostname'”。

扫一扫

13-11 授予权限

⑤ IDENTIFIED BY 参数用来为用户设置密码。

⑥ password 参数是用户的新密码。

例13-11 授予用户'test2'@'localhost'，除代理权限的所有权限，并查看权限。

```
grant all privileges on *.* to'test2'@'localhost' with grant option;
show grants for'test2'@'localhost';
```

执行后可以看到'test2'@'localhost'当前拥有的权限。执行结果如图13-13所示。

```
mysql> show grants for 'test2'@'localhost'\G;
*************************** 1. row ***************************
Grants for test2@localhost: GRANT SELECT, INSERT, UPDATE, DELETE, CREATE, DROP, RELOAD, SHUTD
OWN, PROCESS, FILE, REFERENCES, INDEX, ALTER, SHOW DATABASES, SUPER, CREATE TEMPORARY TABLES,
 LOCK TABLES, EXECUTE, REPLICATION SLAVE, REPLICATION CLIENT, CREATE VIEW, SHOW VIEW, CREATE
ROUTINE, ALTER ROUTINE, CREATE USER, EVENT, TRIGGER, CREATE TABLESPACE, CREATE ROLE, DROP ROL
E ON *.* TO `test2`@`localhost` WITH GRANT OPTION
*************************** 2. row ***************************
Grants for test2@localhost: GRANT APPLICATION_PASSWORD_ADMIN,AUDIT_ADMIN,BACKUP_ADMIN,BINLOG_
ADMIN,BINLOG_ENCRYPTION_ADMIN,CLONE_ADMIN,CONNECTION_ADMIN,ENCRYPTION_KEY_ADMIN,GROUP_REPLICA
TION_ADMIN,INNODB_REDO_LOG_ARCHIVE,PERSIST_RO_VARIABLES_ADMIN,REPLICATION_APPLIER,REPLICATION
_SLAVE_ADMIN,RESOURCE_GROUP_ADMIN,RESOURCE_GROUP_USER,ROLE_ADMIN,SERVICE_CONNECTION_ADMIN,SES
SION_VARIABLES_ADMIN,SET_USER_ID,SYSTEM_USER,SYSTEM_VARIABLES_ADMIN,TABLE_ENCRYPTION_ADMIN,XA
_RECOVER_ADMIN ON *.* TO `test2`@`localhost` WITH GRANT OPTION
2 rows in set (0.00 sec)
```

图 13-15 例 13-11 执行结果

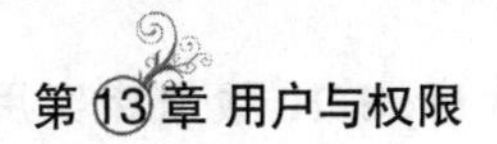

例 13-12　创建用户'test4'@'%'密码为123；授予TEST4对所有数据库的所有表有查询、插入、修改权限，并可以将这些权限赋予别的用户，并查看。

13-12 创建用户并授予权限

```
CREATE USER'TEST4'@'LOCALHOST' IDENTIFIED BY'123';
GRANT SELECT,INSERT,update  ON *.* TO'TEST4'@'LOCALHOST' WITH GRANT OPTION;
FLUSH PRIVILEGES;
SELECT * FROM mysql.user WHERE user='test4' \G;
```

flush privileges;的功能是刷新权限。执行结果如图13-16所示。

```
mysql> select * from mysql.user where user='test4' \G;
*************************** 1. row ***************************
                    Host: localhost
                    User: test4
             Select_priv: Y
             Insert_priv: Y
             Update_priv: Y
             Delete_priv: N
             Create_priv: N
               Drop_priv: N
             Reload_priv: N
           Shutdown_priv: N
            Process_priv: N
               File_priv: N
              Grant_priv: Y
         References_priv: N
              Index_priv: N
              Alter_priv: N
            Show_db_priv: N
              Super_priv: N
   Create_tmp_table_priv: N
        Lock_tables_priv: N
            Execute_priv: N
         Repl_slave_priv: N
        Repl_client_priv: N
        Create_view_priv: N
          Show_view_priv: N
     Create_routine_priv: N
      Alter_routine_priv: N
        Create_user_priv: N
              Event_priv: N
            Trigger_priv: N
  Create_tablespace_priv: N
                ssl_type:
              ssl_cipher: 0x
             x509_issuer: 0x
            x509_subject: 0x
           max_questions: 0
             max_updates: 0
         max_connections: 0
    max_user_connections: 0
                  plugin: caching_sha2_password
   authentication_string: $A$005$□ fs□@:;4&= □Y□e?lwVa64ygK180rjV32r76pa3g3aXhnNIg6noFnIoEj7C
        password_expired: N
   password_last_changed: 2021-09-19 22:22:40
       password_lifetime: NULL
          account_locked: N
        Create_role_priv: N
          Drop_role_priv: N
  Password_reuse_history: NULL
     Password_reuse_time: NULL
Password_require_current: NULL
         User_attributes: NULL
1 row in set (0.00 sec)
```

图 13-16　例 13-12 执行结果

13.3.3　刷新权限

基本语法格式：

```
FLUSH PRIVILEGES;
```

在前述例题中已经尝试应用此语句。

13.3.4　回收权限

1. 回收用户某些特定的权限

（1）基本语法格式：

```
REVOKE priv_type [(column_list)]...
```

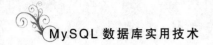

```
ON database.table
FROM user [, user]...
```

(2) 说明：

① priv_type 参数表示权限的类型。

② column_list 参数表示权限作用于哪些列上，没有该参数时作用于整个表上。

③ user 参数由用户名和主机名构成，格式为“username'@'hostname'”。

2. 回收特定用户的所有权限

(1) 基本语法格式：

```
REVOKE ALL PRIVILEGES, GRANT OPTION FROM user [, user] ...
```

(2) 说明：

扫一扫
13-13 回收权限

① REVOKE 语法和 GRANT 语句的语法格式相似，但具有相反的效果。

② 要使用 REVOKE 语句，必须拥有 MySQL 数据库的全局 CREATE USER 权限或 UPDATE 权限。

例 13-13 回收TEST4对所有数据库的所有表修改权限，并查看。

```
REVOKE UPDATE ON *.* FROM 'TEST4'@'LOCALHOST';
FLUSH PRIVILEGES;
SELECT * FROM mysql.user WHERE user='test4' \G;
```

执行结果如图13-17所示。

```
mysql> select * from mysql.user where user='test4'\G;
*************************** 1. row ***************************
                  Host: localhost
                  User: test4
           Select_priv: Y
           Insert_priv: Y
           Update_priv: N
           Delete_priv: N
           Create_priv: N
             Drop_priv: N
           Reload_priv: N
         Shutdown_priv: N
          Process_priv: N
             File_priv: N
            Grant_priv: Y
       References_priv: N
            Index_priv: N
            Alter_priv: N
          Show_db_priv: N
            Super_priv: N
 Create_tmp_table_priv: N
      Lock_tables_priv: N
          Execute_priv: N
       Repl_slave_priv: N
      Repl_client_priv: N
      Create_view_priv: N
        Show_view_priv: N
   Create_routine_priv: N
    Alter_routine_priv: N
      Create_user_priv: N
            Event_priv: N
          Trigger_priv: N
Create_tablespace_priv: N
              ssl_type:
            ssl_cipher: 0x
           x509_issuer: 0x
          x509_subject: 0x
         max_questions: 0
           max_updates: 0
       max_connections: 0
  max_user_connections: 0
                plugin: caching_sha2_password
 authentication_string: $A$005$□f□□□=`a/^□x  sPX□UbsFCCqNpeBmi7SA.m1cp1I.p9lpfnq7fHu1/7veE4
      password_expired: N
 password_last_changed: 2021-09-19 22:33:17
     password_lifetime: NULL
        account_locked: N
      Create_role_priv: N
        Drop_role_priv: N
Password_reuse_history: NULL
   Password_reuse_time: NULL
Password_require_current: NULL
       User_attributes: NULL
1 row in set (0.00 sec)
```

图 13-17　例 13-12 执行结果

习 题

一、理论提升

1. 创建用户的关键语句是（　　）。

A. START TRANSACTION　　B. CREATE USER

C. ALTER USER　　D. CREATE VIEW

2. 查看用户全局权限的关键语句是（　　）。

A. SHOW USER　　B. SHOW GRANTS

C. ALTER USER　　D. CREATE VIEW

3. 删除用户的关键语句是（　　）。

A. SHOW USER　　B. CREATE USER

C. DROP USER　　D. CREATE VIEW

4. 重命名用户的关键语句是（　　）。

A. SHOW USER　　B. RENAME USER

C. DROP USER　　D. CREATE VIEW

5. 授予权限的关键语句是（　　）。

A. REVOKE　　B. GRANT　　C. CREATE　　D. FLUSH

6. 回收权限的关键语句是（　　）。

A. REVOKE　　B. GRANT　　C. CREATE　　D. FLUSH

7. 刷新权限的关键语句是（　　）。

A. REVOKE　　B. GRANT

C. CREATE　　D. FLUSH PRIVILEGES

8. CREATE USER 'T'@'LOCALHOST' IDENTIFIED BY '123456'; 以上语句创建的用户名为（　　）。

A. T　　B. LOCALHOST

C. 123456　　D. IDENTIFIED

9. CREATE USER 'T'@'LOCALHOST' IDENTIFIED BY '123456'; 以上语句表示创建的用户可以访问（　　）。

A. 名为123456的主机　　B. 本地主机

C. 名为T的主机　　D. 名为IDENTIFIED的主机

10. CREATE USER 'T'@'LOCALHOST' IDENTIFIED BY '123456'; 以上语句表示创建的用户密码为（　　）。

A. T　　B. LOCALHOST

C. 123456　　D. IDENTIFIED

二、实践应用

1. 创建用户名为e1，可以访问任何IP，初始密码为321。

2. 将用户名 e1 的用户名修改为 e2。

3. 修改用户名 e1 的密码为：54321。

4. 查看用户 e1 的权限。

5. 为用户 e1 授予除授权权限与代理权限的所有权限。

6. 为用户 e1 授予 active 数据库中班级信息表的增、改、查权限，并查看权限。

7. 收回用户 e1 对 active 数据库中班级信息表的增、改、查权限，并查看权限。

8. 删除用户 e1。

扫一扫

拓展资料：机关基层党组织的设置和工作机构

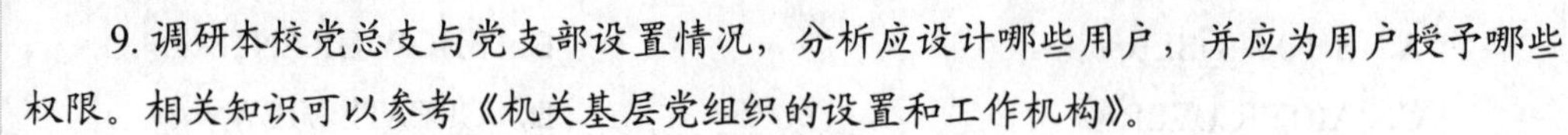

9. 调研本校党总支与党支部设置情况，分析应设计哪些用户，并应为用户授予哪些权限。相关知识可以参考《机关基层党组织的设置和工作机构》。

答　案

1. B　2. B　3. C　4. B　5. B　6. A　7. D　8. A　9. B　10. C

关键语句

- SELECT <字段名>...FROM user：查看用户。
- CREATE USER：创建普通用户。
- ALTER USER：修改普通用户。
- RENAME USER：重命名普通用户。
- DROP USER：删除普通用户。
- SHOW GRANTS：查看全局权限。
- GRANT：分配权限。
- FLUSH PRIVILEGES：刷新权限。
- REVOKE：回收权限。

第14章 常用数据库优化技术

【英语角】

[1] index　英 ['ɪndeks]　美 ['ɪndeks]

专业应用：索引。例如，“create index”指创建索引。

n.（物价和工资等的）指数；指标；索引；标志；表征；量度。

vt. 为...编索引；将...编入索引；将（工资等）与（物价水平等）挂钩；使指数化。

[例句] The Dow Jones index fell 15 points this morning.

道琼斯指数今天上午下跌了15点。

[2] engines　英 ['ɛndʒɪnz]　美 ['ɛndʒənz]

专业应用：引擎。例如，“show engines”指查看数据库可以支持的存储引擎。

n. 发动机；引擎；火车头；机车；有...型发动机的；有...个引擎的。

[词典] engine 的第三人称单数和复数。

[例句] My car had to have a new engine.

我的汽车得换一个新发动机。

[3] global　英 ['gləʊbl]　美 ['gloʊbl]

专业应用：全局。例如，“set global 变量名 = 值”指为全局变量设定值。

adj. 全球的；全世界的；整体的；全面的；总括的。

[例句] One major reason was the increasingly open global financial market system.

其中一个主要原因，是全球的金融市场体系日渐开放。

[4] variables　英 ['veərɪəblz]　美 ['vɛriəbəlz]

专业应用：变量。例如，“SHOW VARIABLES LIKE 变量名”指显示变量名的值。

n. 可变情况；变量；可变因素。

[词典] variable 的复数。

[例句] So what other variables could be used if the racial concept is thrown out?

如果摈弃了种族的概念，那么能使用其他什么变量呢？

应用开发过程中，由于初期数据量小，开发人员更重视功能上的实现，但是当应用系统正式上线后，随着生产数据量的急剧增长，数据库开始显露性能问题，对生产的影响也越来越大，因此我们必须对它们进行优化。

性能优化是通过某些有效的方法提高 MySQL 数据库的性能，主要是为了使 MySQL 数据库运行速度更快、占用的磁盘空间更小。本章主要介绍索引技术与存储引擎技术。

14.1 索引技术

试想如果有一本书没有目录，要在里面寻找内容会变得非常麻烦。索引像是书中的目录，可以帮助我们方便快捷地找到内容。

图书信息表中，若有10万册图书就会有10万条记录，在没有索引的情况下，如果想从中找出名字为“数据库技术”的图书就需要从第一条记录找到最后一条，进行完全遍历，直到找到该条信息为止。如果针对图书名设置了索引，就像用图书名建了一个目录，可以帮助人们快速找到对应记录。索引用于快速找出在某个列中有一特定值的行，不使用索引，MySQL必须从第一条记录开始读完整个表，直到找出相关的行，表越大，查询数据所花费的时间就越多，如果表中查询的列有一个索引，MySQL能够快速到达一个位置去搜索数据文件，而不必查看所有数据，从而节省大量时间。

14.1.1 索引概述

1. 定义

索引是对数据库表中一列或多列的值进行排序的一种结构。MySQL索引的建立对于MySQL的高效运行是很重要的，索引可以大大提高MySQL的检索速度。索引只是提高效率的一个因素，如果MySQL有大数据量的表，就需要花时间研究建立优秀的索引，或优化查询语句。

2. 索引的优点

创建索引可以大大提高系统的性能，主要有以下几方面优点：

（1）通过创建唯一性索引，可以保证数据库表中每一行数据的唯一性。

（2）可以大大加快 数据的检索速度，这也是创建索引的最主要的原因。

（3）可以加速表和表之间的连接，特别是在实现数据的参考完整性方面特别有意义。

（4）在使用分组和排序子句进行数据检索时，同样可以显著减少查询中分组和排序的时间。

（5）通过使用索引，可以在查询的过程中使用优化隐藏器提高系统的性能。

3. 索引的缺点

既然索引有如此多的优点，是不是建得越多越好呢？答案是否定的，因为索引虽然有许多优点，但是，为表中的每一列都增加索引是非常不明智的，索引还有如下缺点：

（1）创建索引和维护索引要耗费时间，并且随着数据量的增加所耗费的时间也会增加。

（2）索引也需要占用空间，数据表中的数据有最大上限设置，如果有大量的索引，索引文件可能会比数据文件更快达到上限值。

（3）当对表中的数据进行增加、删除、修改时，索引也需要动态的维护，降低了数据的维护速度。

4. 使用原则

通过以上优点和缺点可以知道，并不是对每个字段都设置索引就好，也不是索引越多越好，而是需要合理地使用。

（1）对经常更新的表要避免对其进行过多的索引，对经常用于查询的字段应该创建索引。

（2）数据量小的表最好不要使用索引，因为由于数据较少，可能查询全部数据花费的时间比遍历索引的时间还要短，索引就可能不会产生优化效果。

（3）在不同值少的列上（字段上）不要建立索引。例如，在学生表的性别字段上只有男、女两个不同值。相反的，在一个字段上不同值较多时可以建立索引。

14.1.2 创建索引

创建索引是指在某个表的一列或多列上建立一个索引，可以提高对表的访问速度。创建索引对 MySQL 数据库的高效运行来说是很重要的。

MySQL 提供了三种创建索引的方法。

1. 使用 CREATE INDEX 语句创建索引

（1）基本语法格式。

```
CREATE <索引名> ON <表名> (<列名> [<长度>] [ ASC|DESC])
```

（2）说明：

① <索引名>：指定索引名。一个表可以创建多个索引，但每个索引在该表中的名称是唯一的。

② <表名>：指定要创建索引的表名。

③ <列名>：指定要创建索引的列名。通常可以考虑将查询语句中在 JOIN 子句和 WHERE 子句里经常出现的列作为索引列。

④ <长度>：可选项。指定使用列前的 length 个字符来创建索引。使用列的一部分创建索引有利于减小索引文件的大小，节省索引列所占的空间。在某些情况下，只能对列的前缀进行索引。索引列的长度有一个最大上限，即255 个字节（MyISAM 和 InnoDB 表的最大上限为 1 000 个字节），如果索引列的长度超过了这个上限，就只能用列的前缀进行索引。另外，BLOB 或 TEXT 类型的列也必须使用前缀索引。

⑤ ASC|DESC：可选项。ASC指定索引按照升序来排列，DESC指定索引按照降序来排列，默认为ASC。

2. 使用 CREATE TABLE 语句创建索引

（1）在 CREATE TABLE 语句中添加此语句，表示在创建新表的同时创建该表的主键。

```
CONSTRAINT PRIMARY KEY [索引类型] (<列名>,…)
```

（2）在 CREATE TABLE 语句中添加此语句，表示在创建新表的同时创建该表的索引。

```
KEY|INDEX [<索引名>] [<索引类型>] (<列名>,…)
```

（3）在 CREATE TABLE 语句中添加此语句，表示在创建新表的同时创建该表的唯一性索引。

```
UNIQUE [INDEX|KEY] [<索引名>] [<索引类型>] (<列名>,…)
```

（4）在 CREATE TABLE 语句中添加此语句，表示在创建新表的同时创建该表的外键。

```
FOREIGN KEY <索引名> <列名>
```

在使用 CREATE TABLE 语句定义列选项时，可以通过直接在某个列定义后面添加 PRIMARY KEY 的方式创建主键。而当主键是由多个列组成的多列索引时，则不能使用这种方法，只能用在语句的最后加上一个 PRIMARY KRY(<列名>，…) 子句的方式来实现。

3. 使用 ALTER TABLE 语句创建索引

ALTER TABLE 语句也可以在一个已有的表上创建索引。在使用 ALTER TABLE 语句修改表的同时，可以向已有的表添加索引。具体的做法是在 ALTER TABLE 语句中添加以下语法成分的某一项或几项。

（1）在 ALTER TABLE 语句中添加此语法成分，表示在修改表的同时为该表添加索引。

```
ADD INDEX [<索引名>] [<索引类型>] (<列名>,…)
```

（2）在 ALTER TABLE 语句中添加此语法成分，表示在修改表的同时为该表添加主键。

```
ADD PRIMARY KEY [<索引类型>] (<列名>,…)
```

（3）在 ALTER TABLE 语句中添加此语法成分，表示在修改表的同时为该表添加唯一性索引。

```
ADD UNIQUE [INDEX|KEY] [<索引名>] [<索引类型>] (<列名>,…)
```

（4）在 ALTER TABLE 语句中添加此语法成分，表示在修改表的同时为该表添加外键。

```
ADD FOREIGN KEY [<索引名>] (<列名>,…)
```

扫一扫

14-1 创建索引

例14-1 在book数据库中，为图书情况表中的图书名创建索引名为“i_图书名”。

```
CREATE INDEX i_图书名
ON 图书情况(图书名);
```

通过DESC语句查看图书情况表中字段变化情况。

```
DESC 图书情况;
```

执行结果如图14-1所示。

```
mysql> create index i_图书名
    -> on 图书情况(图书名);
Query OK, 0 rows affected (0.03 sec)
Records: 0  Duplicates: 0  Warnings: 0

mysql> desc 图书情况;
+--------------+--------------+------+-----+---------+-------+
| Field        | Type         | Null | Key | Default | Extra |
+--------------+--------------+------+-----+---------+-------+
| 图书编号     | varchar(8)   | NO   | PRI | NULL    |       |
| 图书名       | varchar(50)  | YES  | MUL | NULL    |       |
| 第一作者     | varchar(10)  | YES  |     | NULL    |       |
| 出版社       | varchar(50)  | YES  |     | NULL    |       |
| 出版日期     | date         | YES  |     | NULL    |       |
| 类别编码     | varchar(1)   | YES  |     | NULL    |       |
| 定价         | float        | YES  |     | NULL    |       |
| ISBN号       | varchar(13)  | YES  |     | NULL    |       |
| 简介         | varchar(255) | YES  |     | NULL    |       |
| 状态         | varchar(10)  | YES  |     | NULL    |       |
+--------------+--------------+------+-----+---------+-------+
10 rows in set (0.00 sec)
```

图 14-1　例 14-1 执行结果

14.1.3 查看索引

扫一扫

14-2 查看索引

基本语法格式：

```
SHOW INDEX FROM <表名>
```

例14-2 在book数据库中，查看图书情况表的索引信息。

```
SHOW INDEX FROM 图书情况;
```

执行结果如图14-2所示。

```
mysql> show index from 图书情况;
+----------+------------+----------+--------------+-------------+-----------+-------------+----------+--------+------+------------+---------+---------------+---------+------------+
| Table    | Non_unique | Key_name | Seq_in_index | Column_name | Collation | Cardinality | Sub_part | Packed | Null | Index_type | Comment | Index_comment | Visible | Expression |
+----------+------------+----------+--------------+-------------+-----------+-------------+----------+--------+------+------------+---------+---------------+---------+------------+
| 图书情况 |          0 | PRIMARY  |            1 | 图书编号    | A         |          42 |     NULL |   NULL |      | BTREE      |         |               | YES     | NULL       |
| 图书情况 |          1 | i_图书名 |            1 | 图书名      | A         |          35 |     NULL |   NULL | YES  | BTREE      |         |               | YES     | NULL       |
+----------+------------+----------+--------------+-------------+-----------+-------------+----------+--------+------+------------+---------+---------------+---------+------------+
2 rows in set (0.00 sec)
```

图 14-2 例 14-2 执行结果

14.1.4 删除索引

扫一扫

14-3 删除索引

基本语法格式：

```
DROP INDEX ON <索引名> ON <表名>
```

例14-3 在book数据库中，删除图书情况表中的名为“i_图书名”的索引。

```
DROP INDEX i_图书名 ON '图书情况';
```

通过SHOW INDEX语句查看索引变化情况。

```
SHOW INDEX FROM 图书情况;
```

执行结果如图14-3所示。

```
mysql> drop index i_图书名 on 图书情况;
Query OK, 0 rows affected (0.01 sec)
Records: 0  Duplicates: 0  Warnings: 0

mysql> show index from 图书情况;
+----------+------------+----------+--------------+-------------+-----------+-------------+----------+--------+------+------------+---------+---------------+---------+------------+
| Table    | Non_unique | Key_name | Seq_in_index | Column_name | Collation | Cardinality | Sub_part | Packed | Null | Index_type | Comment | Index_comment | Visible | Expression |
+----------+------------+----------+--------------+-------------+-----------+-------------+----------+--------+------+------------+---------+---------------+---------+------------+
| 图书情况 |          0 | PRIMARY  |            1 | 图书编号    | A         |          42 |     NULL |   NULL |      | BTREE      |         |               | YES     | NULL       |
+----------+------------+----------+--------------+-------------+-----------+-------------+----------+--------+------+------------+---------+---------------+---------+------------+
1 row in set (0.00 sec)
```

图 14-3 例 14-3 执行结果

14.2 存储引擎

关系数据库表是用于存储和组织信息的数据结构，可以将表理解为由行和列组成的表格，类似于Excel的电子表格的形式。有的表简单，有的表复杂，有的表根本不用来存储任何长期的数据，有的表读取时非常快，但是插入数据时却很差。而在实际开发过程中，就可能需要各种各样的表，不同的表就意味着存储不同类型的数据，在数据处理上也会存在差异。那么，对于MySQL来说，它提供了很多种类型的存储引擎，我们可以根据对数据处理的需求，选择不同的存储引擎，从而最大限度地利用MySQL强大的功能。

14.2.1 初识存储引擎

“存储”的意思是存储数据。“引擎”一词来源于发动机，它是发动机中的核心部分。在软件工程领域，相似的称呼有“游戏引擎”“搜索引擎”，它们都是相应程序或系统的核心组件。所以从这里可以看出“存储引擎”似乎也是数据库的核心这一。简单来说，存储引擎就是数据的存储结构，由实际业务决定。

14.2.2 MySQL 中的存储引擎

MySQL数据库中的数据用各种不同的技术存储在文件（或者内存）中。这些技术中的每一种技术都使用不同的存储机制、索引技巧、锁定水平，并且最终提供广泛的不同的功能和能力，这就是存储引擎。通过选择不同的技术，能够获得额外的速度或者功能，从而改善应用的整体功能。

MySQL 8默认提供9种存储引擎。对于日常工作来说，常用的存储引擎只有3种：InnoDB、MyISAM和MEMORY。

1. InnoDB 存储引擎

MySQL从 3.23.34a 开始包含 InnoDB 存储引擎。InnoDB具有较强的事务处理能力及较好的事务安全性，并且支持外键。它给MySQL的表提供了事务提交、回滚、崩溃修复能力，还能够实现并发控制下的事务安全，在需要频繁的更新、删除操作并要求事务完整性的情况下应该选择该种存储引擎。这种引擎的不足之处是读写效率稍差，占用数据空间相对较大。

InnoDB存储引擎有两种管理表空间的方法：

（1）独立表空间。

每一张表都会生成独立的文件来进行存储，每一张表都有一个.frm表描述文件和一个.ibd文件。其中ibd文件包括了单独一个表的数据内容和索引内容。

优点：每个表都有自已独立的表空间；每个表的数据和索引都会存在自己的表空间中；可以实现单表在不同的数据库中移动；空间可以回收。

缺点：单表增加过大，响应也较慢，可以使用分区表。当单表占用空间过大时，存储空间不足，只能从操作系统层面思考解决方法。

（2）共享表空间。

某一个数据库的所有表的数据和索引文件都放在一个文件下，默认的文件是.ibdata1文件，初始值是12 MB，默认存放在数据文件的根目录下（mysql/var）。

优点：表空间可以分成多个文件存放到各个磁盘，所以表也就可以分成多个文件存放在磁盘上，表的大小不受磁盘大小的限制（很多文档描述有点问题）。同时，数据和文件放在一起方便管理。

缺点：多个表及索引在表空间中混合存储，这样对一个表做了大量删除操作后，表空间中将会有大量的空隙，特别是对于统计分析、日值系统这类应用最不适合用共享表空间。共享表空间分配后不能回缩。另外，进行数据库的冷备很慢，mysqldump是一个好的处理方式。

2. MyISAM 存储引擎

MyISAM是MySQL中常见的存储引擎，它曾是MySQL的默认存储引擎。其特点是：不支持事务，也不支持外键，但访问速度比较快，占用空间小，在对事务没有太多要求仅供访问的表中适合用此种引擎。

MyISAM存储引擎的表存储成三个文件。文件的名字与表名相同。扩展名包括frm、MYD 和 MYI。其中，frm为扩展名的文件存储表的结构；MYD为扩展名的文件存储数据，其是MYData的缩写；MYI为扩展名的文件存储索引，其是MYIndex的缩写。

基于MyISAM存储引擎的表支持三种不同的存储格式：静态、动态和压缩。其中前两个（静态格式和动态格式）根据正使用的列的类型（是否使用xBLOB、xTEXT、varchar）来自动选择；第三个即已压缩格式，只能使用myisampack工具来创建。

3. MEMORY 存储引擎

MEMORY存储引擎是MySQL中一类特殊的存储引擎，它使用存储在内存中的内容来创建表，而且所有数据也放在内存中。其特点是访问速度快，但安全上没有保障，适用应用中涉及数据比较小、需要进行快速访问的场合。

每个基于MEMORY存储引擎的表实际对应一个磁盘文件，该文件的文件名与表名相同，类型为frm类型。该文件中只存储表的结构。而其数据文件，都是存储在内存中。这样有利于数据的快速处理，提高整个表的处理效率。值得注意的是，服务器需要有足够的内存来维持MEMORY存储引擎的表的使用。如果不需要使用了，可以释放这些内存，甚至可以删除不需要的表。

14.2.3 存储引擎的常用操作

扫一扫

14-4 查看数据库引擎

1. 查看数据库可以支持的存储引擎

基本语法格式：

```
SHOW ENGINES;
```

例14-4 查看当前数据库可以支持的存储引擎，并分析当前哪种为默认存储引擎。

```
SHOW ENGINES;
```

执行后发现默认存储引擎为InnoDB，执行结果如图14-4所示。

```
mysql> show engines;
+--------------------+---------+----------------------------------------------------------------+--------------+------+------------+
| Engine             | Support | Comment                                                        | Transactions | XA   | Savepoints |
+--------------------+---------+----------------------------------------------------------------+--------------+------+------------+
| MEMORY             | YES     | Hash based, stored in memory, useful for temporary tables      | NO           | NO   | NO         |
| MRG_MYISAM         | YES     | Collection of identical MyISAM tables                          | NO           | NO   | NO         |
| CSV                | YES     | CSV storage engine                                             | NO           | NO   | NO         |
| FEDERATED          | NO      | Federated MySQL storage engine                                 | NULL         | NULL | NULL       |
| PERFORMANCE_SCHEMA | YES     | Performance Schema                                             | NO           | NO   | NO         |
| MyISAM             | YES     | MyISAM storage engine                                          | NO           | NO   | NO         |
| InnoDB             | DEFAULT | Supports transactions, row-level locking, and foreign keys     | YES          | YES  | YES        |
| BLACKHOLE          | YES     | /dev/null storage engine (anything you write to it disappears) | NO           | NO   | NO         |
| ARCHIVE            | YES     | Archive storage engine                                         | NO           | NO   | NO         |
+--------------------+---------+----------------------------------------------------------------+--------------+------+------------+
9 rows in set (0.00 sec)
```

图 14-4 例 14-4 执行结果

扫一扫

14-5 查看表的存储引擎

2. 查看表的存储引擎

基本语法格式：

```
SHOW TABLE STATUS LIKE'<表名>'\G;
```

例14-5 在book数据库中，查看图书情况表的存储引擎。

```
SHOW TABLE STATUS LIKE'图书情况'\G;
```

执行后发现该表的存储引擎为InnoDB，执行结果如图14-5所示。

```
mysql> SHOW TABLE STATUS LIKE '图书情况' \G;
*************************** 1. row ***************************
           Name: 图书情况
         Engine: InnoDB
        Version: 10
     Row_format: Dynamic
           Rows: 42
 Avg_row_length: 390
    Data_length: 16384
Max_data_length: 0
   Index_length: 0
      Data_free: 0
 Auto_increment: NULL
    Create_time: 2021-09-12 15:07:47
    Update_time: 2021-09-14 20:20:48
     Check_time: NULL
      Collation: utf8mb4_0900_ai_ci
       Checksum: NULL
 Create_options: row_format=DYNAMIC
        Comment:
1 row in set (0.01 sec)

ERROR:
No query specified
```

图 14-5 例 14-5 执行结果

扫一扫

14-6 修改存储引擎类型为MEMORY

3. 修改表的存储引擎

基本语法格式：

```
ALTER TABLE <表名> ENGINE =<引擎名>;
```

例14-6 在book数据库中，将图书情况表的存储引擎修改为MEMORY类型，并验证。

```
ALTER TABLE  图书情况 ENGINE=MEMORY;
SHOW TABLE STATUS LIKE'图书情况'\G;
```

扫一扫

14-7 修改存储引擎为InnoDB

执行后发现该表的存储引擎修改为MEMORY，执行结果如图14-6所示。

例14-7 在book数据库中，将图书情况表的存储引擎修改为InnoDB类型，并验证。

```
ALTER TABLE  图书情况 ENGINE=InnoDB;
SHOW TABLE STATUS LIKE'图书情况' \G;
```

执行后发现该表的存储引擎又修改为InnoDB，执行结果如图14-7所示。

```
mysql> ALTER TABLE  图书情况 engine=MEMORY;
Query OK, 42 rows affected (0.03 sec)
Records: 42  Duplicates: 0  Warnings: 0

mysql> SHOW TABLE STATUS LIKE '图书情况' \G;
*************************** 1. row ***************************
           Name: 图书情况
         Engine: MEMORY
        Version: 10
     Row_format: Fixed
           Rows: 42
 Avg_row_length: 390
    Data_length: 16384
Max_data_length: 0
   Index_length: 0
      Data_free: 0
 Auto_increment: NULL
    Create_time: 2021-09-15 08:26:23
    Update_time: 2021-09-14 20:20:48
     Check_time: NULL
      Collation: utf8mb4_0900_ai_ci
       Checksum: NULL
 Create_options: row_format=DYNAMIC
        Comment:
1 row in set (0.00 sec)
```

图 14-6　例 14-6 执行结果

```
mysql> alter table 图书情况 engine=innodb;
Query OK, 42 rows affected (0.03 sec)
Records: 42  Duplicates: 0  Warnings: 0

mysql> show table status like '图书情况'\G;
*************************** 1. row ***************************
           Name: 图书情况
         Engine: InnoDB
        Version: 10
     Row_format: Dynamic
           Rows: 42
 Avg_row_length: 390
    Data_length: 16384
Max_data_length: 0
   Index_length: 0
      Data_free: 0
 Auto_increment: NULL
    Create_time: 2021-09-15 09:17:38
    Update_time: 2021-09-14 20:20:48
     Check_time: NULL
      Collation: utf8mb4_0900_ai_ci
       Checksum: NULL
 Create_options: row_format=DYNAMIC
        Comment:
1 row in set (0.00 sec)
```

图 14-7　例 14-7 执行结果

4. 查看 InnoDB 存储引擎的表空间设置

（1）基本语法格式：

```
SHOW VARIABLES LIKE'INNODB_file_per_table';
```

（2）说明：

查询结果中innodb_file_per_table的值为on则表示当前为独立表空间，为off则表示当前为共

● 扫一扫

14-8　查看表空间设置

享表空间。

例14-8　查看系统InnoDB存储引擎的表空间类型。

```
SHOW VARIABLES LIKE'INNODB_file_per_table';
```

查询结果innodb_file_per_table的值为on则表示当前为独立表空间。执行结果见图14-8所示。

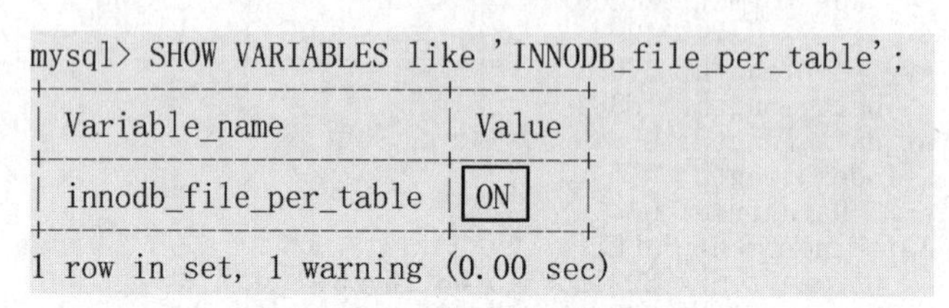

```
mysql> SHOW VARIABLES like 'INNODB_file_per_table';
+-----------------------+-------+
| Variable_name         | Value |
+-----------------------+-------+
| innodb_file_per_table | ON    |
+-----------------------+-------+
1 row in set, 1 warning (0.00 sec)
```

图 14-8　例 14-8 执行结果

4. 开启 / 关闭 InnoDB 存储引擎的独立表空间功能

（1）基本语法格式：

```
SET GLOBAL INNODB_file_per_table=<参数值>;
```

（2）说明：

● 扫一扫

14-9　设置表空间类型

<参数值>为on表示开启独立表空间功能；<参数值>为off表示关闭独立表空间功能。

例14-9　设置系统InnoDB存储引擎的表空间为共享表空间类型并验证；将表空间修改为独立表空间类型并验证。

```
SET GLOBAL INNODB_file_per_table=off;
SHOW VARIABLES like'INNODB_file_per_table';
SET GLOBAL INNODB_file_per_table=on;
SHOW VARIABLES like'INNODB_file_per_table';
```

执行结果如图14-9所示。

```
mysql> SET GLOBAL INNODB_file_per_table=off;
Query OK, 0 rows affected (0.00 sec)

mysql> SHOW VARIABLES like 'INNODB_file_per_table';
+-----------------------+-------+
| Variable_name         | Value |
+-----------------------+-------+
| innodb_file_per_table | OFF   |
+-----------------------+-------+
1 row in set, 1 warning (0.00 sec)

mysql> SET GLOBAL INNODB_file_per_table=ON;
Query OK, 0 rows affected (0.00 sec)

mysql> SHOW VARIABLES like 'INNODB_file_per_table';
+-----------------------+-------+
| Variable_name         | Value |
+-----------------------+-------+
| innodb_file_per_table | ON    |
+-----------------------+-------+
1 row in set, 1 warning (0.00 sec)
```

图 14-9　例 14-9 执行结果

5. 查看 InnoDB 存储引擎的表空间自动扩展方式

扫一扫
14-10 查看表空间增长方式

```
SHOW VARIABLES like'INNODB_data_file_path';
```

例14-10 查看并分析InnoDB存储引擎的表空间自动扩展方式。

```
SHOW VARIABLES like'INNODB_data_file_path';
```

执行后可以看到当前为自动扩展方式，每次增幅为12 MB。执行结果如图14-10所示。

```
mysql> SHOW VARIABLES like 'INNODB_data_file_path';
+-----------------------+------------------------+
| Variable_name         | Value                  |
+-----------------------+------------------------+
| innodb_data_file_path | ibdata1:12M:autoextend |
+-----------------------+------------------------+
1 row in set, 1 warning (0.00 sec)
```

图 14-10 例 14-10 执行结果

6. 修改 InnoDB 存储引擎表空间自动扩展方式中自动增长大小

（1）基本语法格式：

```
SET GLOBAL INNODB_autoextend_increment=<参数>;
```

（2）说明：

<参数>为具体数值，指当系统表空间满了以后，它再次预先申请的磁盘空间大小，单位为MB。如12代表每次扩展12 MB的空间。

注意：参数对独立表空间无效。

7. 查看 InnoDB 存储引擎表空间每次自动扩展的增量大小

扫一扫
14-11 修改自动增长尺寸

```
SHOW VARIABLES LIKE'INNODB_AUTOEXTEND_INCREMENT';
```

例14-11 将自动扩展空间调整成64 MB，并查看是否更改。

```
SET GLOBAL INNODB_autoextend_increment=64;
SHOW VARIABLES like'INNODB_autoextend_increment';
```

执行结果如图14-11所示。

```
mysql> SET GLOBAL INNODB_autoextend_increment=64;
Query OK, 0 rows affected (0.00 sec)

mysql> SHOW VARIABLES like 'INNODB_autoextend_increment'
    -> ;
+-----------------------------+-------+
| Variable_name               | Value |
+-----------------------------+-------+
| innodb_autoextend_increment | 64    |
+-----------------------------+-------+
1 row in set, 1 warning (0.00 sec)
```

图 14-11 例 14-11 执行结果

习 题

一、理论提升

1. 创建索引的关键语句是（　　）。

A. START TRANSACTION　　B. CREATE INDEX

C. ALTER INDEX　　D. CREATE VIEW

2. 查看索引信息使用的关键语句是（　　）。

A. SHOW INDEX　　B. CREATE INDEX

C. ALTER INDEX　　D. CREATE VIEW

3. 删除索引的关键语句是（　　）。

A. SHOW INDEX　　B. CREATE INDEX

C. DROP INDEX　　D. CREATE VIEW

4. InnoDB 存储引擎有两种管理表空间的方法，分别是（　　）（多选）。

A. 共享表空间　　B. 增长表空间

C. 坍塌表空间　　D. 独立表空间

5. MySQL 8 默认的存储引擎是（　　）。

A. CSV　　B. InnoDB　　C. MyISAM　　D. MEMORY

二、实践应用

1. 在 stuscore 数据库中完成以下操作。

（1）在学生信息表中为姓名字段创建索引，名为 i_姓名。

（2）查看学生信息表中全部索引。

（3）删除学生信息表中 i_姓名索引。

2. 在 active 数据库中完成以下操作。

（1）查看数据库可以支持的存储引擎。

（2）查看学生信息表的存储引擎。

（3）将学生信息表的存储引擎修改为 MEMORY，并验证；再次修改为 InnoDB 类型，并验证。

答 案

1. B　2. A　3. C　4. AD　5. B

关键语句

- CREATE INDEX：创建索引。
- SHOW INDEX FROM：查看索引。

● DROP INDEX：删除索引。

● SHOW ENGINES：查看数据库可以支持的存储引擎。

● ALTER TABLE <表名> ENGINE =<引擎名>：修改表的存储引擎。

● SHOW VARIABLES like 'INNODB_file_per_table'：查看InnoDB存储引擎的表空间设置。

● SET GLOBAL INNODB_file_per_table=<参数值>：开启/关闭InnoDB存储引擎的独立表空间功能。

● SHOW VARIABLES LIKE 'INNODB_data_file_path'：查看InnoDB存储引擎的表空间自动扩展方式。

● SET GLOBAL INNODB_autoextend_increment=<参数>：修改InnoDB存储引擎表空间自动扩展方式中自动增长大小。

● SHOW VARIABLES LIKE 'INNODB_AUTOEXTEND_INCREMENT'：查看InnoDB存储引擎表空间每次自动扩展的增量大小。

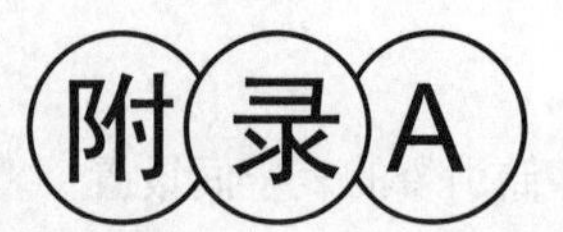

中华人民共和国数据安全法

（2021年6月10日，第十三届全国人民代表大会常务委员会第二十九次会议通过）

目录

第一章　总则

第一条　为了规范数据处理活动，保障数据安全，促进数据开发利用，保护个人、组织的合法权益，维护国家主权、安全和发展利益，制定本法。

第二条　在中华人民共和国境内开展数据处理活动及其安全监管，适用本法。

在中华人民共和国境外开展数据处理活动，损害中华人民共和国国家安全、公共利益或者公民、组织合法权益的，依法追究法律责任。

第三条　本法所称数据，是指任何以电子或者其他方式对信息的记录。

数据处理，包括数据的收集、存储、使用、加工、传输、提供、公开等。

数据安全，是指通过采取必要措施，确保数据处于有效保护和合法利用的状态，以及具备保障持续安全状态的能力。

第四条　维护数据安全，应当坚持总体国家安全观，建立健全数据安全治理体系，提高数据安全保障能力。

第五条　中央国家安全领导机构负责国家数据安全工作的决策和议事协调，研究制定、指导实施国家数据安全战略和有关重大方针政策，统筹协调国家数据安全的重大事项和重要工作，建立国家数据安全工作协调机制。

第六条　各地区、各部门对本地区、本部门工作中收集和产生的数据及数据安全负责。

工业、电信、交通、金融、自然资源、卫生健康、教育、科技等主管部门承担本行业、本领域数据安全监管职责。

公安机关、国家安全机关等依照本法和有关法律、行政法规的规定，在各自职责范围内承担数据安全监管职责。

国家网信部门依照本法和有关法律、行政法规的规定，负责统筹协调网络数据安全和相关监管工作。

第七条　国家保护个人、组织与数据有关的权益，鼓励数据依法合理有效利用，保障数据依法有序自由流动，促进以数据为关键要素的数字经济发展。

第八条　开展数据处理活动，应当遵守法律、法规，尊重社会公德和伦理，遵守商业道德和职业道德，诚实守信，履行数据安全保护义务，承担社会责任，不得危害国家安全、公共利益，不得损害个人、组织的合法权益。

第九条　国家支持开展数据安全知识宣传普及，提高全社会的数据安全保护意识和水平，推动有关部门、行业组织、科研机构、企业、个人等共同参与数据安全保护工作，形成全社会共同维护数据安全和促进发展的良好环境。

第十条　相关行业组织按照章程，依法制定数据安全行为规范和团体标准，加强行业自律，指导会员加强数据安全保护，提高数据安全保护水平，促进行业健康发展。

第十一条　国家积极开展数据安全治理、数据开发利用等领域的国际交流与合作，参与数据安全相关国际规则和标准的制定，促进数据跨境安全、自由流动。

第十二条　任何个人、组织都有权对违反本法规定的行为向有关主管部门投诉、举报。收到投诉、举报的部门应当及时依法处理。

有关主管部门应当对投诉、举报人的相关信息予以保密，保护投诉、举报人的合法权益。

第二章　数据安全与发展

第十三条　国家统筹发展和安全，坚持以数据开发利用和产业发展促进数据安全，以数据安全保障数据开发利用和产业发展。

第十四条　国家实施大数据战略，推进数据基础设施建设，鼓励和支持数据在各行业、各领域的创新应用。

省级以上人民政府应当将数字经济发展纳入本级国民经济和社会发展规划，并根据需要制定数字经济发展规划。

第十五条　国家支持开发利用数据提升公共服务的智能化水平。提供智能化公共服务，应当充分考虑老年人、残疾人的需求，避免对老年人、残疾人的日常生活造成障碍。

第十六条　国家支持数据开发利用和数据安全技术研究，鼓励数据开发利用和数据安全等领域的技术推广和商业创新，培育、发展数据开发利用和数据安全产品、产业体系。

第十七条　国家推进数据开发利用技术和数据安全标准体系建设。国务院标准化行政主管部门和国务院有关部门根据各自的职责，组织制定并适时修订有关数据开发利用技术、产品和数据安全相关标准。国家支持企业、社会团体和教育、科研机构等参与标准制定。

第十八条　国家促进数据安全检测评估、认证等服务的发展，支持数据安全检测评估、认证等专业机构依法开展服务活动。

国家支持有关部门、行业组织、企业、教育和科研机构、有关专业机构等在数据安全风险评估、防范、处置等方面开展协作。

第十九条　国家建立健全数据交易管理制度，规范数据交易行为，培育数据交易市场。

第二十条　国家支持教育、科研机构和企业等开展数据开发利用技术和数据安全相关教育和培训，采取多种方式培养数据开发利用技术和数据安全专业人才，促进人才交流。

第三章　数据安全制度

第二十一条　国家建立数据分类分级保护制度，根据数据在经济社会发展中的重要程度，以及一旦遭到篡改、破坏、泄露或者非法获取、非法利用，对国家安全、公共利益或者个人、组织合法权益造成的危害程度，对数据实行分类分级保护。国家数据安全工作协调机制统筹协调有关部门制定重要数据目录，加强对重要数据的保护。

关系国家安全、国民经济命脉、重要民生、重大公共利益等数据属于国家核心数据，实行更加严格的管理制度。

各地区、各部门应当按照数据分类分级保护制度，确定本地区、本部门以及相关行业、领域的重要数据具体目录，对列入目录的数据进行重点保护。

第二十二条　国家建立集中统一、高效权威的数据安全风险评估、报告、信息共享、监测预警机制。国家数据安全工作协调机制统筹协调有关部门加强数据安全风险信息的获取、分析、研判、预警工作。

第二十三条　国家建立数据安全应急处置机制。发生数据安全事件，有关主管部门应当依法启动应急预案，采取相应的应急处置措施，防止危害扩大，消除安全隐患，并及时向社会发布与公众有关的警示信息。

第二十四条　国家建立数据安全审查制度，对影响或者可能影响国家安全的数据处理活动进行国家安全审查。

依法作出的安全审查决定为最终决定。

第二十五条　国家对与维护国家安全和利益、履行国际义务相关的属于管制物项的数据依法实施出口管制。

第二十六条　任何国家或者地区在与数据和数据开发利用技术等有关的投资、贸易等方面对中华人民共和国采取歧视性的禁止、限制或者其他类似措施的，中华人民共和国可以根据实际情况对该国家或者地区对等采取措施。

第四章　数据安全保护义务

第二十七条　开展数据处理活动应当依照法律、法规的规定，建立健全全流程数据安全管理制度，组织开展数据安全教育培训，采取相应的技术措施和其他必要措施，保障数据安全。利用互联网等信息网络开展数据处理活动，应当在网络安全等级保护制度的基础上，履行上述数据安全保护义务。

重要数据的处理者应当明确数据安全负责人和管理机构，落实数据安全保护责任。

第二十八条　开展数据处理活动以及研究开发数据新技术，应当有利于促进经济社会发展，增进人民福祉，符合社会公德和伦理。

第二十九条　开展数据处理活动应当加强风险监测，发现数据安全缺陷、漏洞等风险时，应当立即采取补救措施；发生数据安全事件时，应当立即采取处置措施，按照规定及时告知用户并向有关主管部门报告。

第三十条　重要数据的处理者应当按照规定对其数据处理活动定期开展风险评估，并向有关主管部门报送风险评估报告。

风险评估报告应当包括处理的重要数据的种类、数量，开展数据处理活动的情况，面临的数据安全风险及其应对措施等。

第三十一条　关键信息基础设施的运营者在中华人民共和国境内运营中收集和产生的重要数据的出境安全管理，适用《中华人民共和国网络安全法》的规定；其他数据处理者在中华人民共和国境内运营中收集和产生的重要数据的出境安全管理办法，由国家网信部门会同国务院有关部门制定。

第三十二条　任何组织、个人收集数据，应当采取合法、正当的方式，不得窃取或者以其他非法方式获取数据。

法律、行政法规对收集、使用数据的目的、范围有规定的，应当在法律、行政法规规定的目的和范围内收集、使用数据。

第三十三条　从事数据交易中介服务的机构提供服务，应当要求数据提供方说明数据来源，审核交易双方的身份，并留存审核、交易记录。

第三十四条　法律、行政法规规定提供数据处理相关服务应当取得行政许可的，服务提供者应当依法取得许可。

第三十五条　公安机关、国家安全机关因依法维护国家安全或者侦查犯罪的需要调取数据，应当按照国家有关规定，经过严格的批准手续，依法进行，有关组织、个人应当予以配合。

第三十六条　中华人民共和国主管机关根据有关法律和中华人民共和国缔结或者参加的国际条约、协定，或者按照平等互惠原则，处理外国司法或者执法机构关于提供数据的请求。非经中华人民共和国主管机关批准，境内的组织、个人不得向外国司法或者执法机构提供存储于中华人民共和国境内的数据。

第五章　政务数据安全与开放

第三十七条　国家大力推进电子政务建设，提高政务数据的科学性、准确性、时效性，提升运用数据服务经济社会发展的能力。

第三十八条　国家机关为履行法定职责的需要收集、使用数据，应当在其履行法定职责的范围内依照法律、行政法规规定的条件和程序进行；对在履行职责中知悉的个人隐私、个人信息、商业秘密、保密商务信息等数据应当依法予以保密，不得泄露或者非法向他人提供。

第三十九条　国家机关应当依照法律、行政法规的规定，建立健全数据安全管理制度，落实数据安全保护责任，保障政务数据安全。

第四十条　国家机关委托他人建设、维护电子政务系统，存储、加工政务数据，应当经过严格的批准程序，并应当监督受托方履行相应的数据安全保护义务。受托方应当依照法律、法规的规定和合同约定履行数据安全保护义务，不得擅自留存、使用、泄露或者向他人提供政务数据。

第四十一条　国家机关应当遵循公正、公平、便民的原则，按照规定及时、准确地公开政务数据。依法不予公开的除外。

第四十二条　国家制定政务数据开放目录，构建统一规范、互联互通、安全可控的政务数据开放平台，推动政务数据开放利用。

第四十三条　法律、法规授权的具有管理公共事务职能的组织为履行法定职责开展数据处理活动，适用本章规定。

第六章　法律责任

第四十四条　有关主管部门在履行数据安全监管职责中，发现数据处理活动存在较大安全风险的，可以按照规定的权限和程序对有关组织、个人进行约谈，并要求有关组织、个人采取措施进行整改，消除隐患。

第四十五条　开展数据处理活动的组织、个人不履行本法第二十七条、第二十九条、第三十条规定的数据安全保护义务的，由有关主管部门责令改正，给予警告，可以并处五万元以上五十万元以下罚款，对直接负责的主管人员和其他直接责任人员可以处一万元以上十万元以下罚款；拒不改正或者造成大量数据泄露等严重后果的，处五十万元以上二百万元以下罚款，并可以责令暂停相关业务、停业整顿、吊销相关业务许可证或者吊销营业执照，对直接负责的主管人员和其他直接责任人员处五万元以上二十万元以下罚款。

违反国家核心数据管理制度，危害国家主权、安全和发展利益的，由有关主管部门处二百万元以上一千万元以下罚款，并根据情况责令暂停相关业务、停业整顿、吊销相关业务许可证或者吊销营业执照；构成犯罪的，依法追究刑事责任。

第四十六条　违反本法第三十一条规定，向境外提供重要数据的，由有关主管部门责令改正，给予警告，可以并处十万元以上一百万元以下罚款，对直接负责的主管人员和其他直接责任人员可以处一万元以上十万元以下罚款；情节严重的，处一百万元以上一千万元以下罚款，并可以责令暂停相关业务、停业整顿、吊销相关业务许可证或者吊销营业执照，对直接负责的主管人员和其他直接责任人员处十万元以上一百万元以下罚款。

第四十七条　从事数据交易中介服务的机构未履行本法第三十三条规定的义务的，由有关主管部门责令改正，没收违法所得，处违法所得一倍以上十倍以下罚款，没有违法所得或者违法所得不足十万元的，处十万元以上一百万元以下罚款，并可以责令暂停相关业务、停业整顿、吊销相关业务许可证或者吊销营业执照；对直接负责的主管人员和其他直接责任人员处一万元以上十万元以下罚款。

第四十八条　违反本法第三十五条规定，拒不配合数据调取的，由有关主管部门责令改正，给予警告，并处五万元以上五十万元以下罚款，对直接负责的主管人员和其他直接责任人员处一万元以上十万元以下罚款。

违反本法第三十六条规定，未经主管机关批准向外国司法或者执法机构提供数据的，由有关主管部门给予警告，可以并处十万元以上一百万元以下罚款，对直接负责的主管人员和其他直接责任人员可以处一万元以上十万元以下罚款；造成严重后果的，处一百万元以上五百万元以下罚款，并可以责令暂停相关业务、停业整顿、吊销相关业务许可证或者吊销营业执照，对直接负责的主管人员和其他直接责任人员处五万元以上五十万元以下罚款。

第四十九条　国家机关不履行本法规定的数据安全保护义务的，对直接负责的主管人员和其他直接责任人员依法给予处分。

第五十条　履行数据安全监管职责的国家工作人员玩忽职守、滥用职权、徇私舞弊的，依法给予处分。

第五十一条　窃取或者以其他非法方式获取数据，开展数据处理活动排除、限制竞争，或者损害个人、组织合法权益的，依照有关法律、行政法规的规定处罚。

第五十二条　违反本法规定，给他人造成损害的，依法承担民事责任。

违反本法规定，构成违反治安管理行为的，依法给予治安管理处罚；构成犯罪的，依法追究刑事责任。

第七章　附则

第五十三条　开展涉及国家秘密的数据处理活动，适用《中华人民共和国保守国家秘密法》等法律、行政法规的规定。

在统计、档案工作中开展数据处理活动，开展涉及个人信息的数据处理活动，还应当遵守有关法律、行政法规的规定。

第五十四条　军事数据安全保护的办法，由中央军事委员会依据本法另行制定。

第五十五条　本法自2021年9月1日起施行。

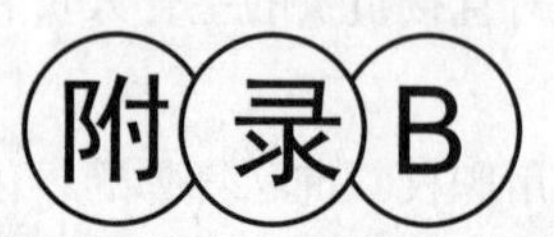

中华人民共和国个人信息保护法

（2021年8月20日，第十三届全国人民代表大会常务委员会第三十次会议通过）

目录

第一章　总则

第一条　为了保护个人信息权益，规范个人信息处理活动，促进个人信息合理利用，根据宪法，制定本法。

第二条　自然人的个人信息受法律保护，任何组织、个人不得侵害自然人的个人信息权益。

第三条　在中华人民共和国境内处理自然人个人信息的活动，适用本法。

在中华人民共和国境外处理中华人民共和国境内自然人个人信息的活动，有下列情形之一的，也适用本法：

（一）以向境内自然人提供产品或者服务为目的；

（二）分析、评估境内自然人的行为；

（三）法律、行政法规规定的其他情形。

第四条　个人信息是以电子或者其他方式记录的与已识别或者可识别的自然人有关的各种信息，不包括匿名化处理后的信息。

个人信息的处理包括个人信息的收集、存储、使用、加工、传输、提供、公开、删除等。

第五条　处理个人信息应当遵循合法、正当、必要和诚信原则，不得通过误导、欺诈、胁迫等方式处理个人信息。

第六条　处理个人信息应当具有明确、合理的目的，并应当与处理目的直接相关，采取对个人权益影响最小的方式。

收集个人信息，应当限于实现处理目的的最小范围，不得过度收集个人信息。

第七条　处理个人信息应当遵循公开、透明原则，公开个人信息处理规则，明示处理的目的、方式和范围。

第八条　处理个人信息应当保证个人信息的质量，避免因个人信息不准确、不完整对个人权益造成不利影响。

第九条　个人信息处理者应当对其个人信息处理活动负责，并采取必要措施保障所处理的个人信息的安全。

第十条　任何组织、个人不得非法收集、使用、加工、传输他人个人信息，不得非法买卖、提供或者公开他人个人信息；不得从事危害国家安全、公共利益的个人信息处理活动。

第十一条　国家建立健全个人信息保护制度，预防和惩治侵害个人信息权益的行为，加强个人信息保护宣传教育，推动形成政府、企业、相关社会组织、公众共同参与个人信息保护的良好环境。

第十二条　国家积极参与个人信息保护国际规则的制定，促进个人信息保护方面的国际交流与合作，推动与其他国家、地区、国际组织之间的个人信息保护规则、标准等互认。

第二章　个人信息处理规则

第一节　一般规定

第十三条　符合下列情形之一的，个人信息处理者方可处理个人信息：

（一）取得个人的同意；

（二）为订立、履行个人作为一方当事人的合同所必需，或者按照依法制定的劳动规章制度和依法签订的集体合同实施人力资源管理所必需；

（三）为履行法定职责或者法定义务所必需；

（四）为应对突发公共卫生事件，或者紧急情况下为保护自然人的生命健康和财产安全所必需；

（五）为公共利益实施新闻报道、舆论监督等行为，在合理的范围内处理个人信息；

（六）依照本法规定在合理的范围内处理个人自行公开或者其他已经合法公开的个人信息；

（七）法律、行政法规规定的其他情形。

依照本法其他有关规定，处理个人信息应当取得个人同意，但是有前款第二项至第七项规定情形的，不需取得个人同意。

第十四条　基于个人同意处理个人信息的，该同意应当由个人在充分知情的前提下自愿、明确作出。法律、行政法规规定处理个人信息应当取得个人单独同意或者书面同意的，从其规定。

个人信息的处理目的、处理方式和处理的个人信息种类发生变更的，应当重新取得个人同意。

第十五条　基于个人同意处理个人信息的，个人有权撤回其同意。个人信息处理者应当提供便捷的撤回同意的方式。

个人撤回同意，不影响撤回前基于个人同意已进行的个人信息处理活动的效力。

第十六条　个人信息处理者不得以个人不同意处理其个人信息或者撤回同意为由，拒绝提供产品或者服务；处理个人信息属于提供产品或者服务所必需的除外。

第十七条　个人信息处理者在处理个人信息前，应当以显著方式、清晰易懂的语言真实、准确、完整地向个人告知下列事项：

（一）个人信息处理者的名称或者姓名和联系方式；

（二）个人信息的处理目的、处理方式，处理的个人信息种类、保存期限；

（三）个人行使本法规定权利的方式和程序；

（四）法律、行政法规规定应当告知的其他事项。

前款规定事项发生变更的，应当将变更部分告知个人。

个人信息处理者通过制定个人信息处理规则的方式告知第一款规定事项的，处理规则应当公开，并且便于查阅和保存。

第十八条　个人信息处理者处理个人信息，有法律、行政法规规定应当保密或者不需要告知的情形的，可以不向个人告知前条第一款规定的事项。

紧急情况下为保护自然人的生命健康和财产安全无法及时向个人告知的，个人信息处理者应当在紧急情况消除后及时告知。

第十九条　除法律、行政法规另有规定外，个人信息的保存期限应当为实现处理目的所必要的最短时间。

第二十条　两个以上的个人信息处理者共同决定个人信息的处理目的和处理方式的，应当约定各自的权利和义务。但是，该约定不影响个人向其中任何一个个人信息处理者要求行使本法规定的权利。

个人信息处理者共同处理个人信息，侵害个人信息权益造成损害的，应当依法承担连带责任。

第二十一条　个人信息处理者委托处理个人信息的，应当与受托人约定委托处理的目的、期限、处理方式、个人信息的种类、保护措施以及双方的权利和义务等，并对受托人的个人信息处理活动进行监督。

受托人应当按照约定处理个人信息，不得超出约定的处理目的、处理方式等处理个人信息；委托合同不生效、无效、被撤销或者终止的，受托人应当将个人信息返还个人信息处理者或者予以删除，不得保留。

未经个人信息处理者同意，受托人不得转委托他人处理个人信息。

第二十二条　个人信息处理者因合并、分立、解散、被宣告破产等原因需要转移个人信息的，应当向个人告知接收方的名称或者姓名和联系方式。接收方应当继续履行个人信息处理者的义务。接收方变更原先的处理目的、处理方式的，应当依照本法规定重新取得个人同意。

第二十三条　个人信息处理者向其他个人信息处理者提供其处理的个人信息的，应当向个人告知接收方的名称或者姓名、联系方式、处理目的、处理方式和个人信息的种类，并取得个人的单独同意。接收方应当在上述处理目的、处理方式和个人信息的种类等范围内处理个人信息。接收方变更原先的处理目的、处理方式的，应当依照本法规定重新取得个人同意。

第二十四条　个人信息处理者利用个人信息进行自动化决策，应当保证决策的透明度和结果公平、公正，不得对个人在交易价格等交易条件上实行不合理的差别待遇。

通过自动化决策方式向个人进行信息推送、商业营销，应当同时提供不针对其个人特征的选项，或者向个人提供便捷的拒绝方式。

通过自动化决策方式作出对个人权益有重大影响的决定，个人有权要求个人信息处理者予以说明，并有权拒绝个人信息处理者仅通过自动化决策的方式作出决定。

第二十五条　个人信息处理者不得公开其处理的个人信息，取得个人单独同意的除外。

第二十六条　在公共场所安装图像采集、个人身份识别设备，应当为维护公共安全所必需，遵守国家有关规定，并设置显著的提示标识。所收集的个人图像、身份识别信息只能用于维护公共安全的目的，不得用于其他目的；取得个人单独同意的除外。

第二十七条　个人信息处理者可以在合理的范围内处理个人自行公开或者其他已经合法公开的个人信息；个人明确拒绝的除外。个人信息处理者处理已公开的个人信息，对个人权益有重大影响的，应当依照本法规定取得个人同意。

第二节　敏感个人信息的处理规则

第二十八条　敏感个人信息是一旦泄露或者非法使用，容易导致自然人的人格尊严受到侵害或者人身、财产安全受到危害的个人信息，包括生物识别、宗教信仰、特定身份、医疗健康、金融账户、行踪轨迹等信息，以及不满十四周岁未成年人的个人信息。

只有在具有特定的目的和充分的必要性，并采取严格保护措施的情形下，个人信息处理者方可处理敏感个人信息。

第二十九条　处理敏感个人信息应当取得个人的单独同意；法律、行政法规规定处理敏感个人信息应当取得书面同意的，从其规定。

第三十条　个人信息处理者处理敏感个人信息的，除本法第十七条第一款规定的事项外，还应当向个人告知处理敏感个人信息的必要性以及对个人权益的影响；依照本法规定可以不向个人告知的除外。

第三十一条　个人信息处理者处理不满十四周岁未成年人个人信息的，应当取得未成年人的父母或者其他监护人的同意。

个人信息处理者处理不满十四周岁未成年人个人信息的，应当制定专门的个人信息处理规则。

第三十二条　法律、行政法规对处理敏感个人信息规定应当取得相关行政许可或者作出其他限制的，从其规定。

第三节　国家机关处理个人信息的特别规定

第三十三条　国家机关处理个人信息的活动，适用本法；本节有特别规定的，适用本节规定。

第三十四条　国家机关为履行法定职责处理个人信息，应当依照法律、行政法规规定的权限、程序进行，不得超出履行法定职责所必需的范围和限度。

第三十五条　国家机关为履行法定职责处理个人信息，应当依照本法规定履行告知义务；有本法第十八条第一款规定的情形，或者告知将妨碍国家机关履行法定职责的除外。

第三十六条　国家机关处理的个人信息应当在中华人民共和国境内存储；确需向境外提供的，应当进行安全评估。安全评估可以要求有关部门提供支持与协助。

第三十七条　法律、法规授权的具有管理公共事务职能的组织为履行法定职责处理个人信息，适用本法关于国家机关处理个人信息的规定。

第三章　个人信息跨境提供的规则

第三十八条　个人信息处理者因业务等需要，确需向中华人民共和国境外提供个人信息的，应当具备下列条件之一：

（一）依照本法第四十条的规定通过国家网信部门组织的安全评估；

（二）按照国家网信部门的规定经专业机构进行个人信息保护认证；

（三）按照国家网信部门制定的标准合同与境外接收方订立合同，约定双方的权利和义务；

（四）法律、行政法规或者国家网信部门规定的其他条件。

中华人民共和国缔结或者参加的国际条约、协定对向中华人民共和国境外提供个人信息的条件等有规定的，可以按照其规定执行。

个人信息处理者应当采取必要措施，保障境外接收方处理个人信息的活动达到本法规定的个人信息保护标准。

第三十九条　个人信息处理者向中华人民共和国境外提供个人信息的，应当向个人告知境外接收方的名称或者姓名、联系方式、处理目的、处理方式、个人信息的种类以及个人向境外接收方行使本法规定权利的方式和程序等事项，并取得个人的单独同意。

第四十条　关键信息基础设施运营者和处理个人信息达到国家网信部门规定数量的个人信息处理者，应当将在中华人民共和国境内收集和产生的个人信息存储在境内。确需向境外提供的，应当通过国家网信部门组织的安全评估；法律、行政法规和国家网信部门规定可以不进行安全评估的，从其规定。

第四十一条　中华人民共和国主管机关根据有关法律和中华人民共和国缔结或者参加的国际条约、协定，或者按照平等互惠原则，处理外国司法或者执法机构关于提供存储于境内个人信息的请求。非经中华人民共和国主管机关批准，个人信息处理者不得向外国司法或者执法机构提供存储于中华人民共和国境内的个人信息。

第四十二条　境外的组织、个人从事侵害中华人民共和国公民的个人信息权益，或者危害中华人民共和国国家安全、公共利益的个人信息处理活动的，国家网信部门可以将其列入限制或者禁止个人信息提供清单，予以公告，并采取限制或者禁止向其提供个人信息等措施。

第四十三条　任何国家或者地区在个人信息保护方面对中华人民共和国采取歧视性的禁止、限制或者其他类似措施的，中华人民共和国可以根据实际情况对该国家或者地区对等采取措施。

第四章　个人在个人信息处理活动中的权利

第四十四条　个人对其个人信息的处理享有知情权、决定权，有权限制或者拒绝他人对其个人信息进行处理；法律、行政法规另有规定的除外。

第四十五条　个人有权向个人信息处理者查阅、复制其个人信息；有本法第十八条第一款、第三十五条规定情形的除外。

个人请求查阅、复制其个人信息的，个人信息处理者应当及时提供。

个人请求将个人信息转移至其指定的个人信息处理者，符合国家网信部门规定条件的，个人信息处理者应当提供转移的途径。

第四十六条　个人发现其个人信息不准确或者不完整的，有权请求个人信息处理者更正、补充。

个人请求更正、补充其个人信息的，个人信息处理者应当对其个人信息予以核实，并及时更正、补充。

第四十七条　有下列情形之一的，个人信息处理者应当主动删除个人信息；个人信息处理者未删除的，个人有权请求删除：

（一）处理目的已实现、无法实现或者为实现处理目的不再必要；

（二）个人信息处理者停止提供产品或者服务，或者保存期限已届满；

（三）个人撤回同意；

（四）个人信息处理者违反法律、行政法规或者违反约定处理个人信息；

（五）法律、行政法规规定的其他情形。

法律、行政法规规定的保存期限未届满，或者删除个人信息从技术上难以实现的，个人信息处理者应当停止除存储和采取必要的安全保护措施之外的处理。

第四十八条　个人有权要求个人信息处理者对其个人信息处理规则进行解释说明。

第四十九条　自然人死亡的，其近亲属为了自身的合法、正当利益，可以对死者的相关个人信息行使本章规定的查阅、复制、更正、删除等权利；死者生前另有安排的除外。

第五十条　个人信息处理者应当建立便捷的个人行使权利的申请受理和处理机制。拒绝个人行使权利的请求的，应当说明理由。

个人信息处理者拒绝个人行使权利的请求的，个人可以依法向人民法院提起诉讼。

第五章　个人信息处理者的义务

第五十一条　个人信息处理者应当根据个人信息的处理目的、处理方式、个人信息的种类以及对个人权益的影响、可能存在的安全风险等，采取下列措施确保个人信息处理活动符合法律、行政法规的规定，并防止未经授权的访问以及个人信息泄露、篡改、丢失：

（一）制定内部管理制度和操作规程；

（二）对个人信息实行分类管理；

（三）采取相应的加密、去标识化等安全技术措施；

（四）合理确定个人信息处理的操作权限，并定期对从业人员进行安全教育和培训；

（五）制定并组织实施个人信息安全事件应急预案；

（六）法律、行政法规规定的其他措施。

第五十二条　处理个人信息达到国家网信部门规定数量的个人信息处理者应当指定个人信息保护负责人，负责对个人信息处理活动以及采取的保护措施等进行监督。

个人信息处理者应当公开个人信息保护负责人的联系方式，并将个人信息保护负责人的姓名、联系方式等报送履行个人信息保护职责的部门。

第五十三条　本法第三条第二款规定的中华人民共和国境外的个人信息处理者，应当在中华人民共和国境内设立专门机构或者指定代表，负责处理个人信息保护相关事务，并将有关机构的名称或者代表的姓名、联系方式等报送履行个人信息保护职责的部门。

第五十四条　个人信息处理者应当定期对其处理个人信息遵守法律、行政法规的情况进行合规审计。

第五十五条　有下列情形之一的，个人信息处理者应当事前进行个人信息保护影响评估，并对处理情况进行记录：

（一）处理敏感个人信息；

（二）利用个人信息进行自动化决策；

（三）委托处理个人信息、向其他个人信息处理者提供个人信息、公开个人信息；

（四）向境外提供个人信息；

（五）其他对个人权益有重大影响的个人信息处理活动。

第五十六条　个人信息保护影响评估应当包括下列内容：

（一）个人信息的处理目的、处理方式等是否合法、正当、必要；

（二）对个人权益的影响及安全风险；

（三）所采取的保护措施是否合法、有效并与风险程度相适应。

个人信息保护影响评估报告和处理情况记录应当至少保存三年。

第五十七条　发生或者可能发生个人信息泄露、篡改、丢失的，个人信息处理者应当立即采取补救措施，并通知履行个人信息保护职责的部门和个人。通知应当包括下列事项：

（一）发生或者可能发生个人信息泄露、篡改、丢失的信息种类、原因和可能造成的危害；

（二）个人信息处理者采取的补救措施和个人可以采取的减轻危害的措施；

（三）个人信息处理者的联系方式。

个人信息处理者采取措施能够有效避免信息泄露、篡改、丢失造成危害的，个人信息处理者可以不通知个人；履行个人信息保护职责的部门认为可能造成危害的，有权要求个人信息处理者通知个人。

第五十八条　提供重要互联网平台服务、用户数量巨大、业务类型复杂的个人信息处理者，应当履行下列义务：

（一）按照国家规定建立健全个人信息保护合规制度体系，成立主要由外部成员组成的独立机构对个人信息保护情况进行监督；

（二）遵循公开、公平、公正的原则，制定平台规则，明确平台内产品或者服务提供者处理个人信息的规范和保护个人信息的义务；

（三）对严重违反法律、行政法规处理个人信息的平台内的产品或者服务提供者，停止提供服务；

（四）定期发布个人信息保护社会责任报告，接受社会监督。

第五十九条　接受委托处理个人信息的受托人，应当依照本法和有关法律、行政法规的规定，采取必要措施保障所处理的个人信息的安全，并协助个人信息处理者履行本法规定的义务。

第六章　履行个人信息保护职责的部门

第六十条　国家网信部门负责统筹协调个人信息保护工作和相关监督管理工作。国务院有关部门依照本法和有关法律、行政法规的规定，在各自职责范围内负责个人信息保护和监督管理工作。

县级以上地方人民政府有关部门的个人信息保护和监督管理职责，按照国家有关规定确定。

前两款规定的部门统称为履行个人信息保护职责的部门。

第六十一条　履行个人信息保护职责的部门履行下列个人信息保护职责：

（一）开展个人信息保护宣传教育，指导、监督个人信息处理者开展个人信息保护工作；

（二）接受、处理与个人信息保护有关的投诉、举报；

（三）组织对应用程序等个人信息保护情况进行测评，并公布测评结果；

（四）调查、处理违法个人信息处理活动；

（五）法律、行政法规规定的其他职责。

第六十二条　国家网信部门统筹协调有关部门依据本法推进下列个人信息保护工作：

（一）制定个人信息保护具体规则、标准；

（二）针对小型个人信息处理者、处理敏感个人信息以及人脸识别、人工智能等新技术、新应用，制定专门的个人信息保护规则、标准；

（三）支持研究开发和推广应用安全、方便的电子身份认证技术，推进网络身份认证公共服务建设；

（四）推进个人信息保护社会化服务体系建设，支持有关机构开展个人信息保护评估、认证服务；

（五）完善个人信息保护投诉、举报工作机制。

第六十三条　履行个人信息保护职责的部门履行个人信息保护职责，可以采取下列措施：

（一）询问有关当事人，调查与个人信息处理活动有关的情况；

（二）查阅、复制当事人与个人信息处理活动有关的合同、记录、账簿以及其他有关资料；

（三）实施现场检查，对涉嫌违法的个人信息处理活动进行调查；

（四）检查与个人信息处理活动有关的设备、物品；对有证据证明是用于违法个人信息处理活动的设备、物品，向本部门主要负责人书面报告并经批准，可以查封或者扣押。

履行个人信息保护职责的部门依法履行职责，当事人应当予以协助、配合，不得拒绝、阻挠。

第六十四条　履行个人信息保护职责的部门在履行职责中，发现个人信息处理活动存在较大风险或者发生个人信息安全事件的，可以按照规定的权限和程序对该个人信息处理者的法定代表人或者主要负责人进行约谈，或者要求个人信息处理者委托专业机构对其个人信息处理活动进行合规审计。个人信息处理者应当按照要求采取措施，进行整改，消除隐患。

履行个人信息保护职责的部门在履行职责中，发现违法处理个人信息涉嫌犯罪的，应当及时移送公安机关依法处理。

第六十五条　任何组织、个人有权对违法个人信息处理活动向履行个人信息保护职责的部门进行投诉、举报。收到投诉、举报的部门应当依法及时处理，并将处理结果告知投诉、举报人。

履行个人信息保护职责的部门应当公布接受投诉、举报的联系方式。

第七章　法律责任

第六十六条 违反本法规定处理个人信息，或者处理个人信息未履行本法规定的个人信息保护义务的，由履行个人信息保护职责的部门责令改正，给予警告，没收违法所得，对违法处理个人信息的应用程序，责令暂停或者终止提供服务；拒不改正的，并处一百万元以下罚款；对直接负责的主管人员和其他直接责任人员处一万元以上十万元以下罚款。

有前款规定的违法行为，情节严重的，由省级以上履行个人信息保护职责的部门责令改正，没收违法所得，并处五千万元以下或者上一年度营业额百分之五以下罚款，并可以责令暂停相关业务或者停业整顿、通报有关主管部门吊销相关业务许可或者吊销营业执照；对直接负责的主管人员和其他直接责任人员处十万元以上一百万元以下罚款，并可以决定禁止其在一定期限内担任相关企业的董事、监事、高级管理人员和个人信息保护负责人。

第六十七条　有本法规定的违法行为的，依照有关法律、行政法规的规定记入信用档案，并予以公示。

第六十八条　国家机关不履行本法规定的个人信息保护义务的，由其上级机关或者履行个人信息保护职责的部门责令改正；对直接负责的主管人员和其他直接责任人员依法给予处分。

履行个人信息保护职责的部门的工作人员玩忽职守、滥用职权、徇私舞弊，尚不构成犯罪的，依法给予处分。

第六十九条　处理个人信息侵害个人信息权益造成损害，个人信息处理者不能证明自己没有过错的，应当承担损害赔偿等侵权责任。

前款规定的损害赔偿责任按照个人因此受到的损失或者个人信息处理者因此获得的利益确定；个人因此受到的损失和个人信息处理者因此获得的利益难以确定的，根据实际情况确定赔偿数额。

第七十条　个人信息处理者违反本法规定处理个人信息，侵害众多个人的权益的，人民检察院、法律规定的消费者组织和由国家网信部门确定的组织可以依法向人民法院提起诉讼。

第七十一条　违反本法规定，构成违反治安管理行为的，依法给予治安管理处罚；构成犯罪的，依法追究刑事责任。

第八章　附则

第七十二条　自然人因个人或者家庭事务处理个人信息的，不适用本法。

法律对各级人民政府及其有关部门组织实施的统计、档案管理活动中的个人信息处理有规定的，适用其规定。

第七十三条　本法下列用语的含义：

（一）个人信息处理者，是指在个人信息处理活动中自主决定处理目的、处理方式的组织、个人。

（二）自动化决策，是指通过计算机程序自动分析、评估个人的行为习惯、兴趣爱好或者经济、健康、信用状况等，并进行决策的活动。

（三）去标识化，是指个人信息经过处理，使其在不借助额外信息的情况下无法识别特定自然人的过程。

（四）匿名化，是指个人信息经过处理无法识别特定自然人且不能复原的过程。

第七十四条　本法自2021年11月1日起施行。

参考文献

[1] CODD E F. A relational model of data for large shared data banks[J]. Communications of the ACM，1970，6（13）：377-387.

[2] CORBETT J C，DEAN J，EPSTEIN M，et al. Spanner: Google's Globally-Distributed Database[J]. ACM Trans Comput Syst，2013，31（8）：22-24.

[3] 李辉. 数据库系统原理及MySQL应用教程[M]. 2版. 北京：机械工业出版社，2019.

[4] 朱扬清，霍颖瑜. MySQL数据库技术实训教程[M]. 北京：中国铁道出版社有限公司，2021.

[5] 崔洋，贺亚茹. MySQL数据库应用从入门到精通[M]. 北京：中国铁道出版社，2016.

[6] 西尔伯沙茨，科斯，苏达. 数据库系统概念（第6版）[M]杨冬青，李红红燕，唐世渭，等译. 北京：机械工业出版社，2012.

[7] 马立和，高振娇，韩锋. 数据库高效优化：架构、规范与SQL技巧[M]. 北京：机械工业出版社，2020.

[8] 彼得罗夫. 数据库系统内幕[M]黄鹏程，傅宇，张晨，译. 北京：机械工业出版社. 2020.

[9] 莫利纳，厄尔曼，维丹. 数据库系统实现（第2版）[M]杨冬青，吴愈青，包小源，译. 北京：机械工业出版社，2010.

[10] 彭军，杨珺. 数据库原理及应用实践指导与习题解析[M]. 北京：中国铁道出版社有限公司，2021.

[11] 武文芳. 数据库技术与应用新概念教程学习指导[M]. 3版. 北京：中国铁道出版社有限公司，2021.